T0222323

Ruedi Stoop
Willi-Hans Steeb

Berechenbares Chaos in dynamischen Systemen

Birkhäuser Verlag
Basel · Boston · Berlin

Autoren:

Ruedi Stoop
Institut für Neuroinformatik
Universität Zürich und ETH
Winterthurerstr. 190
8057 Zürich
Schweiz
e-mail: ruedi@ini.phys.ethz.ch

Willi-Hans Steeb
International School for Scientific Computing
Dept. of Applied Mathematics and Nonlinear Studies
Rand Afrikaans University
P.O. Box 524
Auckland Park 2006
South Africa
e-mail: steeb_wh@yahoo.com

Bibliografische Information Der Deutschen Bibliothek
Die Deutsche Bibliothek verzeichnet diese Publikation in der Deutschen Nationalbibliografie;
detaillierte bibliografische Daten sind im Internet über <http://dnb.ddb.de> abrufbar.

ISBN 3-7643-7550-7 Birkhäuser Verlag, Basel – Boston – Berlin

Das Werk ist urheberrechtlich geschützt. Die dadurch begründeten Rechte, insbesondere die des
Nachdrucks, des Vortrags, der Entnahme von Abbildungen und Tabellen, der Funksendung, der
Mikroverfilmung oder der Vervielfältigung auf anderen Wegen und der Speicherung in
Datenverarbeitungsanlagen, bleiben, auch bei nur auszugsweiser Verwertung, vorbehalten. Eine
Vervielfältigung dieses Werkes oder von Teilen dieses Werkes ist auch im Einzelfall nur in den
Grenzen der gesetzlichen Bestimmungen des Urheberrechtsgesetzes in der jeweils geltenden
Fassung zulässig. Sie ist grundsätzlich vergütungspflichtig. Zuwiderhandlungen unterliegen den
Strafbestimmungen des Urheberrechts.

© 2006 Birkhäuser Verlag, Postfach 133, CH-4010 Basel, Schweiz
Ein Unternehmen von Springer Science+Business Media
Umschlaggestaltung: Micha Lotrovsky, CH-4106 Therwil, Schweiz
Gedruckt auf säurefreiem Papier, hergestellt aus chlorfrei gebleichtem Zellstoff. TCF ∞
Printed in Germany
ISBN-10: 3-7643-7550-7   e-ISBN: 3-7643-7551-5
ISBN-13: 978-3-7643-7550-8

9 8 7 6 5 4 3 2 1   www.birkhauser.ch

Vorwort

Entgegen einem weitverbreiteten Verständnis von Chaos als einem Konzept von amorpher Unordnung gründet seine naturwissenschaftliche Begriffsbildung auf seinem deterministischen Ursprung. Dieser führt direkt zur Ausbildung von Strukturen im Chaos, welche als die Erben verloren gegangener Ordnung verstanden werden können. Die Konkurrenz der Strukturen untereinander erzeugt das Chaos. Das Vorhandensein und der Ursprung dieser Strukturen bieten gleichermassen Hand zur systematischen mathematischen Beschreibung des Chaos.

Dieses Buch ist aus einer Vorlesung hervorgegangen, welche der erstere Autor an der Universität Bern 2002 über dynamische Systeme für Naturwissenschaftler gehalten hat. Dieser Kurs wurde rund um früheres Material und Konzepte des zweiten Autors herum aufgebaut, woraus sich ein Einbezug dieses Buchprojektes in die langjährige Zusammenarbeit der beiden Autoren auf natürliche Weise ergab. Um den Einstieg in dieses vielschichtige Thema für Studenten möglichst einfach zu gestalten, haben wir uns für eine Veröffentlichung in deutscher Sprache entschlossen. Im vorliegenden ersten Teil geben wir eine Einführung in die Konzepte und Verfahren, welche uns das Chaos erschliessen. Wir legen Wert darauf, diese exakt zu definieren, und sie durch Simulationen erfahrbar zu machen. Um den letzteren Punkt zu unterstützen, haben wir elementare, leicht lesbare, in sich selber abgeschlossene Mathematica-Programme in das Manuskript aufgenommen, welche dazu anregen sollen, mit ihnen zu experimentieren. An verschiedenen Stellen des Textes weisen wir jedoch explizit auf die Problematik des Gebrauchs des Computers zur Beschreibung der Natur hin. Dies unter anderem auch, um den zweiten Teil zu motivieren, wo wir ausgefeiltere statistische Methoden zur Untersuchung des Chaos vorstellen werden. Konsistenterweise haben wir uns im ersten Teil bei den Referenzen weitgend auf klassische Beiträge beschränkt.

Ziel des vorliegenden Textes ist deshalb nicht nur, eine Einführung und Übersicht über Begriffe, Methoden und Objekte der nichtlinearen Dynamik zu geben, sondern auch von einem experimentell fassbaren Standpunkt aus darüber nachzudenken, welche generellen Einsichten sie vermitteln und welche naturwissenschaftliche Relevanz ihnen zukommt. Schliesslich sollen sie befähigen, zentrale naturwissenschaftliche Fragestellungen unserer Zeit systematisch hinterfragen zu können. Etwa, wie es um die Anwendbarkeit des gebräuchlichen Informationsbegriffs im

Zusammenhang mit der biologischen Vererbung bestellt ist und wie weit der Computers als Instrument der Erkenntnisgewinnung tragen kann. Wir hoffen, dass der Text auch in dieser Hinsicht für den Leser zu einem Fundus werden kann.

Neben den Studenten des erwähnten Kurses, deren Anregung zum vorliegenden Text geführt haben, möchten sich die Autoren auch bei Dr. A. Kern und bei N. Stoop herzlich für die Korrekturlesung und Anregungen betreffend die Ausgestaltung des Buches bedanken. Ohne ihre selbstlose Hilfsbereitschaft wäre uns seine Fertigstellung wesentlich schwerer gefallen.

Zürich, im Winter 2005,

Ruedi Stoop und Willi-Hans Steeb

Inhaltsverzeichnis

Bezeichnungen

$\emptyset$	leere Menge
$\mathbb{N}$	Menge der natürlichen Zahlen
$\mathbb{Z}$	Menge der ganzen Zahlen
$\mathbb{Q}$	Menge der rationalen Zahlen
$\mathbb{R}$	Menge der reellen Zahlen
$\mathbb{R}^+$	Menge der nichtnegativen reellen Zahlen
$\mathbb{C}$	Menge der komplexen Zahlen
$\mathbb{R}^n$	n-dimensionaler Euklidischer Raum
$\mathbb{C}^n$	n-dimensionaler komplexer linearer Raum
$\mathbb{T}^n$	n-dimensionaler Torus $[0, 2\pi]^n$
i	$:= \sqrt{-1}$
$\Re z$	Realteil einer komplexen Zahl z
$\Im z$	Imaginärteil einer komplexen Zahl z
$\mathbf{x} \in \mathbb{R}^n$	Element $\mathbf{x}$ von $\mathbb{R}^n$
ρ	invariante Dichte
a, μ, r, K	äussere Parameter
$A \subset B$	Teilmenge A der Menge B
$A \cap B$	Durchschnitt der Mengen A und B
$A \cup B$	Vereinigung der Mengen A und B
$f \circ g$	Komposition zweier Abbildungen $(f \circ g)(x) = f(g(x))$
u	abhängige Variable
t	unabhängige Variable (Zeit-Variable)
x	unabhängige Variable (Raum-Variable)
$\mathbf{u} = (u_1, u_2, \ldots, u_n)^T$	Vektor von abhängigen Variablen, $(\cdot)^T$ Transponierung
$\| \cdot \|$	Norm
$\mathbf{x} \cdot \mathbf{y}$	skalares Produkt (inneres Produkt)
$\det$	Determinante
Sp	Spur einer quadratischen Matrix
I, Id	Einheitsmatrix, Einheitsoperator

$[\cdot,\cdot]$	Kommutator
δ_{jk}	Kronecker Delta mit
	$\delta_{jk} = 1$ für $j = k$ und $\delta_{jk} = 0$ für $j \neq k$
λ	Lyapunov-Exponent
μ	Eigenwert
$\times$	Vektorprodukt
$\wedge$	Grassmann-Produkt
$(\cdot)^T$	transponierter Vektor

Kapitel 1

Grundparadigmen dynamischer Systeme in 1-d

1.1 Einführung

Endlichdimensionale *lineare* dynamische Systeme beschreiben physikalische Experimente meist nur in einer gewissen Näherung. Ihre Zeitentwicklung wird durch ein autonomes endlichdimensionales System von linearen Differentialgleichungen erster Ordnung beschrieben:

$$\frac{d\mathbf{u}}{dt} = A\mathbf{u}.$$

wobei A eine $n \times n$ Matrix mit konstanten Koeffizienten und $\mathbf{u} = (u_1, u_2, \ldots, u_n)^T$ ist. Die allgemeine Lösung dieser Differentialgleichung ist

$$\mathbf{u}(t) = e^{tA}\mathbf{u}_0.$$

wobei $\mathbf{u}_0 \equiv \mathbf{u}(t = 0)$ die Anfangswerte sind. Diese Lösung ist für alle Zeiten t definiert. Mit Hilfe der Eigenwerte und Eigenvektoren von A kann man leicht $\exp(tA)$ berechnen. Die endlichdimensionalen linearen Systeme gehorchen dem Prinzip der Superposition. Es besagt, dass mit zwei Lösungen auch ihre Linearkombination eine Lösung der Gleichung darstellt. Ist das dynamische System durch eine lineare diskrete Abbildungsgleichung

$$\mathbf{x}_{t+1} = A\mathbf{x}_t$$

beschrieben, wobei A eine $n \times n$ Matrix mit konstanten Koeffizienten ist und $t = 0, 1, 2, \ldots$ die diskreten Zeitpunkte bedeutet, so ergibt sich die allgemeine Lösung des Anfangswertproblems als

$$\mathbf{x}_t = A^t\mathbf{x}_0.$$

Eine genügend genaue Klassifizierung der Lösungen besitzt man für beide Fälle seit langem.

Schon einfache physikalische Systeme, wie das mathematische Pendel, das physikalische Pendel, der Kreisel, das Dreikörperproblem usw., sind jedoch *nicht-lineare* endlichdimensionale dynamische Systeme. In diesen Systemen kann ein neues Lösungsverhalten auftreten. Betrachten wir beispielsweise in $\mathbb{R}^2$ das autonome System $du_1/dt = V_1(\mathbf{u})$, $du_2/dt = V_2(\mathbf{u})$, so können so genannte Grenzzykluslösungen auftreten. Hier laufen die Trajektorien auf periodische Bahnen zu, ein Verhalten, welches im linearen Fall unmöglich ist.

Beispiel 1. Ein Beispiel für ein dynamisches System mit Grenzzyklusverhalten ist der so genannte Van der Pol-Oszillator, der in der Elektronik eine bedeutende Rolle spielt. Seine Gleichung ist gegeben durch

$$\frac{du_1}{dt} = u_2, \qquad \frac{du_2}{dt} = -au_2(u_1^2 - 1) - u_1,$$

wobei $a > 0$ ist. □

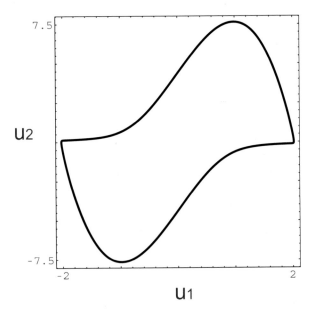

Abbildung 1.1: Van der Pol-Grenzzyklus ($a = 5$).

Listing 1. Van der Pol-Grenzzyklus

```
h = 0.0004; x = {0.2, 0.1}; k1 = x; k2 = x; k3 = x; a = 5;
f[x_] := {x[[2]], a(1 - (x[[1]])^2)x[[2]] - x[[1]] };
RK := Module[{y}, k1 = h *f[x]; k2 = h*f[x + k1/2];
k3 = h*f[x + k2/2]; k4 = h*f[x + k3];
y = x + 1/6*(k1 + 2*k2 + 2*k3 + k4); x = y; Return[x]];
T = Table[RK, {i, 1, 100000}];
ListPlot[T, Frame -> True, Axes -> None, AspectRatio -> 1,
PlotRange -> All]
```

Andererseits können in nichtlinearen Systemen auch Lösungen mit explodierenden Amplituden auftreten. Das heisst, es gibt eine Zeit $t_c < \infty$, so dass, für $t \to t_c$, $u(t) \to \infty$ geht.

Beispiel 2. Ein eindimensionales Beispiel ist die Gleichung

$$\frac{du}{dt} = -u + u^2.$$

Ist $u(t = 0) = u_0 > 1$, so folgt $u(t) \to \infty$, wenn $t \to t_c = \ln(u_0/(u_0 - 1))$. □

Aufgabe 1. Man integriere das letzte Beispiel numerisch mit einem geeigneten Runge-Kutta-Verfahren.

Schliesslich kann bereits für autonome Systeme erster Ordnung

$$\frac{d\mathbf{u}}{dt} = \mathbf{V}(\mathbf{u}),$$

mit $\mathbf{u} = (u_1, u_2, \ldots, u_n)^T$, $\mathbf{V} = (V_1, V_2, \ldots, V_n)^T$, für $n \geq 3$ so genanntes *chaotisches Verhalten* auftreten. Darunter versteht man, dass sich die Lösungen irregulär verhalten, keine Periode feststellbar ist und die Autokorrelationsfunktionen zerfallen. Die letzte Eigenschaft äussert sich durch die sensitive Abhängigkeit des Lösungsvektors von den Startwerten, was bedeutet, dass ursprünglich infinitesimal benachbarte Trajektorien exponentiell auseinander laufen.

Beispiel 3. Das bekannteste Beispiel für ein chaotisches System ist das Lorenz-Modell. Dieses ist durch ein autonomes System von Differentialgleichungen erster Ordnung in $\mathbb{R}^3$

$$\frac{dx}{dt} = -\sigma x + \sigma y, \qquad \frac{dy}{dt} = -xz + rx - y, \qquad \frac{dz}{dt} = xy - bz$$

beschrieben. Dabei sind σ, r, b positive Konstanten, deren Bedeutung in Kapitel 5 diskutiert wird.   □

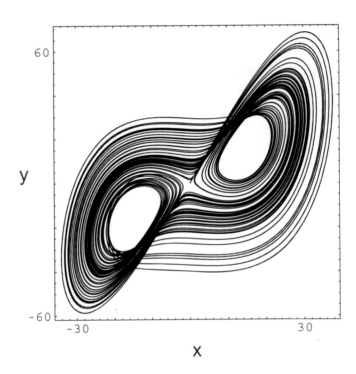

Abbildung 1.2: Lorenz-Attraktor in der x-y-Projektion (für die verwendeten Parameter siehe Listing 2).

Listing 2. Lorenz-Attraktor

```
h=0.004;x={0.2,0.1,1};k1=x;k2=x;k3=x;s=10;b=8/3;r=300;
f[x_]:={s (x[[2]]-x[[1]]),-s x[[1]]-x[[2]]-x[[1]]*x[[3]],
   x[[1]] x[[2]]-b x[[3]]-r};
RK:=Module[{y},k1=h *f[x];k2=h*f[x+k1/2];k3=h*f[x+k2/2];k4=h*f[x+k3];
   y=x+1/6*(k1+2*k2+2*k3+k4);x=y;Return[x]]
T=Table[RK,{i,1,100000}];
TT=T[[All,{1,2}]];
ListPlot[TT, Frame->True, Axes->None, AspectRatio->1,
PlotJoined->True]
```

Für die Dimensionen $n \in \{1, 2\}$ gibt es kein chaotisches Verhalten. Dies hängt damit zusammen, dass sich Trajektorien nicht schneiden dürfen (Eindeutigkeit der Lösungen dieser Systeme). Später werden wir sehen, dass ein Differentialgleichungssystem stets einen marginalen Lyapunov-Exponenten in der Richtung des Flusses besitzt. Auch deshalb sind dissipative Systeme für $n < 3$ niemals chaotisch. Zu bemerken ist aber, dass bereits eindimensionale nichtlineare *diskrete* Abbildungen Chaos zeigen können. Das bekannteste Beispiel, welches wir noch ausführlich besprechen werden, ist die so genannte *logistische Abbildung*

$$f : x_{t+1} = ax_t(1 - x_t),$$

wobei $t = 0, 1, 2, \ldots,$ $x_0 \in [0, 1]$ und $a \in (1, 4]$. Ihre Bedeutung ist auf der Tatsache begründet, dass sie den einfachsten differenzierbaren nichtlinearen Abbildungsfall beschreibt, der generisch ist (nichtverschwindende zweite Ableitung).

Die oben erwähnte Begriffsbildung wird oft auch als *deterministisches Chaos* bezeichnet, da die dynamischen Systeme $d\mathbf{u}/dt = \mathbf{V}(\mathbf{u})$ und $\mathbf{x}_{t+1} = \mathbf{f}(\mathbf{x}_t)$ keine stochastischen Kräfte enthalten.

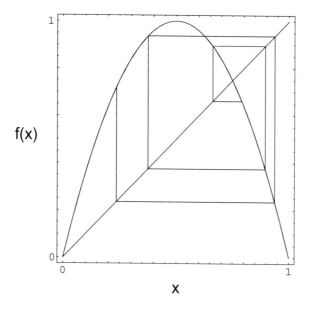

Abbildung 1.3: Graphische Iteration der voll entwickelten ($a = 4$) Parabel $y = ax(1 - x)$. $f(x)$ wird iteriert, indem man $f(x)$ horizontal bis zur Diagonalen abgeträgt und den Funktionswert zu diesem Argument wiederum abliest. Anfangswert des Bildes ist $x = 4/5$.

Da im Vergleich zu Differentialgleichungen diskrete Abbildungen (auch Differenzengleichungen genannt) sehr viel einfacher zu untersuchen und zu behandeln sind, starten wir mit ein- und mehrdimensionalen diskreten Abbildungen. Diskrete Abbildungen kann man aus Differentialgleichungssystemen durch so genannte

Poincaré-Schnitte erhalten (siehe Abschnitt 3.4). Zunächst betrachten wir eindimensionale Abbildungen $f : S \to S$, wobei S eine echte Teilmenge von $\mathbb{R}$ ist ($S \subset \mathbb{R}$). In den meisten Fällen betrachten wir $S = [0,1]$ oder $S = [-1,1]$. Durch Iteration dieser Abbildung erzeugen wir ein diskretes dynamisches System. Jede Iteration wird als ein Zeitschritt aufgefasst, wobei die Zeit t die Werte aus $\mathbb{N}_0 = \{0,1,2,\ldots\}$ annimmt.

Definition 1.1. Sei $f : S \to S$ eine gegebene Abbildung, so heisst

$$\{x,\ f(x),\ f^{(2)}(x),\ f^{(3)}(x),\ldots\}$$

der *Orbit* (die *Bahn*, die *Trajektorie*), wobei $x \in S$ der Anfangswert ist (auch Startwert genannt), und

$$f^{(2)}(x) := f(f(x))$$

bedeutet. Der einzelne Abbildungsschritt wird oft auch in der Form

$$x_{i+1} = f(x_i)$$

geschrieben, mit $i = 0,1,2,\ldots$, womit der Orbit durch die Folge $x_0, x_1, x_2, \ldots$ dargestellt werden kann. x_0 ist dabei der Startwert (oder die Anfangsbedingung) der Folge, die Nummer i kann als (diskrete) Zeit t gedeutet werden. Um diesen Zusammenhang zu betonen, werden wir oft die Bezeichnung $x_{t+1} = f(x_t)$ verwenden.

Beispiel 4. Sei $f : [0,1] \to [0,1]$ und $f(x) = 4x(1-x)$ (die so genannte voll entwickelte logistische Parabel). Sei $x = 1/3$. Es folgt

$$f(x) = \frac{8}{9}, \quad f^{(2)}(x) = \frac{32}{81}, \quad f^{(3)}(x) = \frac{6272}{6561}, \quad f^{(4)} = \frac{7250432}{43046721}, \ldots \qquad \square$$

Beispiel 5. Sei $x_{t+1} = 2x_t$ Mod 1. Mit $x_0 = 1/5$ folgt

$$x_1 = \frac{2}{5}, \quad x_2 = \frac{4}{5}, \quad x_3 = \frac{3}{5}, \quad x_4 = \frac{1}{5}, \ldots \qquad \square$$

Bemerkung I. Die im Folgenden von uns betrachteten diskreten eindimensionalen Abbildungen $f : x_{i+1} = f(x_i)$ werden nichtlinear sein, wobei wir daran erinnern wollen, dass auch die stückweise linearen Abbildungen zu diesen gezählt werden (und eine für theoretische Überlegungen wichtige Teilmenge bilden). Im Allgemeinen ist nicht gefordert, dass die Abbildung f differenzierbar oder stetig sei.

Die Nichtlinearität kommt dabei anschaulich durch die Forderung herein, dass ein bestimmtes endliches Gebiet, welches man auf das Einheitsintervall reskalieren kann, unter Iteration nicht verlassen werden soll (Fixobjektbedingung). Man kann dies als einen Ausdruck der Eingeschränktheit des zugelassenen Phasenraums verstehen (Endlichkeit der Ressourcen, o.ä.). Werden lokal die Punkte durch die Abbildung separiert (absolute Ableitung der Abbildung grösser als eins), so muss *zurückgefaltet* werden.

1.2   Fixobjekte und ihre Beschreibung

Für die Beschreibung von Systemen, welche nicht in die Unendlichkeit divergieren, sind Fixobjekte von Bedeutung. Diese verallgemeinern den Begriff des Fixpunktes (Dimension 0) beispielsweise zu dem eines Fixorbits der Dimension 1 (Grenzzyklus), diesen etwa wiederum zu einem Torus der Dimension 2 und mehr, und so weiter. Daneben gibt es auch noch Fixobjekte, welche wir sinnvollerweise durch eine fraktale Dimension beschreiben. Zur Charakterisierung dieser Fixobjekte, welche für das Studium der nichtlinearen Dynamik wichtig sind, werden hauptsächlich folgende Kenngrössen verwendet:

(1) Stabilität (der Fixobjekte)

(2) Zeitmittelwerte, insbesondere Lyapunov-Exponenten

(3) Autokorrelationsfunktion

(4) Invariante Dichte

(5) Momente.

Eine weitere Charakterisierung, welche wir erst später behandeln, sind verschiedene probabilistische Dimensionsbegriffe. Im Folgenden führen wir die obigen Begriffe für eindimensionale diskrete Abbildungen ein. Zunächst den Begriff des Fixpunkts:

Definition 1.2. Sei $f : S \rightarrow S$ eine Abbildung. Ein Punkt $x^* \in S$ heisst *Fixpunkt* von f, wenn gilt

$$x^* = f(x^*).$$

Fixpunkte sind also zeitunabhängige Lösungen der Abbildungsgleichung.

Beispiel 6. Sei $f : [0,1] \rightarrow [0,1]$ gegeben durch $f(x) = 4x(1-x)$. Die Gleichung $x^* = 4x^*(1-x^*)$ liefert die Fixpunkte $x^* = 0$ und $x^* = 3/4$. $\square$

Beispiel 7. Sei $f_\mu : [-1, 1] \to [-1, 1]$, mit $f_\mu = 1 - \mu x^2$, wobei $\mu \in [1, 2]$ ein reeller Parameter ist. Die algebraische Gleichung $x^* = 1 - \mu x^{*2}$ liefert die zwei Lösungen

$$x^* = -\frac{1}{2\mu} \pm \sqrt{\frac{4\mu + 1}{4\mu^2}},$$

wobei zusätzlich gefordert ist, dass $x^* \in [-1, 1]$ sei. $\square$

Aufgabe 2. Man zeige, dass die Fixpunkte der Abbildung $g : [0, 1] \to [0, 1]$,

$$g(x) = 4(4x(1 - x))(1 - 4x(1 - x)),$$

gegeben sind durch

$$x_1^* = 0, \qquad x_2^* = \frac{3}{4}, \qquad x_3^* = \frac{5 - \sqrt{5}}{8}, \qquad x_4^* = \frac{5 + \sqrt{5}}{8}.$$

Hinweis: Mit $f(x) = 4x(1 - x)$ lässt sich die Abbildung g als $g = f^{(2)}$ ausdrücken.

Aufgabe 3. Man finde die Fixpunkte der so genannten *Gauss-Abbildung* f : $[0, 1) \to [0, 1)$,

$$f(x) = \begin{cases} 0 & \text{wenn} \quad x = 0, \\ \dfrac{1}{x} \text{ Mod } 1 & \text{wenn} \quad x \neq 0. \end{cases}$$

Fixpunkte einer Abbildung kann man graphisch leicht finden, indem man den Graphen der Funktion (bzw. ihrer Iterierten) mit der Diagonalen schneidet (siehe Abbildung 1.4).

Aufgabe 4. Man benütze dieses Verfahren, um die Fixpunkte, welche man in der letzten Aufgabe erhalten hat, zu überprüfen.

Aufgabe 5. Man schreibe ein Programm, welches die graphische Iteration nachzeichnet, mit allen vertikalen und horizontalen Linien (auch *Spinnwebplot* genannt).

Zur Untersuchung der Stabilität von Fixpunkten, der Stabilität von periodischen Bahnen und der Berechnung des Lyapunov-Exponenten benötigen wir die so genannte *Variationsgleichung* (auch *linearisierte Gleichung* genannt).

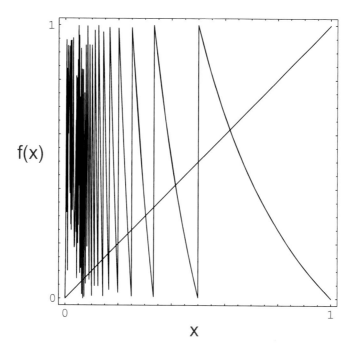

Abbildung 1.4: Graph der Gauss-Abbildung. Fixpunkte der Periode 1 findet man als Schnittpunkte des Graphen mit der Diagonalen. Fixpunkte der Periode 2 liest man analog aus dem Graphen der zweifach iterierten Abbildung $f(f) = f^2$ ab.

Definition 1.3. Sei

$$x_{t+1} = f(x_t)$$

eine diskrete Abbildung. Um den mit der Abbildung verbundenen Zeitfluss auszudrücken, wird sie auch als *dynamische* Abbildung bezeichnet. Sei f differenzierbar. Dann heisst

$$y_{t+1} = \frac{df}{dx}(x_t)\, y_t$$

die *Variationsgleichung* der dynamischen Abbildung, wobei $t = 0, 1, 2, \ldots$.

Die Variationsgleichung erhält man aus

$$y_{t+1} = \frac{d}{d\epsilon} f(x_t + \epsilon y_t)\Big|_{\epsilon=0} \equiv \lim_{\epsilon \to 0} \frac{f(x_t + \epsilon y_t) - f(x_t)}{\epsilon}.$$

Bemerkung I. Zur Lösung der Variationsgleichung muss zuerst die dynamische Gleichung gelöst werden, da ihre Lösung x_t in die Variationsgleichung eingesetzt wird. Um nichttriviale Lösungen der Variationsgleichung zu erhalten, wird $y_0 \neq 0$ angenommen.

Beispiel 8. Für $f(x) = 4x(1 - x)$ folgt $df/dx = 4 - 8x$. Die Variationsgleichung ist somit gegeben durch $y_{t+1} = (4 - 8x_t)\, y_t$. □

Definition 1.4. Ein Fixpunkt x^* heisst *lokal stabil*, wenn unter f für $t \to \infty$ alle Punkte in einer Umgebung $U(x^*)$ nach x^* streben.

Das Kriterium für lokale Stabilität ist:

$$\left| \frac{df(x)}{dx} \right|_{x=x^*} = \eta < 1.$$

Dies kann man auch aus der Variationsgleichung ablesen. Setzen wir einen Fixpunkt x^* als Lösung der Abbildungsgleichung in die Variationsgleichung ein, so folgt

$$y_{t+1} = \frac{df}{dx}(x^*)\, y_t.$$

Dies ist eine lineare Abbildungsgleichung mit einem konstanten Koeffizienten. Die Gleichung

$$y_{t+1} = \eta\, y_t,$$

$t \in \mathbb{N}$, hat die Lösung

$$y_t = \eta^t\, y_0,$$

wobei y_0 der Startwert ist ($y_0 = 0$ liefert nur die triviale Lösung). Ist $\eta < 1$, dann folgt $y_t \to 0$ für $t \to \infty$. Somit ist der Fixpunkt für $\eta < 1$ stabil. Ist $\eta > 1$, so folgt für $t \to \infty$: $y_t \to \infty$ für $y_0 > 0$ und $y_t \to -\infty$ für $y_0 < 0$. Damit ist der Fixpunkt für $|\eta| > 1$ instabil. Mit anderen Worten: Gilt

$$\left| \frac{df(x)}{dx} \right|_{x=x^*} > 1$$

für einen Fixpunkt x^*, dann gibt es eine Umgebung U von x^* derart, dass für alle $y \in U$ ein $t(y) \in \mathbb{N}$ existiert mit $f^{(t)}(y) \notin U$. Der Fixpunkt x^* heisst dann instabil.

Beispiel 9. Wir betrachten die Abbildung $f : [0, 1] \to [0, 1]$ mit $f(x) = 4x(1 - x)$. Ein Fixpunkt dieser Abbildung ist $x^* = 3/4$. Für ihn gilt

$$\left| \frac{df(x)}{dx} \right|_{x=x^*} = 2 > 1.$$

Dies bedeutet, dass der Fixpunkt $x^* = 3/4$ instabil ist. □

Definition 1.5. Eine Bahn $x_0, x_1, x_2, \ldots$ heisst *periodisch von der Ordnung p*, wenn für ein $p \in \mathbb{N}$ und für alle $t \in \mathbb{N}_0$ gilt:

$$x_{t+p} = x_t.$$

Das kleinste $p \in \mathbb{N}$ mit dieser Eigenschaft heisst *Periode* der Bahn. Ein Fixpunkt ist somit eine Bahn der Periode 1.

Beispiel 10. Sei $f : [0, 1] \to [0, 1]$ gegeben durch $f(x) = 4x(1-x)$. Ein periodischer Orbit ist gegeben durch

$$x = \frac{5 - \sqrt{5}}{8}, \qquad f(x) = \frac{5 + \sqrt{5}}{8}, \qquad f^{(2)}(x) = \frac{5 - \sqrt{5}}{8} = x, \ldots,$$

wobei die Periode $p = 2$ ist. Über die Stabilität dieses Orbits ist dabei aber noch nichts gesagt. □

Bemerkung II. Die Stabilität von Fixpunkten kann man aus dem Spinnwebplot leicht entnehmen: Ist die absolute Steigung am Fixpunkt grösser als die Diagonalensteigung, so ist der Fixpunkt instabil. Ist sie gleich 1, so heisst der Fixpunkt *marginal stabil*. Das Ergebnis der Iteration kann auf zwei Arten vom Anfangswert abhängen: 1. Nicht-Ergodizität. In diesem Fall besitzt man verschiedene anziehende Mengen. 2. Untypische Anfangsbedingungen (die aber alle zusammen vom Mass 0 sein sollten). Der letztere Fall führt auch bei der logistischen Abbildung mit $a = 4$ zu einem numerisch stabilen Fixpunkt $x_0 = 0$, obwohl das System offensichtlich chaotisch ist.

Aufgabe 6. 1) Man schreibe ein Programm, welches das Ergebnis einer Iteration einer Abbildung zu gegebenem Anfangspunkt darstellt. Man überprüfe die letzte Behauptung in Bemerkung II, indem man weitere Beispiele (Abbildungen/Anfangswerte) für dieses Phänomen sucht.
2) Man erweitere das Programm, welches vorgegebene Abbildungen graphisch iteriert (Aufgabe 5), für höhere Iterierte der Abbildungen f^n, $n > 1$. Man beobachte darin die Stabilität von Fixpunkten und vergleiche sie mit den Ergebnissen der direkten Iteration.

Listing 3. Dreifach iterierte quadratische Abbildung

```
f[x_]:= 4 mu x(1 - x);
mu=0.9;
```

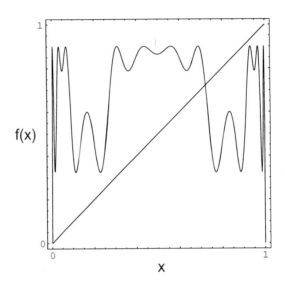

Abbildung 1.5: Graph der dreifach iterierten Parabel mit $a = 3.6$. Als Fixpunkte der Periode 3 kommen offenbar nur zwei Punkte in Frage.

```
3   it=3;
4   fn[x_]:= Nest[f, x, it];
5   Plot[{x, fn[x]}, {x, 0, 1}, Frame -> True, AspectRatio -> 1]
```

In der selben Weise wie bei den Fixpunkten können wir die Stabilität von periodischen Orbits untersuchen.

Definition 1.6. Eine Bahn B der Periode p einer Abbildung f heisst *stabil* (bzw. *instabil*), wenn $x^* \in B$ ein stabiler (bzw. instabiler) Fixpunkt der Abbildung $f^{(p)} := f(f^{(p-1)})$ ist.

Beispiel 11. Sei $f : [0, 1] \to [0, 1]$ gegeben durch $f(x) = 4x(1-x)$. Ein periodischer Orbit ist gegeben durch

$$x = \frac{5 - \sqrt{5}}{8}, \qquad f(x) = \frac{5 + \sqrt{5}}{8}.$$

Dieser periodische Orbit (der Ordnung 2) ist instabil, da $\left. \left| \frac{df^{(2)}(x)}{dx} \right| \right|_{x=x^*} = 4 > 1$ ist. □

Anstelle eines multiplikativen Faktors, der die Stabilität / Instabilität beschreibt, kann man auch einen *Stabilitätsexponenten* längs einer Bahn betrachten. Dieser heisst zu Ehren von A.M. Lyapunov (1857-1918) *Lyapunov-Exponent* (Oseledec 1968, Eckmann und Ruelle 1985). Es wird dabei exponentiell gemessen, wie stark sich der Abstand zweier ursprünglich infinitesimal benachbarter Punkte x_0 und $\bar{x}_0$ in der Zeit T verändert:

$$x_T - \bar{x}_T = f^{(T)}(x_0) - f^{(T)}(\bar{x}_0) \approx \left(\frac{d}{dx}(f^{(T)})(x_0) \right)(x_0 - \bar{x}_0).$$

Die Kettenregel liefert

$$\frac{d}{dx}(f^{(T)})(x_0) = \frac{d}{dx}f(x_{T-1})\frac{d}{dx}f(x_{T-2})\dots\frac{d}{dx}f(x_0).$$

Wenn wir annehmen, dass in dem obigen Ausdruck alle Faktoren von vergleichbarer Grössenordnung sind, scheint es plausibel, dass $df^{(T)}/dx$ mit wachsender Zeit T exponentiell anwächst (oder abnimmt). Das selbe gilt für $x_T - \bar{x}_T$, und man definiert die mittlere Wachstumsrate als

Definition 1.7.

$$\lambda(x_0) := \lim_{T \to \infty} \frac{1}{T} \sum_{t=0}^{T-1} \ln \left| \frac{df(x)}{dx} \right|_{x=x_t}.$$

Die Grösse λ ist der Lyapunov-Exponent, der vom Startwert x_0 abhängen kann. Obige Gleichung kann auch mit Hilfe der Variationsgleichung ausgedrückt werden, nämlich als

$$\lambda(x_0) := \lim_{T \to \infty} \frac{1}{T} \sum_{t=0}^{T-1} \ln \left| \frac{y_{t+1}}{y_t} \right|,$$

was auch als

$$\lambda(x_0) := \lim_{T \to \infty} \frac{1}{T} \ln \left| \frac{y_T}{y_0} \right|$$

geschrieben werden kann (wobei natürlich $y_0 \neq 0$ angenommen ist).

Definition 1.8. Chaotisches Verhalten wird durch einen *positiven* Lyapunov-Exponenten λ definiert.

In diesem Fall zeigt das dynamische System eine sensitive Abhängigkeit von den Startwerten, in dem Sinne, dass verschiedene benachbarte Anfangswerte schon nach kurzer Zeit zu maximal unterschiedlichen Orbitpunkten führen.

Beispiel 12. Sei $f : [0,1] \rightarrow [0,1]$ gegeben durch $f(x) = 4x(1-x)$. Für fast alle Startwerte (z.B. für $x = 1/3$) finden wir $\lambda = \ln 2$. Die logistische Abbildung zeigt für $a = 4$ also Chaos. $\qquad\square$

Für Fixobjekte ist natürlich $\{x_t\}$ beschränkt. Eine Faltung der Abbildung verhindert in chaotischen Systemen, dass Bahnabstände beliebig anwachsen. Trotzdem kann man exponentielle Separation von Punkten für $t \rightarrow \infty$ betrachten, indem man sich für jedes T einen genügend kleinen Ausgangsabstand vorgibt. Dies ist der Grund dafür, dass man die Berechnung des Lyapunov-Exponenten meist im Tangentenraum der Abbildung durchführt.

Beispiel 13. Betrachten wir beispielsweise die lineare Abbildung $x_{t+1} = 2x_t$, so ist die Lösung $x_t - \bar{x}_t = 2^t(x_0 - \bar{x}_0)$. Für $t \rightarrow \infty$ wachsen beide Seiten über alle Grenzen, und der Lyapunov-Exponent ist positiv ($\ln 2$). Betrachten wir die (nichtlineare) Abbildung $x_{t+1} = 2x_t$ Mod 1 (Bernoulli-Shift), so erhalten wir dasselbe Ergebnis, obwohl die Folge $\{x_t\}$ beschränkt ist. $\qquad\square$

Ein Programm, welches zu einer eindimensionalen Abbildung den Lyapunov-Exponenten ausrechnet, ist unten aufgeführt.

Listing 4. Lyapunov-Exponent, quadratische Abbildung

```
1  f[x_]:= 4 mu x(1 - x);
2  fs[x_] := f'[x];
3  mu=1;
4  anf = 1/2^0.5;
5  ein = 1;
6  it = 10000;
7  Fold[Plus, 0,
8  Log[Abs[fs[NestList[f, Nest[f, anf, ein], it]]]]]/(it + 1)
```

Ergebnis der obigen Berechnung ist $0.693144 \approx \ln 2$. Der letztere Wert ist das analytische Ergebnis.

Bemerkung III. Es gibt jedoch auch instabile Systeme, welche einen Lyapunov-Exponenten 0 besitzen. Ein Beispiel ist ein System, dessen Bahnen sich mit einer Potenzfunktion, z.B. wie t^3, auseinander bewegen. In diesem Fall wird, wie man leicht feststellt, der Lyapunov-Exponent 0. Es findet eben keine *exponentielle* Separation statt.

Von Interesse ist, wo sich bei einem Fixobjekt die Iterationspunkte anhäufen. Dieses motiviert das folgende Konzept:

Definition 1.9. (naiv) Ein System heisst *ergodisch*, wenn sich bei ihm Zeitmittel-werte durch Raummittelwerte ersetzen lassen.

Um die Definition mit Sinn zu füllen, braucht man noch das Konzept des invarianten Masses, in der Form der invarianten Dichte.

Definition 1.10. Die *invariante Dichte* ρ für die Abbildung $f : S \to S$ ist definiert durch

$$\rho(x) := \lim_{T \to \infty} \frac{1}{T} \sum_{t=0}^{T-1} \delta(x - x_t) \equiv \lim_{T \to \infty} \frac{1}{T} \sum_{t=0}^{T-1} \delta[x - f^{(t)}(x_0)],$$

wobei δ die Diracsche Deltafunktion bezeichnet.

Hätte man dieses invariante Mass und Ergodizität, so könnte man den Lya-punov-Exponenten auch wie folgt berechnen:

$$\lambda = \int_S \rho(x) \ln(|f'(x)|) \, dx.$$

Eine Gleichung für ρ kann man wie folgt erhalten. Die "Anfangsverteilung" ist $\rho_{t=0}(x) = \delta(x - x_0)$. Nach einer Iteration erhält man $\delta(x - f(x_0))$. Allgemein geht die Verteilung ρ_t nach einer Iteration über in

$$\rho_{t+1}(y) = \int_S \rho_t(x)\delta(y - f(x)) \, dx.$$

Die zeitunabhängige Grösse ρ bleibt durch die Abbildung f unverändert, und somit gilt

$$\rho(y) = \int_S \rho(x)\delta(y - f(x)) \, dx.$$

Diese Gleichung heisst *Frobenius-Perron Integralgleichung*. Die Grösse $\rho(x)dx$ ist der Anteil der Iterationen, deren Werte im Intervall $[x, x+dx]$ liegen. Für spezielle Abbildungen f kann diese Gleichung explizit gelöst werden.

Beispiel 14. Sei $f : [0,1] \to [0,1]$ mit $f(x) = 4x(1-x)$. Für die Deltafunktion gilt die Identität

$$\delta(g(x)) \equiv \sum_n \frac{1}{|g'(x_n)|} \, \delta(x - x_n),$$

wobei x_n die einfachen Nullstellen der Funktion g sind und g' die Ableitung von g nach x bezeichnet. Im vorliegenden Fall ist $g(x) = y - 4x + 4x^2$ mit $g'(x) = -4 + 8x$. Die Nullstellen von g sind

$$\frac{1}{2} \pm \frac{1}{2}\sqrt{1 - y}.$$

Damit finden wir die Frobenius-Perron Integralgleichung

$$4\sqrt{1-y}\,\rho(y) = \rho\left(\frac{1}{2} + \frac{1}{2}\sqrt{1-y}\right) + \rho\left(\frac{1}{2} - \frac{1}{2}\sqrt{1-y}\right).$$

Ihre Lösung ist gegeben durch

$$\rho(y) = \frac{1}{\pi\sqrt{y(1-y)}}. \qquad \qquad \square$$

Einen einfacheren, direkteren Zugang erhält man wie folgt. 1-d chaotische Systeme sind notwendigerweise nicht-invertierbar. Dies hat zur Folge, dass sich bei einem Punkt die Beiträge mehrerer iterierter Urbilder anhäufen. Das heisst, die Dichte am Punkt y bildet sich als Summe der Dichten von Urbildern, skaliert in dem Masse, wie die Dichten unter der chaotischen Abbildung verdünnt werden:

$$\rho(y) = \sum_{x_i \in f^{-1}(y)} \frac{\rho(x_i)}{|f'(x_i)|}.$$

Aufgabe 7. Man verwende diesen Ansatz, um zum selben Ergebnis wie oben zu kommen.

Bemerkung IV. In den meisten Fällen kann man ρ aber nur numerisch ermitteln. Zum Auffinden von $\rho(x)dx$ erstellt man ein *Histogramm*. Betrachten wir wieder die logistische Abbildung $f(x) = 4x(1-x)$. Man geht von einem beliebigen Startpunkt aus, in der Hoffnung, einen "typischen" (= generischen) Punkt gewählt zu haben, und bildet die Iterierten. Das Intervall $[0,1]$ wird in m Subintervalle gleicher Länge unterteilt (für $m = 20$ beispielsweise haben die Intervalle die Länge 0.05). Man lässt ein Computerprogramm zählen, wie oft die einzelnen Teilintervalle besucht werden. Die Häufigkeit dieser Besuche wird im Histogramm aufgetragen. Andere Startwerte liefern, auch wenn sie ursprünglich auf einer periodischen Bahn liegen, meist ein fast identisches Histogramm. Da die periodischen Bahnen instabil sind, werden sie bereits nach wenigen Iterationen durch Rundungsfehler des Computers verlassen. Verringert man die Zahl der Iterationen, so stellt man ein starkes "Rauschen" fest: Die Differenz der relativen Besuchszahl benachbarter Intervalle wird in der Regel gross. Je grösser die Anzahl der Iterationen gewählt wird, desto glatter wird die im Histogramm dargestellte Kurve. Für die Parabelabbildung $f(x) = ax(1-x)$ hält sich die Bahn eines "typischen" Punktes sehr häufig am Rand des Bildintervalles auf, während der mittlere Bereich relativ selten besucht wird. Diese Tatsache wird in von Computerprogrammen erstellten (und somit mit Rundungsfehlern behafteten) Histogrammen wiedergegeben. Mit Hilfe des *Ergodentheorems* lässt sich das im Histogramm dargestellte Verhalten mathematisch beschreiben. Aus dem Ergodensatz folgt, dass für alle beschränkten Funktionen $g : [0, 1] \to \mathbb{R}$, die höchstens endlich viele Unstetigkeitsstellen besitzen, für fast alle $x \in [0, 1]$ folgende Gleichheit gilt (Walters 1982):

$$\lim_{T \to \infty} \frac{1}{T} \sum_{t=1}^{T} g(f^{(t-1)}(x)) = \int_{0}^{1} g(x)\rho(x) \, dx.$$

Die Integration ist dabei im Sinne von Lebesgue zu verstehen. Die Menge aller $x \in [0, 1]$, welche die Gleichung nicht erfüllen, ist eine Lebesgue-Nullmenge. Das heisst, das zeitliche Mittel der Funktion g ist gleich dem Mittel über den Phasenraum in Bezug auf das ergodische Mass (Arnold und Avez 1968). Wählt man speziell für ein Teilintervall $[a, b]$ aus $[0, 1]$

$$g(x) := \left\{ \begin{array}{l} 1 \text{ falls } x \in [a, b] \\ 0 \text{ sonst} \end{array} \right. ,$$

dann ist die linke Seite der obigen Gleichung gleich der Anzahl der Besuche im Intervall $[a, b]$ dividiert durch die Anzahl der Iterationen, während die rechte Seite für Bsp. 14 gleich

$$\int_{a}^{b} \frac{1}{\pi\sqrt{x(1-x)}} \, dx$$

ist. Vergleicht man das Histogramm mit dem hier berechneten theoretischen Wert, so stellt man eine grosse Übereinstimmung fest. Auf diese Weise erkennen wir, dass die Existenz eines ergodischen Masses bedeutet, dass wir Voraussagen machen können, wie häufig ein bestimmtes Gebiet von fast allen Bahnen besucht wird.

Listing 5. Invariante Dichte, quadratische Abbildung

```
f[x_]:= 4 x(1 - x);
T=Table[0, {i, 0, 1000}];
x = 0.3;
Do[x = f[x]; T[[Round[1000*x + 0.5]]] += 1, {i, 1, 50000}];
ListPlot[T, AspectRatio -> 1, Frame -> True, PlotJoined -> True,
PlotRange -> All]
```

Bemerkung V. Oseledec hat 1968 gezeigt, dass der Limes in der Definition des Lyapunov-Exponenten für fast alle Anfangswerte x_0 (bezüglich der invarianten Dichte) existiert. Jedoch sind nicht alle Startwerte x_0 in diesem Sinne aussagekräftig. Nur jene Startwerte können benutzt werden, die zu *generischen* Trajektorien führen. Betrachten wir z.B. die logistische Abbildung $f : [0, 1] \to [0, 1]$ mit

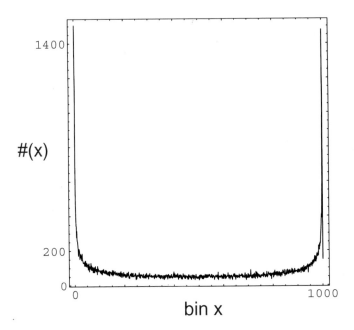

Abbildung 1.6: Die invariante Dichte der voll entwickelten Parabelabbildung ($a =$ 4) hat Pole. Im Bild ist das Histogramm über 50000 iterierte Punkte gezeigt. Für (schiefe/symmetrische) Zeltabbildungen bekämen wir eine konstante Dichte. Jedoch besitzen nicht alle stückweise linearen Abbildungen diese Eigenschaft.

$f(x) = 4x(1 - x)$, so ist $x = 1/3$ ein sinnvoller Startwert, da er eine chaotische Trajektorie ergibt. Der Startwert $x = 1/2$ ist nicht sinnvoll, da $f(x) = 1$ und $f^{(2)}(x) = 0$. $x = 0$ ist aber ein instabiler Fixpunkt. In der Natur würde man ihn sofort wieder verlassen (Störungen gibt es überall und immer), numerisch aber erscheint er als stabil.

Eine weitere Grösse, die beim Studium nichtlinearer Dynamik von grossem Interesse ist, ist die Autokorrelationsfunktion. Zur Definition müssen wir zunächst den Zeitmittelwert einführen.

Definition 1.11. Der *Zeitmittelwert* ist definiert durch

$$\langle x_t \rangle := \lim_{T \to \infty} \frac{1}{T} \sum_{t=0}^{T-1} x_t,$$

wobei $\langle x_t \rangle$ eine beschränkte Funktion ist. Die Grösse $\langle x_t \rangle$ hängt von x_0 ab.

Definition 1.12. Die *Autokorrelationsfunktion* ist definiert durch

$$C_{xx}(\tau) := \lim_{T \to \infty} \frac{1}{T} \sum_{t=0}^{T-1} (x_t - \langle x_t \rangle)(x_{t+\tau} - \langle x_t \rangle),$$

wobei $\tau = 0, 1, 2, \ldots$.

Wie der Lyapunov-Exponent und der Zeitmittelwert hängt auch die Autokorrelationsfunktion im Allgemeinen vom Startwert x_0 ab. Für chaotische Systeme, das heisst Systeme mit positiven Lyapunov-Exponenten, finden wir, dass die Autokorrelationsfunktion zerfällt. Ist die Bahn $x_0, x_1, x_2, \ldots$ periodisch, so ist auch die Autokorrelationsfunktion periodisch.

Beispiel 15. Sei

$$x_{t+1} = \begin{cases} 2x_t & \text{für} \quad 0 \le x_t < 1/2 \\ 2(1 - x_t) & \text{für} \quad 1/2 \le x_t \le 1 \end{cases},$$

mit $x_0 \in [0, 1]$. Diese Abbildung wird die (symmetrische) *Zeltabbildung* genannt; sie ist eng verwandt mit der Bernoulli-Abbildung. Als Zeitmittelwert finden wir $1/2$, für fast alle Anfangswerte. Für die Autokorrelationsfunktion finden wir

$$C_{xx}(\tau) = \begin{cases} \frac{1}{12} & \text{für} \quad \tau = 0 \\ 0 & \text{für} \quad \tau \ge 1 \end{cases},$$

für fast alle Startwerte. $\qquad\qquad\qquad\qquad\qquad\qquad\qquad\qquad\qquad\qquad\qquad\quad\square$

Definition 1.13. Das *Ensemble-Mittel* $\bar{x}_t$ von x_t ist definiert durch

$$\bar{x}_t := \int_S x\rho(x)\, dx, \qquad \rho \text{ invariante Dichte, } S \text{ Träger des Integranden.}$$

Wir erinnern wieder daran, dass die Integration im Sinne von Lebesgue durchzuführen ist. Ist das System *ergodisch*, so finden wir

$$\langle x_t \rangle = \bar{x}_t.$$

Definition 1.14. Die *Momente* $\langle x_t^n \rangle$ sind definiert durch

$$\langle x_t^n \rangle := \lim_{T \to \infty} \frac{1}{T} \sum_{t=0}^{T-1} x_t^n,$$

wobei $n = 1, 2, \ldots$ ist. Für $n = 1$ erhalten wir also den Zeitmittelwert.

Der Zusammenhang mit der invarianten Dichte ist im ergodischen Fall gegeben durch (Grossmann und Thomae 1977)

$$\langle x_t^n \rangle = \int_S y^n \rho(y) dy.$$

Beispiel 16. Sei $f : [0,1] \to [0,1]$ mit $f(x) = 4x(1-x)$. Für fast alle Anfangswerte finden wir

$$\langle x_t^n \rangle = \frac{1}{2^{2n}} \binom{2n}{n},$$

wobei $\binom{2n}{n}$ die Binomialkoeffizienten sind. Das System ist ergodisch. $\square$

Aufgabe 8. Man zeige, dass der Lyapunov-Exponent auch durch

$$\lambda = \int_S \rho(x) \ln \left| \frac{df(x)}{dx} \right| dx$$

berechnet werden kann.

1.3   Paradigmatische Abbildungen

Wie aus dem letzten Abschnitt zu erraten ist, kann man die wichtigsten Einsichten in das Verhalten aller dynamischen Systeme aus ein paar wenigen Abbildungen erhalten. Wir diskutieren im Folgenden diese Abbildungen ausführlicher. Dabei betrachtet man oft den Fall, wo die Abbildung das Einheitsintervall auf sich selber abbildet (Surjektivität). Diese Abbildungen heissen *voll entwickelt*. Die Injektivität ist im Allgemeinen wegen der Faltungseigenschaft (Chaos) nicht erfüllt.

1.3.1   Bernoulli-Abbildung

Die einfachste Abbildung, die chaotisches Verhalten beschreibt, ist die Bernoulli-Abbildung (auch Bernoulli-Shift genannt). Sie ist gegeben durch $f : [0,1) \to [0,1)$

mit

$$f(x) = 2x \text{ Mod } 1.$$

In der Abbildungsschreibweise haben wir

$$x_{t+1} = \begin{cases} 2x_t & \text{für } 0 \le x_t < \frac{1}{2} \\ 2x_t - 1 & \text{für } \frac{1}{2} \le x_t < 1 \end{cases},$$

wobei $t = 0, 1, 2, \ldots$ und $x_0 \in [0, 1)$. Die Abbildung ist unstetig im Punkte $x = 1/2$. Nicht jeder Anfangswert ergibt eine generische Trajektorie: Sei $x_0 = \frac{1}{7}$. Dann folgt

$$x_0 = \frac{1}{7}, \quad x_1 = \frac{2}{7}, \quad x_2 = \frac{4}{7}, \quad x_3 = \frac{1}{7}, \quad x_4 = \frac{2}{7}, \ldots.$$

Dies bedeutet, dass wir für den Startwert $x_0 = \frac{1}{7}$ einen periodischen Orbit erhalten haben, da $x_t = x_{t+3}$ für $t = 0, 1, 2, \ldots$. Eine Irrationalzahl als Anfangswert hingegen führt normalerweise zu einer generischen Trajektorie.

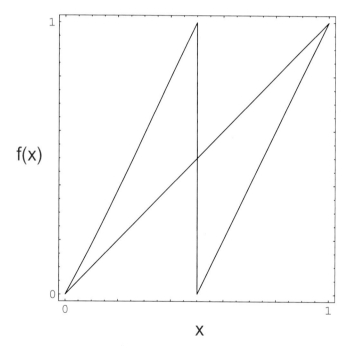

Abbildung 1.7: Graph der Bernoulli-Abbildung.

Wie bereits erwähnt, kann in der Untersuchung von diskreten Abbildungen wie folgt vorgegangen werden: Zuerst suchen wir die Fixpunkte und studieren deren Stabilität. Für die Bernoulli-Abbildung finden wir einen Fixpunkt, nämlich

$$x^* = 0.$$

Dieser Fixpunkt ist instabil. Dies sieht man, wenn man die Entwicklung eines zum Fixpunkt x^* benachbarten Punktes $x^* + \delta$ betrachtet: Die Grösse $f^n(\delta)$ wächst exponentiell an. Suchen wir weitere periodische Bahnen. Sei x_0 eine rationale Zahl zwischen 0 und 1. Wenn x_0 von der Form $x_0 = 2^{-T}$ ($T \in \mathbb{N}$) ist, dann läuft der Orbit $\{x_0, x_1, x_2, \ldots\}$ auf den Fixpunkt $x^* = 0$ zu, mit

$$x_0 = 2^{-T}, \quad x_1 = 2^{-T+1}, \quad x_2 = 2^{-T+2}, \ldots, \quad x_T = 1 \equiv 0.$$

Wir finden auch für alle übrigen rationalen Anfangswerte q im Intervall $[0, 1)$ periodische Orbits, da sie sich als $q = m/n$ mit $m, n \in \mathbb{N}$ und $m < n$ schreiben lassen. Diese periodischen Orbits sind alle nicht stabil. Die exakte Lösung der iterierten Abbildung als Funktion des Anfangswertes kann durch die Formel

$$x_t = \frac{1}{\pi} \cot^{-1}(\cot 2^t \pi x_0)$$

gegeben werden (wobei $^{-1}$ die Umkehrfunktion bezeichnet). Im nächsten Schritt berechnen wir den Lyapunov-Exponenten. Er ist für alle Anfangswerte (generische und ungenerische Bahnen) gegeben durch $\lambda = \ln 2$. Dies sieht man wie folgt: Da die Bernoulli-Abbildung nicht differenzierbar ist, benutzen wir sinngemäss

$$\lambda(x_0) := \lim_{T \to \infty} \lim_{\epsilon \to 0} \frac{1}{T} \ln \left| \frac{f^{(T)}(x_0 + \epsilon) - f^{(T)}(x_0)}{\epsilon} \right|.$$

Da die Lösung der Bernoulli-Abbildung auch geschrieben werden kann als

$$f^{(T)}(x_0) = 2^T x_0 \bmod 1,$$

erhalten wir das obige Resultat.

Bemerkung I. Im Allgemeinen kann man jedoch nicht davon ausgehen, dass generische und ungenerische Bahnen dieselben Ergebnisse liefern. Da der Computer nur rationale (also ungenerische) Zahlen als Anfangswerte akzeptiert, stellt sich uns die Frage, wie man dieses Problem umgehen kann. Es gibt drei Lösungsstrategieen:
1) Addition einer Störung auf dem kleinsten Digit des betrachteten Zahlwertes.
2) Das Konzept der natürlichen Dichte (oder: Mass). Diese wird aus einem invarianten Mass erhalten, wenn es stochastisch (das heisst, zufällig) gestört wird, im Grenzfall infinitesimal kleiner Störamplitude.
3) Indem man direkt von Dichten oder Intervallen als Objekten ausgeht (Thermodynamischer Formalismus). Dieser Ansatz ist speziell für den Physiker interessant.

Der Zeitmittelwert der Bernoulli-Abbildung ist für fast alle Anfangswerte (irrationale Anfangswerte) gegeben durch

$$\langle x_t \rangle = \frac{1}{2}.$$

Die Autokorrelationsfunktion zerfällt, wenn der Anfangswert eine irrationale Zahl ist (das heisst, für fast alle Anfangswerte), gemäss

$$C_{xx}(\tau) = \frac{2^{-\tau}}{12} .$$

Die sensitive Abhängigkeit von den Startwerten (ausgedrückt durch einen positiven Lyapunov-Exponenten) kann auch wie folgt verstanden werden. Sei $x_0 \in [0,1)$. Die Zahl x_0 kann dargestellt werden als (so genannte *binäre Darstellung*)

$$x_0 = \sum_{k=1}^{\infty} a_k 2^{-k} \equiv a_1 2^{-1} + a_2 2^{-2} + a_3 2^{-3} + \dots,$$

wobei $a_k \in \{0,1\}$. Wir definieren nun

$$a_1 a_2 a_3 \dots := \sum_{k=1}^{\infty} a_k 2^{-k}.$$

Damit kann die Bernoulli-Abbildung f dargestellt werden als

$$f(a_1 a_2 a_3 \dots) = a_2 a_3 \dots .$$

womit die Bernoulli-Abbildung auf Binärentwicklungsfolgen als Verschiebungsoperator (Shift) wirkt. Seien nun zwei Startwerte gegeben durch

$$x_0 = a_1 a_2 a_3 \dots a_{n-1} a_n$$

und

$$\bar{x}_0 = a_1 a_2 a_3 \dots a_{n-1} b_n,$$

wobei $a_n \neq b_n$. Die Differenz $x_0 - \bar{x}_0$ wird mit jeder Anwendung der Abbildung f grösser und grösser. Nach n-Anwendungen der Abbildung f unterscheiden sich x_0 und $\bar{x}_0$ in der ersten Ziffer.

Wir wollen nun diesen Aspekt detaillierter untersuchen (Walters 1982). Sei $F := \{0,1\}$ und sei

$$\Gamma := F^{\mathbb{Z}} = \{\xi = (\dots, \xi_{-1}, \xi_0, \xi_1, \dots) \; : \; \xi_i \in F\}$$

der Raum aller beidseitig unendlichen Folgen von Nullen und Einsen. Auf Γ definieren wir eine Metrik d durch

$$d(\xi, \eta) := \sum_{i \in \mathbb{Z}} \frac{|\xi_i - \eta_i|}{2^{|i|}}.$$

Das heisst, ξ ist genau dann in der Nähe von η, wenn $\xi_i = \eta_i$ für alle $|i| \leq N$ für ein $N \in \mathbb{N}$. Auf dem kompakten, metrischen Phasenraum Γ betrachten wir nun die Abbildung $\tau : \Gamma \to \Gamma$, die eine Folge ξ um eine Stelle nach links verschiebt. Das heisst, es gilt die Vorschrift $(\tau \xi)_i = \xi_{i+1}$ für alle $i \in \mathbb{Z}$.

Aufgabe 9. Man zeige, dass τ stetig und invertierbar ist und dass die stetige Umkehrabbildung τ^{-1} durch $(\tau^{-1}\xi)_i = \xi_{i-1}$ gegeben ist. Damit ist τ ein Homöomorphismus.

Sei nun
$$A^{j_1,\ldots,j_n}_{i_1,\ldots,i_n} := \{\xi \in \Gamma : \xi_{i_k} = j_k,\ k = 1,\ldots,n\},$$

mit $j_k \in F$, $i_k \in \mathbb{Z}$ und $n \in \mathbb{N}$. Diese Mengen werden als *Zylindermengen* bezeichnet und erzeugen eine σ-Algebra $\mathcal{A}$. Auf $(\Gamma, \mathcal{A})$ gibt es nun ein τ-invariantes Mass μ, welches wie folgt definiert ist:
Sei $p_0 = p(0)$, $p_1 = p(1)$ mit $p_0 + p_1 = 1$, p_0, $p_1 \geq 0$ und

$$\mu\left(A^{j_1,\ldots,j_n}_{i_1,\ldots,i_n}\right) := \prod_{k=1}^{n} p_{j_k}.$$

Dann kann μ zu einem σ-endlichen Mass auf Γ fortgesetzt werden, welches auch τ-invariant ist. Das heisst,
$$\mu(\tau^{-1}A) = \mu(A),$$

für alle $A \in \mathcal{A}$. Das Mass μ ist ein Wahrscheinlichkeitsmass, da

$$\mu(\Gamma) = \mu(A_0^1 \cup A_0^0) = p_0 + p_1 = 1$$

ist. Dabei bezeichnet $\cup$ die Vereinigung der beiden Mengen A_0^1 und A_0^0. Das System (Γ, τ, μ) heisst Bernoulli-System oder auch (p_0, p_1)-Shift. Die Abbildung τ heisst *Bernoulli-Shift* oder auch Shift-Automorphismus.

Definition 1.15. Ein Zustand $\xi \in \Gamma$ heisst *nicht-wandernd* (Walters 1982), falls es zu jeder Umgebung $U(\xi)$ und zu jedem Zeitpunkt t_0 einen Zeitpunkt $t > t_0$ gibt, zu dem der Punkt $\tau^{(t)}(\xi)$ wieder in der Nähe von ξ ist. Das heisst, es soll $\tau^{(t)}(U) \cap U \neq \emptyset$ gelten.

Ein Bernoulli-System ist damit ein diskretes dynamisches System (Γ, τ) mit den folgenden besonderen Eigenschaften:

(1) Fast alle $\xi \in \Gamma$ sind nicht-wandernd unter τ, was heisst, dass die Menge Ω aller nicht-wandernden Punkte unter μ volles Mass hat, also $\mu(\Omega) = 1$ ist.

(2) τ besitzt abzählbar unendlich viele periodische Punkte, nämlich alle $\xi \in \Gamma$ für die gilt $\xi_{i+n} = \xi_i$ für alle $i \in \mathbb{Z}$ und ein $n \in \mathbb{Z}$.

(3) Die periodischen Punkte liegen dicht in Γ, denn zu $\xi \in \Gamma$ findet man $\eta \in \Gamma$ mit $\eta_i = \xi_i$ für $|i| \leq N$ für ein geeignetes N und $\eta_{i+N} = \eta_i$ für alle $i \in \mathbb{Z}$.

(4) Es gibt Bahnen, die in Γ dicht liegen.

(5) Gilt für $\xi, \eta \in \Gamma$, $d(\tau^{(n)}\xi, \tau^{(n)}\eta) < 1$ für alle $n \in \mathbb{Z}$, wenn also die beiden Bahnen nie eine grössere Entfernung als 1 haben, dann ist $\xi = \eta$ und somit ist τ expandierend. Dabei heisst ein Homöomorphismus τ *expandierend* , wenn es zu jedem Paar $\xi, \eta \in \Gamma$ mit $\xi \neq \eta$ ein $n \in \mathbb{Z}$ mit $d(\tau^{(n)}\xi, \tau^{(n)}\eta) > 1$ gibt. Da τ expandierend ist, ist jeder Orbit instabil. Denn ist ξ in der Nähe von η, aber $\xi \neq \eta$, so wird der Abstand der Bahnen irgendwann grösser als 1. Da nun

$$\max\{d(\xi, \eta) : \xi, \eta \in \Gamma\} = 3$$

ist, bedeutet dies aber, dass der Abstand der beiden Bahnen von der Grössen-ordnung des Systems selbst wird. Die Bewegung hängt hier empfindlich von den Anfangswerten ab. Jenseits des Horizontes, der durch die Systemgrenzen gegeben ist, kann man keine zuverlässigen Aussagen über die Zukunft des Systems mehr machen.

Aufgabe 10. Man zeige, dass die invariante Dichte für die Bernoulli-Abbildung konstant ist: $\rho(y) = 1$. Man zeige, dass das System ergodisch ist.

Aufgabe 11. Man zeige, dass der Lyapunov-Exponent für die Abbildung

$$f : [0,1) \to [0,1): \quad f(x) = 4x \text{ Mod } 1$$

für fast alle Startwerte durch $\lambda = 2\ln 2$ gegeben ist.

Aufgabe 12. Man zeige, dass gilt: $\max\{d(\xi, \eta) : \xi, \eta \in \Gamma\} = 3$.

1.3.2 Logistische Parabel

Die bereits erwähnte logistische Abbildung ist mit der Bernoulli-Abbildung zu-sammen die am besten studierte eindimensionale Abbildung. Ihre allgemeine Ab-bildungsgleichung lautet

$$x_{t+1} = ax_t(1 - x_t),$$

wobei $a \in (1,4]$, $t = 0, 1, 2, \ldots$ und $0 \leq x_0 \leq 1$. Für die Wissenschaft ist sie von besonderem Interesse, weil sie *nichthyperbolisch* ist, und weil man zeigen kann, dass dies wohl der generische Fall von Systemen ist. Eindimensionale chaotische Systeme, bei denen die absolute Ableitung von 1 nach oben wegbeschränkt ist, werden als *hyperbolisch* bezeichnet. Man hat in diesem Fall also an allen Stellen der Bahn und zu allen Zeitpunkten eine Separation von Orbits. Bei der logistischen

Abbildung ist dies nicht der Fall. Der Punkt $x = 1/2$ hat sogar die Ableitung Null für jeden Wert des Parameters a; in seiner Umgebung findet also eine starke Kompression von Bahnen statt. Es ist daher auf den ersten Blick verwunderlich, dass dieses System durch geeignete Wahl von a chaotisch gemacht werden kann. Die Tatsache, dass der Punkt $x = 1/2$ das Mass Null hat, ist dabei natürlich ausschlaggebend.

Für die oben angegebenen Werte des Parameters a folgt $0 \leq x_t \leq 1$, für alle t. Wählt man a grösser als 4, so verlassen Punkte das Einheitsquadrat und verschwinden in die Unendlichkeit. Trotzdem bleibt von den überlebenden Punkten eine Struktur übrig, welche ebenfalls untersucht werden kann. Sie hat die Struktur einer Cantor-Menge, siehe Kap. 9. Man nennt die Cantor-Menge in diesem Zusammenhang einen *Repeller* (Abstosser), im Unterschied zu den *Attraktoren* (Anzieher), welche wir in der Hauptsache untersuchen werden.

In Abhängigkeit vom *Verzweigungsparameter* a (auch *Bifurkationsparameter* genannt) findet man folgendes Lösungsverhalten: Die Fixpunkte ergeben sich aus der Lösung der Gleichung

$$ax^*(1 - x^*) = x^*.$$

Man findet zwei Fixpunkte, nämlich

$$x_1^* = 0, \qquad x_2^* = \frac{a-1}{a}.$$

Der Fixpunkt x_1^* ist instabil, der Fixpunkt x_2^* ist im Bereich $1 < a < 3$ stabil. Alle Trajektorien, die im Intervall $0 < x_0 < 1$ starten, laufen auf diesen Fixpunkt zu. Für $a = 2$ lässt die logistische Abbildung eine geschlossene Lösung zu. Man findet

$$x_t = \frac{1}{2} - \frac{1}{2}(1 - 2x_0)^{2^t}.$$

Der Punkt $a = 3$ ist ein Verzweigungspunkt. Der Lyapunov-Exponent für $a = 3$ ist gegeben durch $\lambda = 0$. Im Bereich

$$3 < a < 3.570\ldots$$

erhält man periodische Lösungen, die mit wachsendem Parameter a ihre Periode immer wieder verdoppeln. Das heisst, man findet eine Kaskade von stabilen Trajektorien der Perioden 2^n $(n = 1, 2, \ldots)$. Der Übergang zum chaotischen Verhalten über fortgesetzte *Periodenverdopplung* wird in gesonderten Abschnitten noch genauer besprochen (u.a. Abschnitte 1.9 und 3.9). Im Bereich $3 < a < 3.570\ldots$ ist der maximale Lyapunov-Exponent negativ. Der Punkt $a = 3.570\ldots$ ist wieder ein Verzweigungspunkt. Im Bereich

$$3.570\ldots < a \leq 4$$

können wir chaotisches Verhalten finden. Daneben gibt es viele verschiedene Trajektorien mit der Basisperiode k (k: positive ganze Zahl), die sukzessive Verzweigungen mit den Perioden $k \cdot 2^n$ $(n = 1, 2, \ldots)$ durchlaufen. Zum Beispiel existiert im

Bereich $3.828\ldots < a < 3.842\ldots$ eine Trajektorie mit der Periode 3. Sie durchläuft im Bereich $3.842\ldots < a < 3.849\ldots$ eine Kaskade von Periodenverdopplungen der Perioden $3\cdot 2^n$ ($n = 1, 2, \ldots$). In der Nähe des Wertes $a = 3.828427\ldots$ beobachtet man so genannte *Intermittenz*. Hiermit bezeichnet man den Wechsel zwischen stark chaotischem Verhalten und mehr oder weniger lang andauerndem fast regulärem Verhalten. Wir diskutieren Intermittenz ausführlicher im Abschnitt 1.7.

Für den Fall $a = 4$ lässt die logistische Abbildung wieder eine geschlossene Lösung zu, welche durch

$$x_t = \frac{1}{2} - \frac{1}{2}\cos(2^t \arccos(1 - 2x_0))$$

beschrieben werden kann, wobei x_0 der Startwert ist. Diese Folge oszilliert irregulär (chaotisches Verhalten, $\lambda = \ln 2$), ausser im Fall, wo der Anfangswert x_0 gegeben ist durch

$$x_0 = \frac{1}{2} - \frac{1}{2}\cos\left(\frac{r\pi}{2^s}\right).$$

Die Grössen r und s sind dabei positive ganze Zahlen. Der Zeitmittelwert und die Autokorrelationsfunktion können für diese geschlossene Lösung exakt berechnet werden. Für den Zeitmittelwert findet man für fast alle Anfangswerte

$$\langle x_t \rangle = \frac{1}{2}.$$

Die Autokorrelationsfunktion ergibt sich für fast alle Anfangswerte zu

$$C_{xx}(\tau) = \begin{cases} \frac{1}{8} & \text{für } \tau = 0 \\ 0 & \text{sonst} \end{cases}.$$

Die invariante Dichte lässt sich durch

$$\rho(y) = \frac{1}{\pi\sqrt{y(1-y)}}$$

ausdrücken. Die logistische Abbildung ist für $a = 4$ ergodisch.

Aufgabe 13. Sei $g : [0, 1] \to [0, 1]$ gegeben durch $g = f^{(2)}$, wobei $f(x) = 4x(1-x)$. Man zeige, a) dass alle Fixpunkte von g instabil sind, b) dass g ergodisch ist, c) dass der Lyapunov-Exponent den Wert $\lambda = \ln 4$ hat. Man finde d) die invariante Dichte, e) den Zeitmittelwert und f) die Autokorrelationsfunktion.

Aufgabe 14. Man zeige, dass der Lyapunov-Exponent der logistischen Abbildung für $a = 3$ gegeben ist durch $\lambda = 0$.

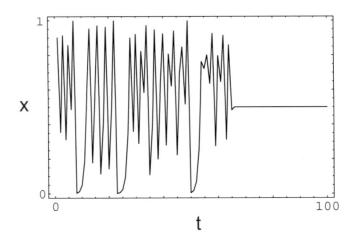

Abbildung 1.8: Bahn der Parabelabbildung für $a = 4$, wobei die geschlossene Lösung numerisch für 100 Schritte verfolgt wurde. Anfangswert ist $x_0 =$
0.34336646686836868464.

Oft wird die logistische Parabelabbildung auch in der Form

$$x_t = 1 - \mu x^2$$

geschrieben. Diese zur früheren äquivalente Formulierung erhält man, wenn man
auf die Parabel $y = ax(1 - x)$ die Transformation $T : \{x \to (x + 1/2), a \to 2\mu, y \to y - 1 + a/4\}$ anwendet.

Mit der Substitution $x = -z/a + 1/2$ mit $z \in [-a/2, a/2]$ kann die logistische
Abbildung auch in der Form $z_{n+1} = z_n^2 + (1 - a/2)\, a/2$ geschrieben werden, was
den Zusammenhang mit der Mandelbrot-Menge der Abbildung $z_{n+1} = z_n^2 + c$,
$c \in \mathbb{C}$, offenbart.

1.3.3   Kreisabbildung

Zur Kreisabbildung kommt man, wenn man eine stückweise lineare Abbildung
nichtlinear stört, was auf ihre grosse Bedeutung hinweist. Sie spielt eine zentrale
Rolle im Zusammenhang mit der KAM-Theorie (Kolmogorov-Arnold-Moser, zwischen 1950 und 1970). Die Kreisabbildung ist gegeben durch die zweiparametrige
Abbildung

$$f_{\Omega, K} : x_{t+1} = x_t + \Omega - \frac{K}{2\pi} \sin(2\pi x_t) \ \text{Mod} \ 1,$$

wobei $K \geq 0$ und $\Omega > 0$. K ist das Mass für die Stärke der nichtlinearen Störung.

Die Kreisabbildung ist seit vielen Jahren Gegenstand ausführlicher Untersuchungen (Denjoy 1932, Arnold 1965, Herman 1979). Sie hat eine Reihe bemerkens-

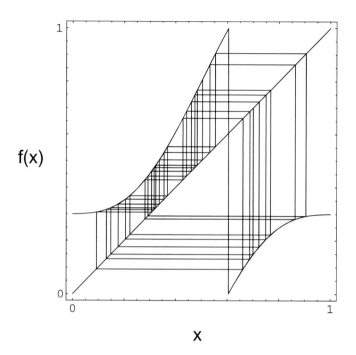

Abbildung 1.9: Kreisabbildung, für $\Omega = 0.3$, $K = 0.98$, mit einer iterierten Bahn. Wenn die Abbildung aufhört invertibel zu sein, wird sie chaotisch.

werter Eigenschaften. Es gilt

$$f_{\Omega,K}(x+1) = 1 + f_{\Omega,K}(x).$$

Für $K < 1$ ist $f_{\Omega,K}$ ein Diffeomorphismus. Bei $K = 1$ ist $f_{\Omega,K}^{-1}$ nicht differenzierbar und für $K > 1$ ist $f_{\Omega,K}$ nicht mehr eindeutig umkehrbar. Die Nichtumkehrbarkeit der Funktion $f_{\Omega,K}$ ist wegen der Eindimensionalität eine notwendige Voraussetzung für die Existenz chaotischer Bewegung. Wir können mit Chaos frühestens dann rechnen, wenn K den kritischen Wert 1 überschritten hat. Für $K = 0$ kann das Problem geschlossen gelöst werden. Wenn Ω rational ist, sich also in der Form $\Omega = p/q$ darstellen lässt, wobei p und q teilerfremde ganze Zahlen sind, treten periodische Lösungen auf. Startet man bei $x_0 = 0$, so ist die Lösung gegeben durch

$$x_t = t\,\Omega \text{ Mod } 1.$$

Somit wird x_t gleich Null, wenn $t\Omega = tp/q$ ganzzahlig wird. Der kleinste Wert von t, für welchen das erreicht werden kann, ist q. Damit ist q die Periode des Zyklus, während p angibt, wie oft die Operation Mod 1 angewandt wurde. Ohne die Modulo-Bildung wäre x_t um den Betrag p nach rechts verschoben worden.

Man bezeichnet die Grösse p/q als *Windungszahl*. Für $K > 1$ benutzt man als Definition der Windungszahl

$$w_{\Omega,K}(x_0) := \lim_{t \to \infty} \frac{f_{\Omega,K}^{(t)}(x_0) - x_0}{t}.$$

Dies bedeutet, dass die Windungszahl w die mittlere Verschiebung von x per Iteration ist. Ein zu einer rationalen Windungszahl $w = p/q$ gehöriger q-Zyklus $x_1 \cdots x_q$ ist somit die Lösung von

$$f_{\Omega,K}^{(q)}(x_i) = p + x_i,$$

mit der Stabilitätsbedingung

$$\left| \prod_{i=1}^{q} f_{\Omega,K}'(x_i) \right| = \left| \prod_{i=1}^{q} (1 - K \cos(2\pi x_i)) \right| < 1.$$

Für positive Werte von $K \leq 1$ existieren Intervalle $\Delta\Omega(p/q, K)$, innerhalb derer entsprechende stabile q-Zyklen mit Windungszahl p/q auftreten. Man spricht von *Frequenzeinfang*, siehe auch Abschnitt 4.5. Diese Intervalle werden mit wachsendem K immer breiter. Für eine Diskussion von irrationalen Windungszahlen verweisen wir auf die Literatur (Shenker 1982, Greene 1979).

1.4   Konjugation

Man kann invariante Dichten oft auch über eine Konjugation berechnen. Seien

$$f : \mathcal{X} \to \mathcal{X}, \; g : \mathcal{Y} \to \mathcal{Y}$$

stetig auf kompakten Räumen, und sei

$$h : \mathcal{X} \to \mathcal{Y}$$

eine Konjugation. Damit meint man, dass h ein Homöomorphismus sein soll, mit

$$h \circ f = g \circ h.$$

Um eine invariante Dichte zu bestimmen, sucht man nun eine Abbildung, deren invariante Dichte einen einfachen Ausdruck hat, und die zur interessierenden Abbildung konjugiert ist.

Beispiel 17. (von Neumann und Ulam, um 1940) Die (voll entwickelte) symmetrische Zelt-Abbildung (bezeichnet durch g) ist konjugiert zur voll entwickelten logistischen Parabel (f). Der Homöomorphismus h ist gegeben durch

$$h^{-1} := \mathcal{Y} \to \mathcal{X}, \quad \text{mit} \quad h^{-1}(y) = \frac{2}{\pi} \sin^{-1} \sqrt{y}.$$

Mit diesen Angaben lässt sich die invariante Dichte einfach berechnen über die
Tatsache, dass gilt

$$\rho_f(y)\, dy = \rho_g(x)\, dx \implies \rho_f(y) = \rho_g(x)\frac{dx}{dy} = 1\,\frac{2}{\pi}\,\frac{1}{2\sqrt{x(1-x)}} = \frac{1}{\pi\sqrt{x(1-x)}}.$$

$\square$

1.5 Numerik vertieft

Wir haben schon gesehen, dass die Beschränkung des Computers auf rationale
Zahlen zu untypischen Bahnen Anlass gibt, welche meist zu untypischen statistischen Ergebnissen führen. In fast allen Fällen können wir deshalb die Lösung eines
dynamischen Systems mit chaotischem Verhalten nicht explizit voraussagen. Ausnahmen sind sehr einfache ein- und zweidimensionale Differenzengleichungen. Wir
haben schon gesehen, dass die logistische Abbildung $x_{t+1} = ax_t(1-x_t)$ für $a = 2$
und $a = 4$ geschlossen gelöst werden kann. Im Bereich $3 \leq a < 4$ treten keine
anderen geschlossenen Lösungen auf. In fast allen Fällen muss deshalb das betrachtete nichtlineare dynamische System numerisch gelöst werden. Die Gleichung
wird somit mit Hilfe eines Digital- oder Analogrechners studiert, was Probleme
mit sich bringen kann. In diesem Abschnitt betrachten wir nur digitale Rechner.
Analoge Rechner werden zu einem späteren Zeitpunkt behandelt.

Digitale Rechner benutzen das *binäre, oktale* und *hexadezimale* (korrekter-
weise als *sedezimal* bezeichnete) System. $x_0 \in [0,1]$ kann im binären System geschrieben werden als

$$x_0 = \sum_{k=1}^{\infty} a_k 2^{-k} \equiv a_1\frac{1}{2} + a_2\frac{1}{4} + a_3\frac{1}{8} + \dots,$$

mit $a_k \in \{0,1\}$. Zur Charakterisierung der Zahl x_0 genügt also die Angabe der
a_k's. Zum Beispiel ist die Zahl $\frac{3}{8}$ dargestellt als $\frac{3}{8} = 0.01100\dots$. Im oktalen System
gilt

$$x_0 = \sum_{k=1}^{\infty} b_k 8^{-k} = b_1\frac{1}{8} + b_2\frac{1}{64} + b_3\frac{1}{512} + \dots.$$

mit $b_k \in \{0,1,2,\dots,7\}$. Die Zahl $\frac{3}{8}$ ist im oktalen System $\frac{3}{8} = 0.300\dots$. Im
hexadezimalen System ist die Darstellung

$$x_0 = \sum_{k=1}^{\infty} c_k 16^{-k}.$$

mit $c_k \in \{0,1,\dots,9,A,B,C,D,E,F\}$. Das bedeutet, 10 ist identifiziert mit A,
usw. Im Folgenden betrachten wir nur das binäre System, da ja das oktale und
das hexadezimale darauf aufgebaut sind.

Das erste Problem bei der numerischen Untersuchung nichtlinearer diskreter Abbildungen ist die Folge der eingeschränkten Zahlendarstellung im Rechner. Um dieses Problem zu studieren, bietet sich die Bernoulli-Abbildung

$$x_{t+1} = \begin{cases} 2x_t & \text{für } 0 \leq x_t < \frac{1}{2} \\ 2x_t - 1 & \text{für } \frac{1}{2} \leq x_t < 1 \end{cases}$$

an, wobei $t = 0, 1, 2, \ldots$ und $x_0 \in [0, 1)$. Wenn x_0 von der Form $x_0 = 2^{-T}$ ist mit $T \in \mathbb{N}$, dann läuft der Orbit $\{x_0, x_1, x_2, \ldots\}$ auf den Fixpunkt $x^* = 0$ zu, da ja

$$x_0 = 2^{-T}, \quad x_1 = 2^{-T+1}, \ldots, \quad x_T = 1 \equiv 0.$$

Der Rechner kann nur bis zu einem gewissen T die richtige Lösung (nämlich $x = 0$) liefern. Bei Taschenrechnern ist dies im Allgemeinen $T = 10$. Für grössere Werte von T wird die Zahl 2^{-T} gerundet und die Anwendung der Bernoulli-Abbildung liefert eine "pseudochaotische Folge". Diese "pseudochaotische Folge" ist natürlich periodisch, da der Digitalrechner eine "endliche Maschine" ist. Die Folge *erscheint* chaotisch, da die Periode sehr lang ist.

Als nächstes betrachten wir nun den Startwert $x_0 = \frac{1}{3}$. Wie bereits erwähnt führt dieser auf einen periodischen Orbit

$$x_0 = \frac{1}{3}, \qquad x_1 = \frac{2}{3}, \qquad x_2 = \frac{1}{3}, \ldots .$$

Mit einem Taschenrechner erhalten wir

$$0.3333333, \quad 0.6666666, \quad 0.3333332, \quad 0.6666664, \quad 0.3333328,$$

usw. Das heisst, der numerisch berechnete Orbit weicht mehr und mehr vom exakten Orbit ab. Man kann hier natürlich einwenden, dass der periodische Orbit nicht stabil ist. Dieses Verhalten finden wir auch bei allen anderen rationalen Startwerten (mit den oben erwähnten Ausnahmen für die Startwerte $x_0 = 2^{-T}$ und T hinreichend klein).

Wir wollen nun dieses Verhalten etwas näher untersuchen. Wir haben es mit der Berechnung von Bahnen mit einer Maschine zu tun, die nur eine endliche Zahl von Zuständen erlaubt. Der Rechner führt die Arithmetik bezüglich einer ganzzahligen Basis $b = 2, 3, 4, \ldots$ durch (im Allgemeinen $b = 2$). Mit einer festen Genauigkeit N ($N \in \mathbb{N}$, $N > 2$) werden b^N Kästchen verfügbar für eindimensionale Abbildungen. Jedes ist gekennzeichnet durch eine Zahl endlicher Genauigkeit

$$x = \sum_{j=1}^{N} \frac{\epsilon_j}{b^j}, \qquad \epsilon_j = 0, 1, 2, \ldots, b - 1,$$

$$= 0.\epsilon_1 \epsilon_2 \ldots \epsilon_N.$$

Dies sind die einzigen Zahlen, die der Rechner zur Verfügung hat. Wir nehmen nun Festkomma-Operationen an. Da

$$b^N < \infty,$$

sind alle Bahnen mit einem festen N periodisch, auch wenn diese für das eigentliche dynamische System nur eine untergeordnete Rolle spielen.

Beispiel 18. Als Beispiel solch einer vom Rechner auferlegten Periodizität betrachten wir die logistische Abbildung mit $a = 4$:

$$x_{t+1} = 4x_t(1 - x_t),$$

wobei $0 \leq x_0 \leq 1$. Es folgt $0 \leq x_t \leq 1$ für alle t. Sei nun $b = 2$ und $x_0 = 1/8$. Gemäss der obigen Darstellung können wir schreiben $1/8 = 0.001$. Setzen wir diesen Anfangswert in die logistische Abbildung ein, so folgt

$$x_1 = \frac{7}{16} = 0.0111, \qquad x_2 = \frac{63}{64} = 0.111111, \qquad x_3 = \frac{63}{1024} = 0.0000111111.$$

Eine 6-*bit* Berechnung mit Festkomma-Operation ergibt den berechneten Orbit zu

$$x_1^c = \frac{7}{16} = 0.011100, \qquad x_2^c = \frac{63}{64} = 0.111111, \qquad x_3^c = \frac{3}{64} = 0.000011, \dots .$$

Daraus folgt

$$x_3 \neq x_3^c.$$

Somit ist $x_t \neq x_t^c$ für $t \geq 3$. In der 6-*bit* Berechnung finden wir $x_2^c = x_6^c$. $\square$

Aufgabe 15. Finden Sie heraus, mit wie vielen Bits und mit wie vielen Digits Mathematica im Normalfall rechnet, indem Sie einen angenäherten irrationalen Anfangswert mit der Bernoulli-Abbildung iterieren!

Bemerkung I. Bei numerischen Rechnungen werden Gleitkommaoperationen verwendet. Es stehen im Allgemeinen Gleitkommaoperationen für drei verschiedene Rundungen zur Verfügung. Wir geben einen kurzen Überblick über die Grundlagen der Benutzung dieser Operationen. Ein Gleitkommasystem R ist charakterisiert durch eine Basis b (etwa 2 oder 10), eine endliche Anzahl n von Mantissenstellen (etwa 13) und einen Exponentenbereich mit dem kleinsten (e_{min}) und dem grössten (e_{max}) zulässigen Exponenten. Eine normalisierte Gleitkommazahl x lässt sich darstellen als

$$x = \pm 0.d_1 d_2 \dots d_n \cdot b^{e \cdot x},$$

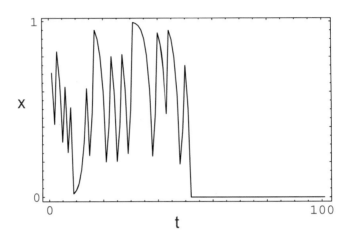

Abbildung 1.10: Illustration, wie der Bernoulli-Shift auf den Fixpunkt 0 führt (ungenerische Bahnen).

wobei $d_1 \neq 0$, $0 \leq d_i \leq b - 1$ und $e_{min} \leq ex \leq e_{max}$. Ein Gleitkommasystem lässt sich also charakterisieren als $R(b, n, e_{min}, e_{max})$. Ein Gleitkommasystem ist bezüglich der arithmetischen Operationen $+$, $-$, $*$, $/$ nicht abgeschlossen. Das heisst, die Verknüpfung zweier Gleitkommazahlen liefert eine reelle Zahl, die im Allgemeinen keine Gleitkommazahl ist, z.B. $x = 0.58$, $y = 0.47$ aus $R(10, 2, -10, 10)$ ergibt $x + y = 1.05$. Diese Zahl liegt nicht im vorgegebenen Raster. Wenn man damit weiterrechnen will, muss man diese Zahl in den vorhandenen Raster abbilden. Man kann dies durch Runden auf eine der benachbarten Rasterzahlen erreichen. Das Ergebnis einer solchen Operation heisst *auf ein Ulp genau* (Unit in the last place, Einheit in der letzten Stelle). Bildet man auf die nächstkleinere Gleitkommazahl ab, so bezeichnen wir das als optimale Rundung nach unten, bildet man auf die nächstgrössere Gleitkommazahl ab, so heisst dies optimale Rundung nach oben. Den kleinsten lokalen Fehler begeht man, wenn man zur nächstgelegenen Gleitkommazahl rundet (1/2 Ulp). Im Allgemeinen wird diese implementierungsabhängige Rundung zur nächstgelegenen Gleitkommazahl mit den üblichen Zeichen $+$, $-$, $*$, $/$ angesprochen, die optimale nach unten bzw. oben gerichtete Rundung wird mit den Zeichen $+ <$, $- <$, $* <$, $/ <$ bzw. $+ >$, $- >$, $* >$, $/ >$ gekennzeichnet. Die gerichteten Operationen sind notwendig, wenn man garantierte Schranken für den Wert eines *real*-Ausdrucks bestimmen will. Man muss sich dann allerdings bei jeder Operation überlegen, in welche Richtung gerundet werden muss, damit der Gesamtausdruck in der gewünschten Weise abgeschätzt wird. Die gerichteten Operationen werden auch für die Implementierung einer Intervallarithmetik benötigt, bei der das reelle Ergebnisintervall nach aussen zum einschliessenden Maschinenintervall gerundet werden muss (die untere Grenze ist nach unten, die obere Grenze nach oben zu runden (Klatte et al. 1991)).

Beispiel 19. Die *real*-Ausdrücke $1/3, 1 / < 3$, bzw. $1 / > 3$, liefern in $R(10, 4, -5, 5)$ die Werte $0.3333, 0.3333$ und 0.3334. Soll von dem Ausdruck $x \cdot y - v \cdot w$ eine untere bzw. eine obere Schranke berechnet werden, so hat der entsprechende Ausdruck die Form

$$x * < y - < v * > w, \qquad \text{bzw.} \qquad x * > y - > v * < w.$$

Man beachte, dass bei der Multiplikation im Ausdruck für den zweiten Operanden der Subtraktion jeweils in die entgegengesetzte Richtung zu runden ist. $\square$

Bemerkung II. Man kann auch diskrete Rechner bauen, die nicht auf dem binären System aufbauen. Dies ist der Grund, dass wir den allgemeineren Fall betrachtet haben. Ein System, welches gut geeignet wäre, das binäre zu ersetzen, ist das so genannte *balancierte ternäre System*. In diesem System haben wir die Darstellung für eine Zahl $x_0 \in \mathbb{R}$

$$x_0 = \sum_{k=0}^{\infty} d_k 3^k + \sum_{k=1}^{\infty} \bar{d}_k 3^{-k}$$

mit $d_k, \bar{d}_k \in \{-1, 0, 1\}$, wobei man die Abkürzung $\bar{1} = -1$ benutzt. Die Zahl 8 wäre somit dargestellt durch $8 = 10\bar{1}$.

Bemerkung III. Es ist einfach, Programme zu schreiben, welche exakte Trajektorien berechnen. Insbesondere C++ ist dazu gut geeignet, da es das Überladen von Operatoren (z.B. der Addition +) erlaubt.

1.6 Chaotische und zufällige Folgen

In der Literatur finden wir häufig die Aussage, dass chaotische Folgen *zufällige Folgen* ("random sequence") seien und somit als Zufallszahlgeneratoren benutzt werden könnten. Im Folgenden zeigen wir, dass im Allgemeinen chaotische Folgen nicht als Zufallsfolgen anzusehen sind und sie somit nicht ohne Weiteres als Zufallszahlgenerator benutzt werden sollten. Zufällige Folgen spielen eine grosse Rolle bei der *Monte-Carlo Simulation* in der statistischen Physik (Binder 1984). Insbesondere Modelle aus der Festkörperphysik, wie z.B. das Ising- oder das Heisenberg-Modell, werden mit der Monte-Carlo Simulation untersucht. Anwendung findet die Monte-Carlo Simulation aber auch in der Hydrodynamik, bei Polymer-Modellen und in der Gittereichtheorie.

Wir betrachten eine Folge

$$x_0, x_1, x_2, \ldots$$

von reellen Zahlen im Intervall $0 < x_t < 1$. Die von der Bernoulli-Abbildung erzeugte chaotische Folge $x_0, x_1, x_2, \ldots$ haben wir bereits ausführlich diskutiert. Die invariante Dichte ist gegeben durch $\rho(x) \equiv 1$. Eine chaotische Folge ist definiert durch einen positiven Lyapunov-Exponenten λ. Für die Bernoulli-Abbildung finden wir $\lambda = \ln 2$ für fast alle Startwerte x_0. Für eine zufällige Folge finden wir in den Textbüchern (Knuth 1981) die folgende Aussage:

Definition 1.16. A random sequence is a vague notion embodying the idea of a sequence in which each term is unpredictable to the uninitiated and whose digits pass a certain number of tests, traditional with statisticians and depending somewhat on the uses to which the sequence is to be put.

Im selben Buch finden wir die schärfere Definition:

Definition 1.17. A sequence $x_0, x_1, x_2, \ldots$ is said to be random, if every infinite subsequence is ∞-distributed.

Dabei sind "k-distributed" und "∞-distributed" wie folgt definiert:

Definition 1.18. The sequence $x_0, x_1, x_2, \ldots$ is said to be k-distributed, if for the probability measure Pr the following holds:

$$Pr(u_1 \leq x_n < v_1, \ldots, u_k \leq x_{n+k-1} < v_k) = (v_1 - u_1) \cdots (v_k - u_k)$$

for all choices of real numbers u_j, v_j, with $0 \leq u_j < v_j \leq 1$, for $1 \leq j \leq k$.

Definition 1.19. A sequence is said to be ∞-distributed, if it is k-distributed for all positive integers k.

Knuth gibt eine über unsere Zusammenfassung hinausgehende Diskussion der verschiedenen Definitionen für zufällige Folgen.

Wir wollen nun an einem Beispiel untersuchen, ob die Bernoulli-Abbildung als Zufallszahlgenerator benutzt werden kann. Zu diesem Zweck wollen wir das Integral

$$I = \int_0^1 \sin x \, dx = 0.4597 \ldots$$

mit Hilfe eines Zufallszahlgenerators berechnen.

Aufgabe 16. Man schreibe ein Programm, das obiges Integral mit Hilfe von Zufallszahlen ermittelt.

Der Digitalrechner kann natürlich keine Zufallszahlen liefern, da er eine endliche Maschine ist. Wir erhalten *Pseudozufallszahlen*. Mit dem obigen Programm, wenn wir einen guten Zufallsgenerator benutzen, erhalten wir $I = 0.4596\ldots$. Der Vergleich mit dem wahren (analytischen) Wert $0.4597\ldots$ zeigt, dass sich das Verfahren durch eine grosse Zuverlässigkeit auszeichnet.

Listing 6. Monte-Carlo Integration

```
nit = 1000000;
T = Table[Random[], {i, 1, nit}];
TT = Partition[T, 2];
c = 0;
Do[If[TT[[i, 2]] < Sin[TT[[i, 1]]], c += 1], {i, 1, Length[TT]}];
N[c/(nit/2)]
```

Die "Zufallszahlen" sollen nun durch die Bernoulli-Abbildung

$$f(x) = 2x \bmod 1$$

erzeugt werden. In diesem Fall erhalten wir nur eine grobe Näherung des exakten Integralwertes. Wir entnehmen daraus, dass die Bernoulli-Abbildung kein guter (Pseudo-) Zufallszahlgenerator ist.

Die *verallgemeinerte Bernoulli-Abbildung*

$$f(x) = Dx \bmod 1,$$

mit $D > 2$ ist ergodisch, mit invarianter natürlicher Dichte $\rho(x) \equiv 1$. Ihr Lyapunov-Exponent ist deshalb für fast alle Startwerte

$$\lambda = \ln D.$$

Betrachten wir nun den Fall $D = 4$, welcher zu einem Lyapunov-Exponenten $\lambda = 2 \ln 2$ führt (die Lösung der Bernoulli-Abbildung mit $D = 4$ ist durch $x_t = 4^t x_0 \bmod 1$ gegeben). Mit diesem Zufallsgenerator führt die numerische Berechnung des Integrals zu einem genaueren Wert. Für den Fall $D = 8$ wird das Resultat weiter verbessert.

Aufgabe 17. Überprüfen Sie obige Aussage mit einem Programm!

Diese numerischen Experimente führen uns zur Vermutung, dass ein höherer Lyapunov-Exponent einen besseren Pseudozufallszahlgenerator liefert.

Bemerkung I. Die Bernoulli-Abbildung mit $D = 2$ ist, trotz "flacher" invarianter Dichte $\rho(x) \equiv 1$, kein guter Zufallszahlgenerator, weil sie keine "∞-distributed" Folgen erzeugt. Für weitere Diskussionen verweisen wir auf das Buch von Knuth (1981).

Bemerkung II. Pseudozufallszahlen werden häufig mit Hilfe des Algorithmus

$$U_{t+1} = (aU_t + c) \bmod m$$

erzeugt, wobei $t = 0, 1, 2, \ldots$, und

$$U_0, \, a, \, c, \, m \in \mathbb{N},$$

mit

$$m > U_0, \quad m > a, \quad m > c.$$

Für praktische Zwecke wird $a \geq 2$ gewählt. Daraus ergeben sich die Pseudozufallszahlen zwischen null und eins zu

$$x_t = \frac{U_t}{m}.$$

Bei ungeschickter Wahl von U_0, a, c, m kann die Periode der Folge sehr kurz sein.

Beispiel 20. Wählen wir zum Beispiel $U_0 = a = c = 7$ und $m = 10$ so folgt

$$7, \ 6, \ 9, \ 0, \ 7, \ 6, \ 9, \ 0 \ldots \, . \hspace{4cm} \square$$

Beispiel 21. Ein häufig benutzter "Zufallsgenerator" ist

$$a = 3125, \quad c = 47, \quad m = 2048,$$

wobei der Startwert U_0 ("seed") durch eine spezielle Funktion (in der Programmiersprache C durch *randomize*()) erzeugt wird. $\hspace{3cm} \square$

Beispiel 22. Ein häufig benutzter "Zufallsgenerator" über dem Intervall $[0, 1]$ ist

$$x_{t+1} = (\pi + x_t)^5 \text{ Mod } 1,$$

wobei $t = 0, 1, 2, \ldots,$ $0 \leq x_0 < 1$ und $\pi = 3.14159\ldots$.   □

Aufgabe 18. Berechne den Lyapunov-Exponenten für die Abbildung $f : [0, 1) \rightarrow [0, 1)$

$$f(x) = (\pi + x)^5 \text{ Mod } 1.$$

Listing 7. Lyapunov-Exponent für Zufallsgenerator

```
f[x_]:= Mod[(Pi + x)^5 , 1];
T = NestList[f, 1/2^0.5, 100];
fs[x_] := 5(Pi + x)^4;
SetAttributes[fs, Listable];
TT = Log[fs[T]];
Fold[Plus, 0, TT]/Length[TT]
```

1.7   Intermittenz

Intermittenz wird als Wechsel zwischen chaotischem Verhalten und mehr oder weniger lang andauerndem fast regulärem Verhalten definiert. Man findet *Intermittenz* schon für einfache Abbildungen. Betrachten wir die Abbildung

$$f_\mu : [-1, 1] \rightarrow [-1, 1] : f_\mu(x) = 1 - \mu x^2, \qquad \mu \in [1, 2].$$

Nähert sich die Grösse μ dem Wert 1.7498 von unten, so bewegt sich der Graph von $f_\mu^{(3)}$ auf die Diagonale $y = x$ zu. Unmittelbar bevor der Graph die Diagonale berührt, entsteht zwischen beiden Kurven ein schmaler Zwischenbereich (Kanal), aus dem ein Phasenpunkt nur schwer entweichen kann. Einmal dorthin gelangt, wird sich ein Orbit lange in diesem Bereich aufhalten, und wir erhalten den Eindruck regulären Verhaltens. Je weniger der Verzweigungsparameter vom kritischen Berührwert 1.7498 abweicht, je enger also der Kanal zwischen der Diagonalen $y(x) = x$ und $f_\mu^{(3)}$ ist, desto mehr Schritte werden zum Durchlaufen des Kanals nötig sein.

Am Ende des Vorgangs erfolgt chaotisches Verhalten. Wird der Parameterwert μ auf 1.7498 erhöht, so nähert sich $f_\mu^{(3)}$ von oben der Diagonalen $y(x) = x$ und man erhält schliesslich einen Fixpunkt x^* von $f_\mu^{(3)}$. Die relativ regelmässige

Bewegung entlang dem Kanal wird laminare Phase genannt. Nach Verlassen des Kanals wird sie von einer "grossräumigen" unregelmässigen Bewegung abgelöst, bis der Orbit erneut in den Kanal einläuft, usw. Intermittenz findet man auch bei Systemen von Differentialgleichungen (z.B. Lorenz-Modell). Eine analytische Beschreibung des laminaren Bereiches ist möglich mit Hilfe einer Taylorentwicklung von f_μ um x^* und $\mu = 1.7498$. Für weitere Untersuchungen zur Intermittenz verweisen wir auf die Literatur (Pomeau und Manneville 1980, Eckmann 1981).

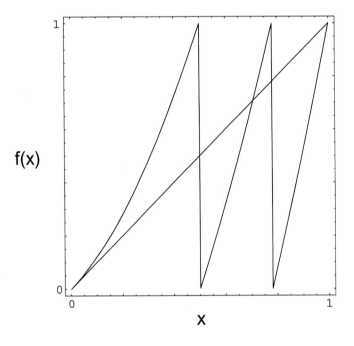

Abbildung 1.11: Intermittente Abbildung $f(x) = x(1 + |2x|^z) \,\mathrm{Mod}\,1$ für $z = 1$.

Eine andere, allgemeinere, Schreibweise für intermittente Abbildungen ist $f(x) = (1 + \varepsilon)x + ax^z \,\mathrm{Mod}\,1$. Für ε sehr klein, $a = 2$, $z = 2$ ergibt sich praktisch ein zur Abbildung 1.11 identisches Bild. Man bekommt mit dieser Abbildung genau $a + 1$ Äste. Intermittente Abbildungen sind unter anderem wichtig für das Studium von Diffusionsverhalten. Dazu setzt man die Abbildung längs der Diagonalen periodisch fort, ohne sie auf das Einheitsintervall zu beschränken. Abhängig vom Exponenten z beobachtet man dann dispersive, normale, oder beschleunigte Diffusion, je nachdem, wie gut die periodischen Funktionsäste bezüglich der Diffusion zusammenarbeiten (Stoop 1994).

Aufgabe 19. Man studiere die *unsymmetrische Zeltabbildung*

$$x_{t+1} = \begin{cases} 5x_t/4 & \text{für} \quad x_t \in [0, 4/5] \\ 5(1 - x_t) & \text{für} \quad x_t \in [4/5, 1] \end{cases}$$

im Hinblick auf Intermittenz. Man bestimme den Lyapunov-Exponenten und die invariante Dichte. Ist das System ergodisch?

1.8 Unimodale Abbildungen und Satz von Šarkovski

Die logistischen Parabeln lassen sich nach einer Koordinatentransformation auch in der Form $f_\mu : [-1, 1] \to [-1, 1]$, definiert durch

$$f_\mu(x) := 1 - \mu x^2, \quad \mu \in (0, 2],$$

darstellen. Sie stehen für eine grosse Universalitätsklasse von Abbildungen, die so genannten unimodalen Funktionen.

Definition 1.20. Ein Abbildung $f : [-1, 1] \to [-1, 1]$ heisst *S-unimodal*, falls sie folgende Bedingungen erfüllt:

1. $f(0) = 1$.

2. $f([f(1), 1]) = [f(1), 1]$.

3. f ist auf $[-1, 0]$ strikt monoton wachsend und auf $[0, 1]$ strikt monoton fallend.

4. f ist mindestens 3-mal stetig differenzierbar.

5. $f''(0) < 0$.

6. f hat eine negative Schwarz'sche Ableitung, was heisst, dass

$$\frac{f'''(x)}{f'(x)} - \frac{3}{2} \left(\frac{f''(x)}{f'(x)} \right)^2 < 0 \quad \text{für alle } x \neq 0.$$

Alle S-unimodalen Funktionen haben also genau ein Maximum. Es ist keine wesentliche Einschränkung, nur Funktionen $f : [-1, 1] \to [-1, 1]$ mit einem Maximum an der Stelle $x = 0$ und mit $f(0) = 1$ zu betrachten. Ist $g : [a, b] \to [a, b]$ eine Funktion, die auf $[a, s]$ strikt monoton wachsend und auf $[s, b]$ strikt monoton fallend ist ($a < s < b$), dann kann man durch eine geeignete Koordinatentransformation die Funktion g auf die gewünschte Art und Weise normieren. Wir nehmen an, dass bei den von uns betrachteten einparametrigen Familien von Parabelabbildungen, $\{f_\mu\}_{\mu \in [a,b]}$, die Abhängigkeit vom Parameter "genügend glatt" ist. Genauer: Die Abbildung $\mu \to f_\mu$ sei als Abbildung des Intervalles $[a, b]$ in den Raum der S-unimodalen Funktionen stetig in der C^1-Topologie. Dies bedeutet:

$$\lim_{\mu \to \mu_0} \sup_{x \in [-1,1]} |f_\mu(x) - f_{\mu_0}(x)| + |f'_\mu(x) - f'_{\mu_0}(x)| = 0,$$

für alle $\mu_0 \in [a, b]$, wobei f'_μ die Ableitung von f_μ bezeichnet. Ferner bezeichnet C^1 den Raum der stetig differenzierbaren Funktionen.

Für unimodale Funktionen gilt der Satz von Šarkovski. Man kann zeigen, dass für $\mu \in [0, 2]$ die Funktion f_μ (oder allgemeiner alle S-unimodalen Funktionen) höchstens eine stabile periodische Bahn besitzt (zusätzlich existiert bei manchen S-unimodalen Funktionen ein stabiler Fixpunkt in $[-1, f(1))$). Der Satz von Šarkovskii besagt, dass für unimodale Funktionen weitere periodische Bahnen existieren. Ist f S-unimodal, wie z.B. $f_\mu(x) = 1 - \mu x^2$, dann müssen diese instabil sein.

Definition 1.21. Eine Funktion $f : [-1, 1] \to [-1, 1]$ heisst *unimodal*, falls

1. f ist stetig.

2. $f(0) = 1$.

3. f ist auf $[-1, 0]$ strikt monoton wachsend und auf $[0, 1]$ strikt monoton fallend.

Insbesondere sind also alle S-unimodalen Funktionen unimodal.

Betrachte auf den natürlichen Zahlen $\mathbb{N}$ die neue Ordnung

$$
\begin{aligned}
& 3 > 5 > 7 > 9 > \ldots \ldots \\
> \quad & 2 \cdot 3 > 2 \cdot 5 > 2 \cdot 7 > 2 \cdot 9 > \ldots \ldots \\
> \quad & 2^n \cdot 3 > 2^n \cdot 5 > 2^n \cdot 7 > 2^n \cdot 9 > \ldots \ldots \\
> \quad & \ldots \ldots > 2^m \ldots > 16 > 8 > 4 > 2 > 1
\end{aligned}
$$

Man schreibe also alle ungeraden Zahlen ausser 1 hin, dann dieselben Zahlen multipliziert mit zwei, dann mit 4, usw. Auf diese Weise lassen sich alle natürlichen Zahlen darstellen. Gemäss der neuen Ordnung ">" ist 3 die "grösste" Zahl und 1 (wie in der natürlichen Ordnung von $\mathbb{N}$) die "kleinste".

Satz 1. (Satz von Šarkovski, siehe z.B. Devaney 1989). Besitzt eine unimodale Funktion f eine periodische Bahn der Periode p, dann existiert auch für alle $q < p$ (in der oben beschriebenen Ordnung) eine Bahn von f der Periode q.

Korollar. Hat also ein System einen periodischen Orbit der Periode 3, dann hat es periodische Orbits von jeder natürlichen Periode.

Bemerkung I. Im Fenster der Periode 4 hat die logistische Abbildung periodische Bahnen beliebiger Perioden $q > 3$. Für $a = 3.839$, wo man eine Periode 3 finden kann, hat sie demnach periodische Bahnen von allen minimalen Perioden. Diese sind aber nicht leicht zu finden, da sie instabil sind. Šarkovski's Satz sagt nämlich nichts über die Stabilität dieser Bahnen aus.

Aufgabe 20. Ist die Zeltabbildung $f : [-1, 1] \to [-1, 1]$,

$$f(x) = \begin{cases} 1 + 2x & \text{für} \quad -1 \leq x \leq 0 \\ 1 - 2x & \text{für} \quad 0 \leq x \leq 1 \end{cases},$$

eine unimodale Funktion?

1.9 Periodenverdoppelungsübergang

Der Übergang vom periodischen Verhalten zum chaotischen Verhalten durch Variation eines Verzweigungsparameters r wurde von einer grossen Zahl von Autoren (Feigenbaum 1978, Manneville und Pomeau 1979, Tresser und Coullet 1980, Pomeau und Manneville 1980, Greene et al. 1981, Geisel und Nierwetberg 1981, Hirsch et al. 1981) untersucht und liefert beachtenswerte Ergebnisse. Diese Übergänge treten auch bei kontinuierlichen Systemen auf, so dass ihre genauere Untersuchung anhand diskreter Systeme angezeigt ist. Verschiedene Übergänge vom periodischen Verhalten zum chaotischen Verhalten bei Variation des Verzweigungsparameters r sind in der Literatur studiert worden.

Die drei bekanntesten sind:

 (i) Periodenverdopplungsübergang (Feigenbaum-Übergang)

 (ii) Pomeau-Manneville Übergang (Intermittenz)

(iii) Ruelle-Takens-Newhouse Übergang.

Die Untersuchung des *Periodenverdopplungsübergangs* führen wir am Beispiel der logistischen Abbildung durch. Sie ist gewissermassen die einfachste Abbildung, die diesen Übergang zeigt (siehe 1.3.2). Für die Untersuchung ist es zweckmässig, wiederum zur logistischen Abbildung der Form

$$x_{t+1} = 1 - \mu x_t^2, \quad 0 < \mu \leq 2,$$

überzugehen, wobei x_0 in $[-1, 1]$ liegt. Das Maximum der Funktion

$$f_\mu(x) = 1 - \mu x^2$$

liegt bei $x = 0$. Der Phasenraum ist $[-1, 1]$. Das Intervall $[-1, 1]$ wird durch f_μ auf das Teilintervall $[1 - \mu, 1]$ abgebildet. Für $0 < \mu < 0.75$ hat die Abbildung f_μ genau einen stabilen Fixpunkt.

$$x^* = -\frac{1}{2\mu} + \sqrt{\frac{1}{\mu} + \frac{1}{4\mu^2}}.$$

dessen Anziehungsbereich das gesamte Intervall $[1 - \mu, 1]$ ist. Im Bereich $\mu < 0.75$ liefert die Ungleichung

$$0 < f_\mu^{(2)'}(x^*) = (f_\mu'(x^*))^2 < 1$$

die Stabilität des Fixpunktes. Für $\mu = 0.75$ erhalten wir $f_\mu^{(2)'}(x) = 1$. Für $\mu = 0.75$ tritt eine stabile Bahn der Periode 2 auf. Für $\mu > 0$ schneidet die Gerade $y = x$ den Graphen von $f_\mu^{(2)}$ in drei Punkten. Die Abbildung $f_\mu^{(2)}$ ist gegeben durch

$$f_\mu^{(2)}(x) := f_\mu(f_\mu(x)) = 1 - \mu(1 - \mu x^2)^2.$$

Der nun instabil gewordene Fixpunkt von f_μ wird eingerahmt von den beiden Punkten einer stabilen Bahn der Periode 2. Beide Punkte sind stabile Fixpunkte der Abbildung $f_\mu^{(2)}$. Mit steigendem μ driften die Punkte auseinander, bis bei $\mu = 1$ die Ableitung von $f_\mu^{(2)}$ in den stabilen Punkten verschwindet. Die stabile Bahn unter f_μ wirkt nun maximal anziehend auf ihre Umgebung.

Definition 1.22. Bahnen der Periode p, für die die Ableitung von $f_\mu^{(p)}$ verschwindet, nennt man *superstabil*.

Bemerkung I. Eine periodische Bahn der Abbildung f_μ ist genau dann superstabil, wenn $x = 0$ ein Bahnpunkt ist.

Beim Parameterwert $\mu = 1.25$ tritt die Periode 4 auf. Bei $\mu = 1.3680989\ldots$ wird die Periode 8 geboren. Diese Periodenverdoppelung setzt sich fort bis bei

$$\mu_c = 1.401155189\ldots$$

der chaotische Bereich eintritt. Es gilt:

(a) Es existieren Parameterwerte μ_n bei denen eine stabile Bahn der Periode 2^n instabil wird. Gleichzeitig tritt eine stabile Bahn der Periode 2^{n+1} auf.

(b) Von jedem Bahnpunkt der Periode 2^n trennen sich beim Übergang vom stabilen zum instabilen Zustand zwei stabile Punkte der Periode 2^{n+1} ab.

(c) Im Intervall $[\mu_{n-1}, \mu_n]$ durchläuft die Ableitung der Funktion $f_\mu^{(p)}$ mit $p = 2^n$ in den Punkten der Bahn alle Werte zwischen 1 und -1. Es gibt Parameterwerte $\bar{\mu}_n$ mit $\mu_{n-1} < \bar{\mu}_n < \mu_n$, für die die Bahn superstabil mit der Periode 2^n ist.

(d) Die Folge der Parameterwerte μ_n konvergiert:

$$\lim_{n \to \infty} \mu_n = \mu_c.$$

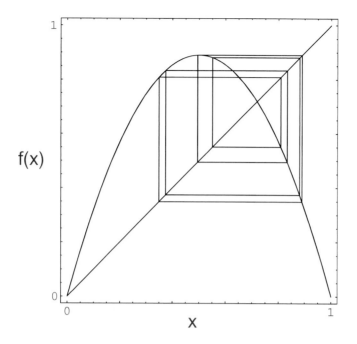

Abbildung 1.12: Parabel in der üblichen Schreibweise $f(x) = ax(1-x)$, an einem Parameterwert, bei dem eine superstabile Bahn der Ordnung 8 dominiert.

Man bezeichnet diese Art der Überganges als Periodenverdoppelung oder subharmonische Bifurkation.

Die Frage, wie die Verzweigungsparameter μ_n gegen μ_c konvergieren, wurde zuerst von Feigenbaum (1978) beantwortet. Er untersuchte das Konvergenzverhalten subharmonischer Bifurkationen für eine Klasse von eindimensionalen diskreten Systemen (nämlich diejenige, welche durch die Gleichung $x_{t+1} = 1 - \mu x_t^2$ beschrieben wird) und fand, dass

$$\mu_n - \mu_{n-1} \to C\delta^{-n},$$

wobei δ eine *universelle Konstante* ist, nämlich

$$\delta = 4.66920\ldots.$$

Diese Zahl wird die *Feigenbaum-Konstante* genannt.

Sie kann auch wie folgt ausgedrückt werden:

$$\lim_{n\to\infty} \frac{\mu_{n+1} - \mu_n}{\mu_{n+2} - \mu_{n+1}} = \delta.$$

Die Universalität der Konstanten δ gilt für Abbildungen mit einem parabolischen Maximum. Untersuchungen zeigen, dass die Universalität weiter geht. Sie gilt anscheinend auch für alle (Familien von) Abbildungen, die zweimal stetig differenzierbar sind und eine subharmonische Bifurkation zeigen. Am kritischen Punkt μ_c besitzt die Abbildung einen Attraktor, der eine Cantor-Menge darstellt (siehe Kapitel 9).

Bemerkung II. Neben der Periode 2 treten auch noch andere Grundperioden auf. Oberhalb des kritischen Wertes μ_c findet man stabile periodische Bahnen beliebiger Perioden $n \geq 3$. Die Perioden 1 und 2 kommen nicht vor. In jedem μ-Intervall oberhalb des kritischen Wertes liegt mindestens ein Teilintervall mit stabiler periodischer Bahn (man nennt diese Teilintervalle auch Fenster). Es wurde lange Zeit vermutet, dass die Menge der Parameterwerte, für die keine stabile periodische Bahn existiert, strikt positives Lebesgue-Mass habe, jedoch keine Intervalle besitze. In der Tat haben Benedicks und Carleson 1991 gezeigt, dass die Parametermenge, auf der die logistische Parabel einen positiven Lyapunov-Exponenten annimmt, positives Lebesgue-Mass besitzt. Ausserdem besitzt an diesen Stellen die Abbildung ein absolut stetiges invariantes ergodisches Mass, welches positive Entropie besitzt. Wenn man deshalb den Lyapunov-Exponenten als Funktion des äusseren Parameters aufträgt, erhält man hinter dem Feigenbaumpunkt μ_c für die meisten Systeme eine fraktale Funktion. Die Frage, was notwendige Bedingungen sind, um eine differenzierbare Abhängigkeit des Lyapunov-Exponenten vom äusseren Parameter zu erhalten, wurde von Stoop und Steeb 1997 beantwortet.

Listing 8. Bifurkationsdiagramm, quadratische Abbildung

```
1  f[x_] := a x (1 - x);
2  stepp = 0.01; anf = 3.0;
3  z = Partition[
4      Flatten[Table[
5        Union[Flatten[
6          Table[Transpose[{Table[a, {65}],
7            NestList[f, Nest[f, 0.5, 300], 64]}], {a, anf,
8              anf + stepp, 0.001}], 1]], {anf, 3, 4.0 - stepp,
9                stepp}]],2];
10 ListPlot[z, Frame -> True, PlotRange -> All]
```

Listing 9. Lyapunov-Exponenten, quadratische Abbildung

```
1  f[x_] := a x (1 - x);
2  fs[x_] := a - 2a x;
3  Ly[x_] := Log[Abs[fs[x]]];
```

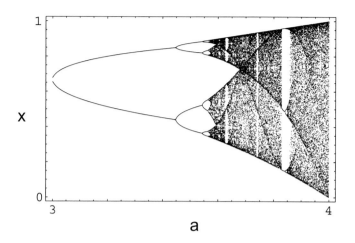

Abbildung 1.13: Bifurkationsdiagramm der Parabel $f(x) = ax(1 - x)$. x-Achse: Parameterwert a, y-Achse: relaxierte Funktionswerte. Die Verzweigungspunkte (x-Achsenwerte) werden nach der spezifischen Bifurkationsart Feigenbaum-Bifurkationspunkte genannt. Ihre Abstände bilden eine abnehmende geometrische Folge, ebenso wie die Weiten der sich ergebenden Parabeläste.

```
4   SetAttributes[fs, Listable];
5   SetAttributes[Ly, Listable];
6   step = 0.001; anfstep = 2; endstep = 4;
7   steps = (endstep - anfstep)/step;
8   atab = Table[
9           h = 0;(*Print[o];*)btab =
10              Evaluate[Ly[NestList[f, Nest[f, 0.2, 500], 128]]];
11          Do[h += btab[[i]], {i, 1, Length[btab]}];
12          h/Length[btab], {a, anfstep, endstep, step}];
13  c1 = Table[{2 + (k - 1) step, atab[[k]]}, {k, 1, steps}];
14  A := ListPlot[c1, PlotJoined -> True, Axes -> None, Frame -> True,
15      PlotRange -> {-2, 2}];
16  B := Plot[0*x, {x, anfstep, endstep}, Axes -> None,
17      PlotStyle -> {Dashing[{0.02, 0.01}]}, Frame -> True,
18      PlotRange -> {-3, 3}];
19  Show[A, B]
```

In einem kleinen Intervall um den Parameterwert $\mu = 1.75$ tritt ein periodisches Fenster auf, wobei eine Bahn der Periode 3 erscheint. Die Periode 3 zerfällt durch eine Kaskade subharmonischer Bifurkationen, bis endlich die Periode $3 \cdot 2^{\infty}$ und damit ein kritischer μ-Wert erreicht ist. Hier beginnt wieder der chaotische

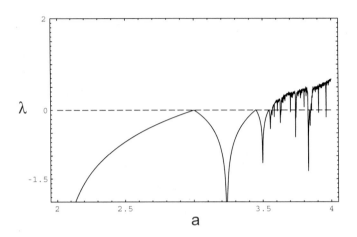

Abbildung 1.14: Lyapunov-Exponent als Funktion des Ordnungsparameters für die Parabel-Abbildung $f(x) = ax(1-x)$. Die Spitzen im Bereich wo der Exponent negativ ist bezeichnen Feigenbaum-Bifurkationspunkte.

Bereich. Dasselbe Bifurkationsverhalten wie bei den diskreten Abbildungen finden wir auch für kontinuierliche Systeme.

Es existieren zwei superstabile Orbits der Periode 4, einer im regulären Bereich $\mu < \mu_c$ für $\mu = 1.3107026$ und einer im chaotischen Bereich $\mu > \mu_c$ für $\mu = 1.9407998$. Die *symbolische Dynamik* gibt uns die Möglichkeit, die beiden Orbits zu unterscheiden. Wir zerlegen das Intervall $[-1, 1]$ in die Bereiche

$$L = [-1, 0), \quad C = \{0\}, \quad R = (0, 1].$$

Beginnend mit dem am weitesten rechts gelegenen Orbitpunkt (für eine superstabilen Orbit ist dies stets $x = 1$), notieren wir, welchen Teil des Phasenraumes der Orbit besucht. Daraus erhalten wir ein so genanntes Fahrtenbuch. Für die beiden oben gegebenen Orbits erhält man $RLRC$ = Periode 4 bei $\mu = 1.3107026$ und $RLLC$ = Periode 4 bei $\mu = 1.9407998$. Das Fahrtenbuch einer superstabilen Periode endet stets mit einem C.

Aufgabe 21. Man verifiziere die Transformation, welche von der Parabel im $[0, 1]$-Interval (Ordnungsparameter a) zur Parabel im Intervall $[-\frac{1}{2}, \frac{1}{2}]$ (Ordnungsparameter μ) führt.

Biographieauszüge

Mitchell Feigenbaum. Das Schulsystem scheint es nur sehr schlecht fertig gebracht zu haben, den jungen Feigenbaum zu interessieren. Obwohl er in den staatsweiten Prüfungen in Mathematik und Naturwissenschaften Topnoten erreichte, versuchte er nachhaltig, sich dem Besuch der Schulstunden zu entziehen. Auch nachdem er in die renommierte Tilden High School in Brooklyn eingetreten war, blieb diese Grundhaltung vorherrschend, obwohl er wiederum bei den Prüfungen glänzte. Feigenbaum beschreibt wie folgt, wie seine Liebe zur angewandten Mathematik begann:–

. . . starting in junior high school, I decided that I could calculate the logarithm table myself, and later the trigonometric tables. I loved Newton's method for solving transcendentals, and in high school I already knew that starting values can make a big difference and lead to non-convergent jumps up to the limit of patience of manual arithmetic. My father showed me his beautiful ivory-on-mahogany slide rule in junior high school, and I quickly realised its idea. I was allowed to use the new Friden calculating machine which, shortly before its transformation into a relic, could also extract square roots. I love numbers and always as an amusement, and more seriously than that, invented new algorithms to calculate them.

Tatsächlich hatte Feigenbaum in der Schule gelernt, dass er mehr durch eigene Beschäftigung mit dem Stoff lernte, als wenn er dem Unterricht folgte. Im Alter von 12 hatte er auf diese Art sich bereits das Klavierspiel beigebracht; jetzt am Gymnasium war die Reihe an der Analysis. Besonders faszinierend fand er in dieser Zeit ein Geschenk, welches er von einem Freund der Familie erhalten hatte: Ein mechanisches Instrument, welches Nim und andere Spiele spielen konnte. Dem Instrument war eine Arbeit von Shannon über Bool'sche Logik beigelegt, welche ihn ebenfalls sofort in Beschlag nahm.

Im Februar 1960, im Alter von 16, trat Feigenbaum ins City College von New York ein. Hier studierte er Elektrotechnik, versäumte aber keinen einzigen Kurs in Mathematik und Physik. Er machte den fünfjährigen Kurs in weniger als vier Jahren und schloss 1964 mit dem Diplom ab. Im Sommer desselben Jahres begann er mit dem Doktorstudium am MIT in Elektrotechnik, wechselte aber bald in die Physik, um allgemeine Relativität zu studieren. Er tat das wieder in der alten Manier, indem er das Werk von Landau und Lifschitz studierte. Während dieser Zeit begegnete er zum ersten Mal dem Computer. Er schreibt:–

. . . This was the first computer I ever used, and within an hour had programmed it to take square roots by Newton's method.

1970 bekam er den Doktortitel für eine Arbeit über Dispersionsbeziehungen. Er wechselte danach an die Cornell Universität als Postdoc, wo er Kurse über Variationsrechnung und Quantenmechanik unterrichtete. Dabei setzte er einen HP

Computer ein, der aber eigentlich mehr ein programmierbarer Taschenrechner war.
Den Gebrauch teilte er sich mit Ken Wilson. Nach zwei Jahren in Cornell wehselte
Feigenbaum ans Virginia Polytechnic Institute, für eine zweijährige Verpflichtung.
Hier unterrichtete er Banach-Räume und C*-Algebren. Zu den Kurzverpflichtun-
gen bemerkte er:–

*... These two year positions made serious work almost impossible. After one year
you had to start worrying about where you could go next.*

Glücklicherweise bekam er nach den zwei Jahren eine Fakultätsanstellung in Los
Alamos, als Mitglied der Theoriegruppe. Er schreibt:–

*... When I arrived at Los Alamos, the theory division head, P. Carruthers, felt that
the time was right, and I was the appropriate person, to see if Wilson's renormali-
sation group ideas could solve the century and a half old problem of turbulence. In
a nutshell, it couldn't – or so far hasn't – but led me off in wonderful directions.*

Die "wonderful directions" beziehen sich auf das Studium des Chaos, welches er
revolutionieren sollte. 1974 bekam er seinen ersten programmierbaren Rechner,
den HP65. Mit dieser Maschine:–

*... In swift order, I invented new ODE solvers, minimisation routines, interpola-
tion methods, etc. For someone who cares for numbers, much of the tedium was
eliminated.*

Es war 1976, als ihn der Biologe Sir Robert May, zu dieser Zeit Professor in Princeton, darauf hinwies, dass die logistische Abbildung chaotische Dynamik zeige.
Bereits 1973 war vermutet worden, dass das Verhalten der logistischen Abbildung
stellvertretend sei für die Klasse der Funktionen, welche ein einziges Maximum
haben. Feigenbaum gelang es zu zeigen, dass dieses nicht nur in einem qualitati-
ven Sinn, sondern in einem sehr präzisen mathematischen Sinn gilt: Wenn a_n der
Parameterwert ist, bei dem die n-te Bifurkation einsetzt, dann gilt:

$$(a_n - a_{n-1})/(a_{n+1} - a_n) \to 4.669201660910\ldots \;, \text{ für } n \to \infty.$$

Als Feigenbaum im August 1975 diese Zahl errechnete, konnte er sie wegen feh-
lender Genauigkeit des HP65 nur auf drei Stellen genau ermitteln. Er verbrachte
einige Zeit mit dem Versuch, sie auf bereits bekannte Konstanten zurückzuführen.
Mittlerweile ist sie selber zu einer solchen geworden, und wird die Feigenbaum-
Konstante genannt. Im Oktober 1975 war dann Feigenbaum klar, dass dieselbe Zahl für eine grosse Klasse von periodenverdoppelnden Abbildungen gilt. Die
Wichtigkeit dieser Entdeckung war ihm unmittelbar klar:–

*... I called my parents that evening and told them that I had discovered something
truly remarkable, that, when I had understood it, would make me a famous man.*

Im April 1976 hatte Feigenbaum seine erste Arbeit über dieses Thema abgeschlossen und submittiert. Nach sechs Monaten des Refereeprozesses wurde sie zurückgewiesen, obwohl er schon Ende 1977 bereits mehr als 1000 Anfragen für einen Vorabdruck erhielt. 1978, endlich, konnte er sie veröffentlichen. Seine zweite, mehr technische, Arbeit wurde im November 1976 fertig und erlebte ein ähnliches Schicksal. Sie wurde ebenfalls mehrfach abgewiesen und erschien erst 1979.

Aleksandr M. Lyapunov (1857-1918) war ein Schulfreund von Markov und später ein Student von Chebyshev. Er leistete wichtige Beiträge im Gebiet der Differentialgleichungen, der Potentialtheorie, der Wahrscheinlichkeitstheorie, und zur Stabilität von Systemen. Ein zentraler Punkt in seinem Werk betrifft die Stabilität von Gleichgewichtslösungen generell, und speziell die Stabilität in gleichmässig rotierenden Flüssigkeiten. Dafür entwickelte er wichtige Approximationsverfahren. Die nach ihm benannte Methode von Lyapunov, welche er 1899 veröffentlichte, gibt ein allgemeines Vorgehen an, wie die Stabilität von Gewöhnlichen Differentialgleichungssystemen untersucht werden kann.

Janos/Johannes/Johnny von Neumann wurde am 28. Dezember 1903 in Budapest als Sohn von Max Neumann, einem Bankier, in eine grosse Familie geboren, in welcher gleichermassen jüdische und christliche Traditionen gelebt wurden. Als Kind zeigte der junge Janos ein unglaubliches Gedächtnis, mit dem Gäste des Neumannschen Haushaltes gerne unterhalten wurden. 1911 trat von Neumann in das Lutheranische Gymnasium von Budapest ein. Seine Lehrer erkannten sofort von Neumanns Begabung und förderten ihn entsprechend. Eine Klasse über ihm fand sich bereits ein anderer Schüler mit aussergewöhnlicher Begabung: Eugen Wigner.

1921 schloss von Neumann das Gymnasium ab und veröffentlichte ein Jahr später bereits seine erste Mathematikarbeit. Um der gespannten Atmosphäre in Ungarn zu entgehen (für Béla Kun's kommunistisches Regime wurden kollektiv 'die Juden' verantwortlich gemacht), wechselte von Neumann 1921 an die Universität in Berlin, wo das Klima liberaler war, und studierte dort Chemie. Diese Disziplinwahl ist hauptsächlich dem Einfluss seines Vaters zuzuschreiben. 1923 wechselte er an die ETH in Zürich, wo er sein Diplom in Chemie 1926 erhielt. Eigentlich interessierte er sich aber viel mehr für Mathematik. Er suchte engen Kontakt mit Weyl und Pólya, welche beide in Zürich waren. Als Weyl nicht vorlesen konnte, ersetzte ihn der junge von Neumann. Pólya sagte:–

Von Neumann war der einzige Student, vor dem ich Angst hatte. Wenn ich in der Vorlesung ein ungelöstes Problem vorstellte, gab es stets eine gewisse Wahrscheinlichkeit, dass am Vorlesungsende er mit einer vollständigen Lösung auftauchte, auf einen Fetzen Papier hingekritzelt.

Für eine Arbeit über Mengenlehre bekam von Neumann 1926 von der Universität Budapest den Doktortitel in Mathematik. Die darin vorgeschlagene Definition der Ordinalzahlen wird noch heute unverändert verwendet. Von 1926-27 studierte er in Göttingen unter Hilbert. Zwischen 1926 bis 1929 las von Neumann in Berlin, und von 1929 bis 1930 in Hamburg.

1930 wurde von Neumann Dozent an der Princeton Universität, wo er 1931 zum Professor ernannt wurde. Bis 1930 unterrichtete er hier, wobei er allerdings nur mässige didaktische Begabung entfaltete. 1933 wurde er als einer der sechs ersten Mathematikprofessoren an das neugegründete Institute for Advanced Studies gewählt (mit J.W. Alexander, A. Einstein, M. Morse, O. Veblen und H. Weyl) und behielt diese Anstellung Zeit seines Lebens. Aus seiner Berliner Zeit hatte von Neumann eine Faszination für Glamour und Cabaret mitgebracht. Die Parties des von Neumannschen Haushaltes waren berühmt und lang.

Ulam, mit dem er die logistische Abbildung im Zusammenhang mit dem Fermi-Pasta-Ulam Problem untersuchte und ihre invariante Dichte über Konjugation herleitete, schreibt über von Neumann:–

In his youthful work, he was concerned not only with mathematical logic and the axiomatics of set theory, but, simultaneously, with the substance of set theory itself, obtaining interesting results in measure theory and the theory of real variables. It was in this period also that he began his classical work on quantum theory, the mathematical foundation of the theory of measurement in quantum theory and the new statistical mechanics.

Van Hove ergänzt:–

Quantum mechanics was very fortunate indeed to attract, in the very first years after its discovery in 1925, the interest of a mathematical genius of von Neumann's stature. As a result, the mathematical framework of the theory was developed and the formal aspects of its entirely novel rules of interpretation were analysed by one single man in two years (1927-1929).

1929 führte von Neumann in den Mathematischen Annalen die Algebren selbstadjungierter beschränkter linearen Operatoren im Hilbertraum ein. Ulam fährt weiter:–

An idea of Koopman on the possibilities of treating problems of classical mechanics by means of operators on a function space stimulated him to give the first mathematically rigorous proof of an ergodic theorem. Haar's construction of measure in groups provided the inspiration for his wonderful partial solution of Hilbert's fifth problem, in which he proved the possibility of introducing analytical parameters in compact groups.

Später legte er die Grundlagen zur Spieltheorie (*Theory of Games and Economic Behaviour* (1944)). Bereits um 1934 hatte von Neumann angefangen, sich mit angewandter Mathematik zu befassen. Probleme der Turbulenz und der Schockwellen hatten ihn ins Gebiet der nichtlinearen partiellen Differentialgleichungen geführt.

Weil sich diese der analytischen Behandlung entzogen, begann er an der Entwicklung von Rechenmaschinen zu arbeiten, womit er zu einem Pionier des Computerzeitalters wurde. Insbesondere das Gebiet der Automatentheorie erschloss er fast im Alleingang. Über einen anderen Pionier des Computerzeitalters, Konrad Zuse, der zur selben Zeit in Deutschland die *Zuse* baute, sagte er, wenn er dessen Arbeiten gekannt hätte, hätte er sich zehn Jahre seines Lebens sparen können.

Während des zweiten Weltkrieges war von Neumann Berater der US Armee, wo er den Bau der Atom- und Wasserstoffbomben vorantrieb. Er starb am 8. Februar 1957 in Princeton, an Krebs.

Kapitel 2

Zweidimensionale diskrete Abbildungen

2.1 Mannigfaltigkeiten

Damit für eindimensionale Systeme chaotisches Verhalten auftreten kann, muss die Abbildung f nichtinvertierbar sein. Schon für zweidimensionale diskrete Abbildungen gilt dieses Kriterium aber nicht mehr. Wir betrachten zweidimensionale Abbildungen

$$x_{1,t+1} = f_1(x_{1,t}, x_{2,t}),$$

$$x_{2,t+1} = f_2(x_{1,t}, x_{2,t}),$$

wobei $t = 0, 1, 2, \ldots$ und $x_{1,0}$, $x_{2,0}$ die Startwerte sind. Wir nehmen wieder an, dass die Zustandsgrössen $x_{1,t}$ und $x_{2,t}$ beschränkt sind. Wie beim eindimensionalen Fall spielt auch hier beim Studium des Verhaltens des dynamischen Systems die Variationsgleichung die zentrale Rolle. Die folgenden Untersuchungen beginnen mit dem allgemeinen Fall von n Komponenten, werden in der Folge aber auf den Fall $n = 2$ eingeschränkt. Sei $j = 1, 2, \ldots, n$ und

$$x_{j,t+1} = f_j(x_{1,t}, x_{2,t}, \ldots, x_{n,t}) =: f_j(\mathbf{x}_t)$$

ein n-dimensionales System von autonomen diskreten Abbildungen. Wir nehmen an, dass die Funktionen f_j beliebig oft differenzierbar sind. Das System der Variationsgleichungen ist gegeben durch

$$y_{j,t+1} = \sum_{k=1}^{n} \frac{\partial f_j}{\partial x_k}(\mathbf{x}_t)\, y_{k,t},$$

wo $j = 1, 2, \ldots, n$. Das System der Variationsgleichungen erhalten wir aus

$$y_{j,t+1} = \frac{d}{d\epsilon} f_j(\mathbf{x}_t + \epsilon \mathbf{y}_t) \mid_{\epsilon=0} \equiv \lim_{\epsilon \to 0} \frac{f_j(\mathbf{x}_t + \epsilon \mathbf{y}_t) - f_j(\mathbf{x}_t)}{\epsilon}.$$

Der Ausdruck

$$\frac{\partial f_j}{\partial x_k}(\mathbf{x}_t)$$

bedeutet: Man berechne erst $\partial f_j / \partial x_k$ und setze dann $x_1 \to x_{1,t}$, $x_2 \to x_{2,t}$ usw. Da $j = 1, 2, \ldots, n$ und $k = 1, 2, \ldots, n$, ist

$$\left(\frac{\partial f_j(\mathbf{x})}{\partial x_k} \right)$$

eine $n \times n$-Matrix (die so genannte *Jacobi- oder Funktionalmatrix*). Man benutzt auch die Notation $D\mathbf{f}(\mathbf{x})$, wobei $\mathbf{f} = (f_1, f_2, \ldots f_n)^T$.

Die Fixpunkte der Abbildung sind gegeben durch die Lösungen der Gleichungen

$$f_j(\mathbf{x}^*) = x_j^*, \qquad j = 1, 2, \ldots, n.$$

Definition 2.1. Ein Fixpunkt $\mathbf{x}^*$ heisst *hyperbolisch*, falls keiner der Beträge der Eigenwerte von $D\mathbf{f}(\mathbf{x}^*)$ eins ist.

Hyperbolische Fixpunkte haben so genannte lokale stabile (bzw. instabile) Mannigfaltigkeiten.

Definition 2.2. Die Menge all jener Punkte aus einer Umgebung U von $\mathbf{x}^*$, die durch die Abbildung $\mathbf{f}^{(t)}$ (bzw. $\mathbf{f}^{(-t)}$) asymptotisch auf $\mathbf{x}^*$ abgebildet werden,

$$W_{loc}^s(\mathbf{x}^*) := \{\mathbf{x} \in U : \mathbf{f}^{(t)}(\mathbf{x}) \to \mathbf{x}^* \text{ für } t \to \infty \text{ und } \mathbf{f}^{(t)}(\mathbf{x}) \in U \text{ für alle } t \geq 0\},$$

bzw.

$$W_{loc}^u(\mathbf{x}^*) := \{\mathbf{x} \in U : \mathbf{f}^{(-t)}(\mathbf{x}) \to \mathbf{x}^* \text{ für } t \to \infty \text{ und } \mathbf{f}^{(-t)}(\mathbf{x}) \in U \text{ für alle } t \geq 0\},$$

heisst die *lokale stabile* (bzw. *instabile) Mannigfaltigkeit.*

Mit Hilfe der Eigenwerte der Funktionalmatrix können wir die Fixpunkte klassifizieren. Seien $\lambda_1, \lambda_2, \ldots, \lambda_n$ die Eigenwerte von $D\mathbf{f}(\mathbf{x}^*)$. Ein stabiler Knoten ist gegeben, wenn λ_i rein reell und $|\lambda_i| < 1$ ist, für alle $i = 1, 2, \ldots, n$. Ein instabiler Knoten ist gegeben, wenn λ_i rein reell und $|\lambda_i| > 1$ ist, für alle $i = 1, 2, \ldots, n$. Wenn λ_i rein reell ist, für alle $i = 1, 2, \ldots, n$, dann haben wir einen Sattelpunkt, falls $|\lambda_i| > 1$ ist, für zumindest ein i, sowie $|\lambda_j| < 1$ ist, für zumindest ein j aus $\{1, 2, \ldots, n\}$.

Aufgabe 22. Man gebe für den Fall einer zweidimensionalen Abbildung die Charakterisierung aller möglichen Fixpunkttypen (lokale Mannigfaltigkeiten, Stabilitätstyp, lokales Phasenraumporträt) an!

Bemerkung I. Für die Lösung dieser Aufgabe siehe auch Kapitel 4, Vertiefungen. Dort wird auch der Begriff der Normalform eingeführt, als die einfachste Matrixdarstellung, in die eine gegebene Matrix durch eine im Allgemeinen nichtlineare Transformation überführt werden kann, ohne dass sich ihr Stabilitätsverhalten verändert. Der für die Dimension zwei erhaltene Katalog ist dabei ausreichend im Sinne, dass die erhaltenen Fixpunktverhalten auch typisch sind für höherdimensionale Systeme, wo man zusätzlich nur unwesentliche Verfeinerungen beobachtet (etwa Sättel, welche mehr als eine kontrahierende Richtung aufweisen, usw.). Gibt es weitere Bedingungen an das System, so schränken sich die Möglichkeiten weiter ein. Ist etwa das System flächenerhaltend, so hat man in zwei Dimensionen nur die Möglichkeiten von konjugiert komplexen Eigenwerten, deren Produkt 1 ist (Sattelpunkte, elliptische Bahnen).

Bemerkung II. Punkte, welche längs der kontrahierenden Richtung auf einen Fixpunkt zulaufen, werden dies im Allgemeinen auf krummlinigen Bahnen tun, welche im Fixpunkt tangential zu den linearen Mannigfaltigkeiten liegen. Die lokalen Mannigfaltigkeiten ergänzen sich unter Umständen zu so genannten globalen stabilen/instabilen Mannigfaltigkeiten, ein Konzept welches in Kapitel 3 für kontinuierliche Systeme genauer untersucht werden wird. Es sei aber schon erwähnt, dass ein Attraktor alle instabilen Mannigfaltigkeiten seiner Punkte enthalten muss. Stabile und instabile Mannigfaltigkeiten desselben Punktes können sich schneiden (homokline Schnittpunkte). Ebenso sind Schnittpunkte von stabilen mit instabilen Mannigfaltigkeiten verschiedener Punkte möglich (heterokline Schnittpunkte). Alle anderen Schnittpunkte sind wegen der Eindeutigkeit der Lösungen von Differentialgleichungen unmöglich. Da beide Mannigfaltigkeiten invariant sind, impliziert die Existenz eines homo-/heteroklinen Punktes eine Unendlichkeit solcher Punkte, da der Fixpunkt über die kontrahierende Mannigfaltigkeit im Allgemeinen nur für unendlich viele Iterationen erreicht wird. Aus demselben Grund ist der Fixpunkt ihr Häufungspunkt. Besonders bei flächenerhaltenden Abbildungen führt dies zu grossen erratischen Ausschlägen der instabilen Mannigfaltigkeit, was zuerst von Poincaré erkannt wurde.

Zur Berechnung der Lyapunov-Exponenten (von denen es jetzt so viele geben wird, wie linear unabhängige Raumrichtungen vorliegen), betrachten wir die Variationsgleichungen. Das System der Variationsgleichungen hat die triviale Lösung

$$(y_{1,t}, y_{2,t}, \ldots, y_{n,t}) = (0, 0, \ldots, 0).$$

Wir sind wiederum nur an der nichttrivialen Lösung interessiert. Für den Fall $n = 2$ erhalten wir das System der Variationsgleichungen

$$y_{1,t+1} = \frac{\partial f_1}{\partial x_1}(\mathbf{x}_t)\, y_{1,t} + \frac{\partial f_1}{\partial x_2}(\mathbf{x}_t)\, y_{2,t},$$

$$y_{2,t+1} = \frac{\partial f_2}{\partial x_1}(\mathbf{x}_t)\, y_{1,t} + \frac{\partial f_2}{\partial x_2}(\mathbf{x}_t)\, y_{2,t}\,.$$

Ist die Abbildung $\mathbf{f}$ ein C^1-Diffeomorphismus, so existiert in einer gewissen Umgebung U von $\mathbf{x}^*$ ein Homöomorphismus $\mathbf{h}$, so dass für alle $\mathbf{x} \in U$ gilt

$$\mathbf{h}(\mathbf{f}(\mathbf{x})) = D\mathbf{f}(\mathbf{x}^*)\,\mathbf{h}(\mathbf{x}).$$

Die Variationsgleichung beschreibt also die Bewegung des Ausgangssystems in der Nähe des Fixpunktes $\mathbf{x}^*$. Genauer wird dieser Sachverhalt durch den Satz von Hartman-Grobman (Abschnitt 3.2) beschrieben.

Wir betrachten nun die Lyapunov-Exponenten. Man findet höchstens zwei eindimensionale Lyapunov-Exponenten, da wir für die Startwerte $(y_{1,0}, y_{2,0})^T$ zwei linear unabhängige orthogonale Vektoren mit der Länge eins wählen können, z.B.

$$(1,0)^T, \qquad (0,1)^T$$

oder

$$\frac{1}{\sqrt{2}}(1,1)^T, \qquad \frac{1}{\sqrt{2}}(1,-1)^T.$$

Der erste eindimensionale Lyapunov-Exponent λ_1^I ist nun definiert durch

$$\lambda_1^I = \lim_{T \to \infty} \frac{1}{T} \ln \|\mathbf{y}_T\|,$$

wobei die Euklidische Norm gegeben ist durch

$$\|\mathbf{y}_T\| := \sqrt{y_{1,T}^2 + y_{2,T}^2}.$$

Anstelle der Euklidischen Norm können wir auch eine andere Norm benutzen, zum Beispiel

$$\|\mathbf{y}_T\| := \sup_{1 \leq j \leq 2} |y_{j,T}|$$

oder

$$\|\mathbf{y}_T\| := |y_{1,T}| + |y_{2,T}|.$$

Die Lyapunov-Exponenten sind unabhängig von der verwendeten Norm (im $\mathbb{R}^n$ sind alle Normen äquivalent). Für numerische Rechnungen sollte man die Euklidische Norm nicht benutzen, da im chaotischen Fall die Grössen $y_{1,T}$ und $y_{2,T}$ sehr gross werden. Der zweite eindimensionale Lyapunov-Exponent λ_2^I ist nun wie folgt definiert: Sei

$$\mathbf{v}_t = \begin{pmatrix} v_{1,t} \\ v_{2,t} \end{pmatrix}$$

eine Grösse, die das System der Variationsgleichungen erfüllt. Die Anfangswerte $\mathbf{v}_0$ und $\mathbf{y}_0$ seien orthogonal:

$$\mathbf{v}_0 \cdot \mathbf{y}_0 \equiv v_{1.0} y_{1.0} + v_{2.0} y_{2.0} = 0,$$

wobei $\mathbf{v}_0 \neq \mathbf{0}$ und $\mathbf{y}_0 \neq \mathbf{0}$ und $\cdot$ das Skalarprodukt bezeichnet. Wir definieren nun

$$\mathbf{u}_t := \mathbf{v}_t - \frac{\mathbf{y}_t \cdot \mathbf{v}_t}{||\mathbf{y}_t||} \, \mathbf{y}_t.$$

Daraus folgt

$$\mathbf{y}_t \cdot \mathbf{u}_t = 0.$$

Das heisst, die Grössen $\mathbf{y}_t$ und $\mathbf{u}_t$ sind orthogonal, während im Allgemeinen $\mathbf{y}_t$ und $\mathbf{v}_t$ nicht orthogonal sind für $t = 1, 2, \dots$. Der zweite eindimensionale Lyapunov-Exponent λ_2^I ist nun definiert durch

$$\lambda_2^I := \lim_{T \to \infty} \frac{1}{T} \ln ||\mathbf{u}_T||.$$

Ist der maximale eindimensionale Lyapunov-Exponent positiv, so ist das System chaotisch. Einen effizienten Algorithmus erhält man, wenn man zwei Vektoren im Tangentialbündel der Abbildung transportiert und sie in jedem Schritt orthogonalisiert (etwa mit Hilfe eines Gram-Schmidt Orthogonalisierungsverfahrens), damit sie das Streckungsverhalten in zueinander senkrechte Richtungen beschreiben. Aus den Streckungsfaktoren erhält man wiederum über den Logarithmus und Durchschnittsbildung die verschiedenen Lyapunov-Exponenten. Dieser Ansatz lässt sich leicht auf beliebige Dimension n ausdehnen (Stoop 1987/1988).

Wir wollen nun einige zweidimensionale Abbildungen mit chaotischem Verhalten untersuchen.

2.2 Dissipative Hénon-Abbildung

Hénon untersuchte um 1976 ausführlich mehrere jetzt nach ihm benannte zweidimensionale diskrete Abbildungen. Die berühmteste ist wohl die dissipative Hénon-Abbildung

$$\begin{aligned}
x_{1.t+1} &= 1 - a x_{1.t}^2 + x_{2.t}, \\
x_{2.t+1} &= b x_{1.t},
\end{aligned}$$

wobei $0 < b < 1$ gelten soll. Für die Determinante der Funktionalmatrix findet man

$$\det \left(\frac{\partial(x_{1.t+1}, x_{2.t+1})}{\partial(x_{1.t}, x_{2.t})} \right) = -b.$$

Somit ist die Hénon-Abbildung invertierbar, wenn $b \neq 0$ ist. Die inverse Transformation ist gegeben durch

$$
\begin{aligned}
x_{1,t} &= \frac{1}{b} x_{2,t+1}, \\
x_{2,t} &= x_{1,t+1} - 1 + \frac{a}{b^2}\, x_{2,t+1}^2.
\end{aligned}
$$

Definition 2.3. Unter einem diskreten *dissipativen System* verstehen wir ein System, das den Phasenraum verkleinert (einfachheitshalber nehmen wir an in jedem Schritt, und nicht nur im Mittel). Also muss an jedem Punkt der generischen Bahn gelten: $\mid \det(D(\mathbf{f}(\mathbf{x_n})))\mid < 1$. Demnach kontrahiert das betrachtete Phasenraumvolumen im Zeitverlauf auf eine beschränkte Untermenge des Phasenraumes $\mathbb{R}^n$ mit verschwindendem Lebesgue-Mass.

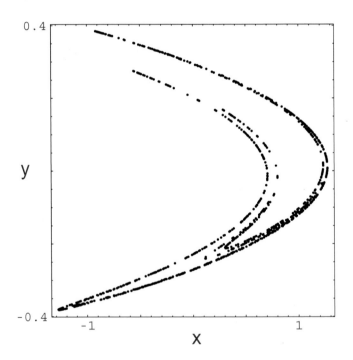

Abbildung 2.1: Der Hénon-Attraktor für die klassischen Werte $a = 1.4$ und $b = -0.3$.

Man verwendet mitunter verschiedene Schreibweisen für die Hénon-Abbildung, welche sich auch durch eine Spiegelung an der x-Achse unterscheiden können.

Listing 10. Lyapunov-Exponenten, Hénon-Abbildung

```
a = 1.4; b = -0.3; x0 = {0.1, 0.1};
L1 = 0; L2 = 0; Nit = 10000;
x = x0; v = {1, 1}; u = {0.2, 0.7};
f[{x_, y_}] := {-y + 1 - a x^2, b x};
fs[{x_, y_}] := {{-2a x, -1}, {b, 0}};
Ortho := Module[{}, l1 = (u.u)^0.5; u = u/l1; v = v - (v.u)u;
        l2 = (v.v)^0.5; v = v/l2; L1 = L1 + Log[Abs[l1]];
        L2 = L2 + Log[Abs[l2]]];
```

Da die Determinante der Funktionalmatrix $-b$ ergibt, werden Flächeninhalte bei jeder Iteration mit $|b|$ multipliziert. Das heisst, die Hénon-Abbildung ist dissipativ für $|b| < 1$ und konservativ für $|b| = 1$. Im Falle $b = 0$ erhält man durch die Transformation $x \rightarrow \tilde{a}(x - 1/2)a$ und $a = \tilde{a}(\tilde{a} - 2)/4$ die logistische Abbildung (mit Parameter $\tilde{a}$). Im Gegensatz zu dieser ist die Hénon-Abbildung für $b \neq 0$ eindeutig umkehrbar. Die Bifurkationen hängen in komplizierter Weise von den Parametern a und b ab. Die Grenze für das Auftreten der stabilen Periode 3 ist durch die Beziehung

$$4a = 6(1 + b)^2 + (1 - b)^2$$

gegeben. Die Hénon-Abbildung kann als das Produkt von drei einfacheren Abbildungen aufgebaut werden, nämlich

$$x_{1,t+1} = x_{1,t}, \qquad x_{2,t+1} = x_{2,t} + 1 - ax_{1,t}^2,$$

$$x_{1,t+2} = bx_{1,t+1}, \qquad x_{2,t+2} = x_{2,t+1},$$

$$x_{1,t+3} = x_{2,t+2}, \qquad x_{2,t+3} = x_{1,t+2}.$$

Die Hénon-Abbildung hat zwei Fixpunkte,

$$x_1^* = \frac{1}{2a}[-(1 - b) \pm \sqrt{(1 - b)^2 + 4a}], \qquad x_2^* = bx_1^*.$$

Sie sind reell für

$$a > a_0 = (1 - b)^2/4.$$

Falls diese Bedingung erfüllt ist, ist ein Fixpunkt instabil. Der andere Fixpunkt wird instabil für $a > a_1 = 3(1 - b)^2/4$. Für die Wahl $a = 1.4$ und $b = -0.3$ sind beide Fixpunkte instabil. An diesen Parameterwerten wurde die obige Abbildung ausführlich untersucht (Hénon 1976, Curry 1979) und es wurde gefunden, dass das System chaotisches Verhalten zeigt.

Aufgabe 23. Seien λ_1^I und λ_2^I die beiden eindimensionalen Lyapunov-Exponenten für eine differenzierbare Abbildung in $\mathbb{R}^2$. Man zeige

$$\lambda_1^I + \lambda_2^I = \lim_{T \to \infty} \frac{1}{T} \sum_{t=0}^{T-1} \ln|\det Df(\mathbf{x}_t)|,$$

wobei $\det(Df)$ die Funktionaldeterminante bezeichnet.

2.3   Lozi-Abbildung

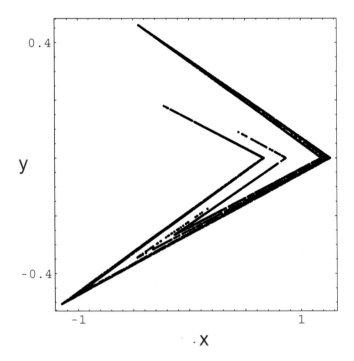

Abbildung 2.2: Der Attraktor der Lozi-Abbildung $\mathbf{f}(x,y) = (1 - a|x| - y, bx)$ (für die klassischen Werte $a = 1.7$ und $b = -0.5$). Seine Form deutet die Verwandtschaft mit der Hénon-Abbildung an. Letztere kann als $\mathbf{h}(x,y) = (1 - ax^2 - y, bx)$ geschrieben werden (mit $a = 1.4$ und $b = -0.3$), was die Verwandtschaft nochmals unterstreicht.

Die *Lozi-Abbildung* $\mathbf{f} : \mathbb{R}^2 \to \mathbb{R}^2$ ist gegeben durch

$$\mathbf{f}(x, y) = (1 - y - a|x|, bx),$$

mit $b < 0$. Sie ist das hyperbolische Analogon der Hénon-Abbildung: Die beiden zweidimensionalen Abbildungen stehen in ähnlichem Verhältnis zueinander wie die symmetrische Zeltabbildung zur Parabel. Diese Tatsache spiegelt sich in der Form des Lozi-Attraktors wieder, wo die engen Kurven des Hénon-Attraktors (mit nichthyperbolischen Fixpunkten als Kurvenzentren, siehe 3.3) durch Knicke ersetzt sind. Als Funktion ihrer Parameter a, b verhalten sich die beiden Systeme sehr ähnlich.

Aufgabe 24. Man finde die Fixpunkte und untersuche deren Stabilität für $a = 1.7$ und $|b| = 0.4$.

Bemerkung I. Das Verhalten der Lozi-Abbildung, als der hyperbolische Fall, ist mathematisch wesentlich einfacher beschreibbar als das der Hénon-Abbildung. Jedoch ist die Hénon-Abbildung der generische Fall, aus demselben Grund wie die Parabel, und daher der wichtigere. Benedicks und Carleson zeigten 1991 (in derselben Arbeit, die bereits im Zusammenhang mit der Parabel genannt wurde), dass die Hénon-Abbildung auf einer Menge von positivem Lebesgue Mass von Parameterwerten chaotisch ist. Diese Eigenschaft für die hyperbolische Lozi-Abbildung zu zeigen ist kein Problem.

2.4   Flächenerhaltende Abbildung von Greene

Die Universalitätseigenschaften einer weiteren Klasse von zweidimensionalen *flächenerhaltenden* Systemen wurde von Greene et al. (1981) ausführlich untersucht. Die betreffenden Abbildungen $\mathbf{x}_{t+1} = \mathbf{f}(\mathbf{x}_t)$ erfüllen

$$\det L \equiv \det \begin{pmatrix} \dfrac{\partial f_1(\mathbf{x})}{\partial x_1} & \dfrac{\partial f_1(\mathbf{x})}{\partial x_2} \\[2mm] \dfrac{\partial f_2(\mathbf{x})}{\partial x_1} & \dfrac{\partial f_2(\mathbf{x})}{\partial x_2} \end{pmatrix} = 1.$$

Die linearisierte Abbildung ist gegeben durch $\mathbf{y}_{t+1} = L\mathbf{y}_t$. Die Eigenwerte λ von L hängen nur von der Spur Sp von L ab. Sie erfüllen die Gleichung

$$\lambda^2 - \mathrm{Sp}(L)\lambda + 1 = 0.$$

Für $|\mathrm{Sp}(L)| < 2$ sind die Eigenwerte reell (einer kontrahierend, einer expandierend, beide zueinander reziprok), da ja gilt

$$\lambda_{1,2} = \frac{1}{2}\mathrm{Sp}(L) \pm \sqrt{-1 + \frac{1}{4}(\mathrm{Sp}(L))^2}.$$

Man findet bei der Variation eines Systemparameters einen Periodenverdopplungsübergang in den chaotischen Bereich. Die Renormalisierungskonstante

$$\delta = 8.721097200\ldots$$

ist allerdings verschieden von der bereits diskutierten Feigenbaumkonstanten für
dissipative Systeme. Diese Tatsache drückt aus, dass wir es mit einer eigenen
Universalitätsklasse zu tun haben.

2.5 Standard-Abbildung

Ein wichtiger Vertreter der obigen Abbildungsklasse ist die *Standard-Abbildung*
(Chirikov 1979, Lichtenberg und Lieberman 1983, Dana und Fishman 1985), welche auch Taylor-Chirikov Abbildung genannt wird. Sie hat die Form

$$\begin{aligned}
I_{t+1} &= I_t + k\sin\theta_t, \\
\theta_{t+1} &= \theta_t + I_t + k\sin\theta_t,
\end{aligned}$$

wobei I und θ Wirkungs- und Winkelvariable sind mit $\theta \in [0, 2\pi)$. Die Grösse $k \geq 0$
ist ein Verzweigungsparameter. Man schreibt die Standardabbildung deshalb auch
als $\mathbf{f}_k := (f_{1k}, f_{2k})^T$. Die Abbildung kann als diskretes Hamiltonsystem betrachtet
werden, denn man findet

$$\det\begin{pmatrix} \dfrac{\partial f_{1k}}{\partial I} & \dfrac{\partial f_{1k}}{\partial \theta} \\[2ex] \dfrac{\partial f_{2k}}{\partial I} & \dfrac{\partial f_{2k}}{\partial \theta} \end{pmatrix} = 1.$$

Bei geeigneter Wahl von k findet man periodische Orbits, KAM-Kurven und
chaotische Orbits. Unter einer *KAM-Kurve* (Kolmogorov-Arnold-Moser Theorie)
verstehen wir eine Teilmenge $X \subset \mathbb{T}^1 \times \mathbb{R}$ (mit $\mathbb{T}^1 := \mathbb{R}/(2\pi\mathbb{Z})$), für die gilt:

$$\mathbf{f}_k(X) = X.$$

Man findet, dass X homöomorph ist zu $\mathbb{T}^1$. Für $k \ll 1$ dominieren die periodischen
Orbits und die KAM-Kurven. Mit wachsender Nichtlinearität, ausgedrückt durch
wachsendes k, brechen mehr und mehr KAM-Kurven auf und das System wird
mehr und mehr chaotisch. Für $k = 0.97\ldots$ hört die letzte KAM-Kurve auf zu
existieren (Mather 1984).

Aufgabe 25. Man iteriere die Standard-Abbildung für $k = 1.0$ für verschiedene
Anfangsbedingungen.

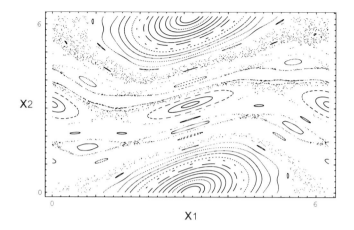

Abbildung 2.3: Lösungen der Standard-Abbildung für $k = 1$, für Anfangsbedingungen auf der Linie $(\pi + 0.00001, y)$.

Listing 11. Standard-Abbildung

```
f[{x_, y_}] := N[Mod[{x + y + K Sin[x], y + K Sin[x]}, 2 Pi]];
K = 1; xo = Pi + 0.0001; yo = 0.0; dely = 0.2; s0 = {{0, 0}};
Do[s = NestList[f, {xo, yo + i dely}, 500];
s0 = s0 \[Union] s, {i, 1, 30}]; ListPlot[s0, Frame -> True]
```

2.6 Bäcker-Abbildung

Eine zweidimensionale Abbildung mit chaotischem Verhalten, für die wir die invariante Dichte angeben können, ist die *Bäcker-Abbildung*. Ihre Abbildungsgleichung lautet

$$\mathbf{f}(x_1, x_2) = \begin{cases} (2x_1, \frac{1}{2}x_2) & \text{für } 0 \leq x_1 < \frac{1}{2} \\ (2x_1 - 1, \frac{1}{2}(x_2 + 1)) & \text{für } \frac{1}{2} \leq x_1 \leq 1 \end{cases},$$

wobei der Phasenraum gegeben ist durch $[0, 1] \times [0, 1]$. Die Abbildung $\mathbf{f}$ erhält die Fläche. Das System ist ergodisch und mischend (Saitô 1982). Die invariante Dichte ist gegeben durch $\rho(x_1, x_2) = 1$.

Aufgabe 26. Man finde die Lyapunov-Exponenten für diese Abbildung.

Die Bäcker-Abbildung kann man auch in einer dissipativen Variante haben, welche ihre Konstruktion viel deutlicher macht. Ihre Abbildungsgleichung lautet

$$\mathbf{f}(x_1, x_2) = \begin{cases} (\xi_a x_1, x_2/a) & \text{für } 0 < x_2 \leq a \\ (\frac{1}{2} + \xi_b x_1, (x_2 - a)/b) & \text{für } a \leq x_2 \leq 1 \end{cases}.$$

Dabei soll $a + b = 1$, und für Dissipativität $\xi_a + \xi_b < 1$, erfüllt sein.

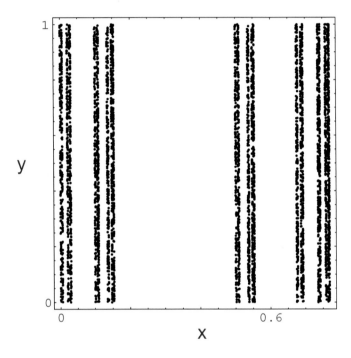

Abbildung 2.4: Dissipative Bäckerabbildung für $a = 2/5$, $b = 3/5$, $\xi_a = 1/5$, $\xi_b = 7/20$.

Listing 12. Bäcker-Abbildung

```
anf = {x, y} = {0.1, 0.2};
a = 2/5; b = 3/5; ga = 1/5; gb = 7/20;
l[{x_, y_}] :=
  Module[{xn, yn},
    If[y <= a, xn = ga x; yn = y/a, xn = 0.5 + gb x; yn = (y - a)/b];
    Return[{xn, yn}]];
ListPlot[T = NestList[l, Nest[l, anf, 100], 5000], Frame -> True,
  Axes -> None, AspectRatio -> 1]
```

2.7 Hénon-Heiles Abbildung

Eine Abbildung, die von Hénon zusammen mit Heiles untersucht wurde (Hénon und Heiles 1964), ist das nach ihnen benannte System

$$x_{1,t+1} = x_{1,t}\cos(a) - (x_{2,t} - x_{1,t}^2)\sin(a),$$
$$x_{2,t+1} = x_{1,t}\sin(a) + (x_{2,t} - x_{1,t}^2)\cos(a),$$

wobei a eine Winkelvariable ist, die einer Energie entspricht. Für verschiedene Anfangsbedingungen ergeben sich, analog zur Standard-Abbildung, verschiedene Lösungsverhalten.

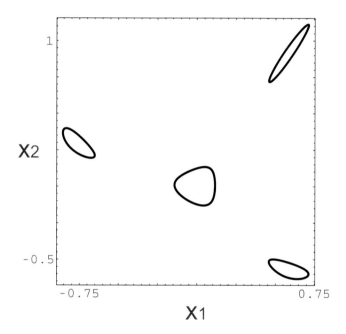

Abbildung 2.5: Zwei Lösungen des Hénon-Heiles Systems, zu den Anfangsbedingungen $(0.5, -0.5)$ und $(0.1, 0.1)$.

2.8 Abbildungen im Komplexen

Zweidimensionale Abbildungen erhält man auch für komplexe Abbildungen. Die *Ikeda-Laser Abbildung* ist ein Beispiel dafür. Ihre Abbildungsgleichung ist gegeben durch

$$f(z) = \rho + c_2 z \exp\left(i(c_1 - \frac{c_3}{1 + |z|^2})\right),$$

wobei $z := x + iy$, mit $x, y \in \mathbb{R}$, und ρ, c_1, c_2, c_3 reelle Verzweigungsparameter sind. Für die Werte

$$c_1 = 0.4, \quad c_2 = 0.9, \quad c_3 = 9.0, \quad \rho = 0.85$$

findet man chaotisches Verhalten.

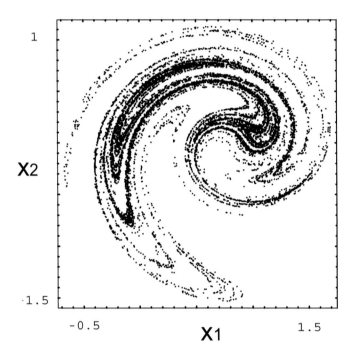

Abbildung 2.6: Ikeda-Laser Abbildung $c_1 = 0.4$, $c_2 = 0.9$, $c_3 = 9.0$, $\rho = 0.85$.

2.9   Hyperchaos

Systeme von nichtlinearen diskreten Abbildungen können auch so genanntes *Hyperchaos* zeigen. Wir betrachten dazu ein System der Form

$$x_{1,t+1} = f_1(x_{1,t}, x_{2,t}),$$
$$x_{2,t+1} = f_2(x_{1,t}, x_{2,t}).$$

Definition 2.4. Ein System zeigt Hyperchaos (Rössler 1978), wenn der maximale eindimensionale Lyapunov-Exponent und der zugeordnete zweite eindimensionale Lyapunov-Exponent positiv sind.

Es wird natürlich wiederum angenommen, dass $x_{1,t}$ und $x_{2,t}$ für alle Zeiten existieren und beschränkt sind. Da wir es mit zweidimensionalen diskreten Abbildungen zu tun haben, können wir einen zweidimensionalen Lyapunov-Exponenten definieren. Mit Hilfe des maximalen zweidimensionalen können wir dann den zweiten eindimensionalen Lyapunov-Exponenten berechnen. Seien $\mathbf{y}_t$ und $\mathbf{v}_t$ zwei Grössen, die das System der Variationsgleichung erfüllen. Seien $\mathbf{e}_1$ und $\mathbf{e}_2$ zwei Vektoren in $\mathbb{R}^2$ mit $||\mathbf{e}_1|| = 1$, $||\mathbf{e}_2|| = 1$ und

$$\mathbf{e}_1 \cdot \mathbf{e}_2 = 0,$$

wobei $|| \cdot ||$ die Euklidische Norm bezeichnet. Dann finden wir

$$
\begin{aligned}
\mathbf{y} \wedge \mathbf{v} &= (y_{1,t}\,\mathbf{e}_1 + y_{2,t}\,\mathbf{e}_2) \wedge (v_{1,t}\,\mathbf{e}_1 + v_{2,t}\,\mathbf{e}_2) \\
&= y_{1,t}v_{2,t}\,\mathbf{e}_1 \wedge \mathbf{e}_2 + y_{2,t}v_{1,t}\,\mathbf{e}_2 \wedge \mathbf{e}_1 \\
&= (y_{1,t}\,v_{2,t} - y_{2,t}\,v_{1,t})\,\mathbf{e}_1 \wedge \mathbf{e}_2.
\end{aligned}
$$

wobei $\wedge$ für das *Grassmann Produkt* steht (auch *äusseres Produkt* genannt).

Definition 2.5. Das Grassmann oder äussere Produkt ist wie folgt definiert. Seien $\mathbf{e}_i$, $i = 1, \ldots, n$ lineare Erzeugende eines Vektorraumes. Es gilt:

$$\mathbf{e}_{ij} = \mathbf{e}_i \wedge \mathbf{e}_j = -\mathbf{e}_j \wedge \mathbf{e}_i.$$

Diese Konstruktion kann rekursiv auf die Elemente $\mathbf{e}_{ij}$ angewandt werden. Es entstehen dadurch Tensoren höherer Stufe.

Satz 2. Es gilt

$$(\mathbf{a} + \mathbf{b}) \wedge (\mathbf{c} + \mathbf{d}) = \mathbf{a} \wedge \mathbf{c} + \mathbf{a} \wedge \mathbf{d} + \mathbf{b} \wedge \mathbf{c} + \mathbf{b} \wedge \mathbf{d}.$$

Bemerkung I. Die Gleichung $\mathbf{e}_i \wedge \mathbf{e}_j = -\mathbf{e}_j \wedge \mathbf{e}_i$ führt auf $\mathbf{e}_i \wedge \mathbf{e}_i = 0$.

Wir definieren nun $w_t := y_{1,t}\,v_{2,t} - y_{2,t}\,v_{1,t}$. Für die Zeitentwicklung der Grösse w_t folgt

$$
\begin{aligned}
w_{t+1} &= y_{1,t+1}\,v_{2,t+1} - y_{2,t+1}\,v_{1,t+1} \\
&= \left(\frac{\partial f_1}{\partial x_1}(\mathbf{x}_t)\,y_{1,t} + \frac{\partial f_1}{\partial x_2}(\mathbf{x}_t)\,y_{2,t} \right) \left(\frac{\partial f_2}{\partial x_1}(\mathbf{x}_t)\,v_{1,t} + \frac{\partial f_2}{\partial x_2}(\mathbf{x}_t)\,v_{2,t} \right) \\
&\quad - \left(\frac{\partial f_2}{\partial x_1}(\mathbf{x}_t)\,y_{1,t} + \frac{\partial f_2}{\partial x_2}(\mathbf{x}_t)\,y_{2,t} \right) \left(\frac{\partial f_1}{\partial x_1}(\mathbf{x}_t)\,v_{1,t} + \frac{\partial f_1}{\partial x_2}(\mathbf{x}_t)\,v_{2,t} \right).
\end{aligned}
$$

Somit erhalten wir

$$w_{t+1} = \left(\frac{\partial f_1}{\partial x_1}(\mathbf{x}_t)\frac{\partial f_2}{\partial x_2}(\mathbf{x}_t) - \frac{\partial f_1}{\partial x_2}(\mathbf{x}_t)\frac{\partial f_2}{\partial x_1}(\mathbf{x}_t) \right) w_t.$$

mit

$$w_0 = y_{1,0}\, v_{2,0} - y_{2,0}\, v_{1,0}$$

und $w_0 \neq 0$. Der zweidimensionale Lyapunov-Exponent λ^{II} ist nun definiert durch

$$\lambda^{II} := \lim_{T \to \infty} \frac{1}{T} \ln |w_T|.$$

Er hängt von x_{10}, x_{20}, y_{10}, y_{20}, v_{10} und v_{20} ab. Man kann nun leicht zeigen, dass gilt

$$\lambda_1^I + \lambda_2^I = \lambda^{II},$$

wobei wir die Beziehung $\ln |a| + \ln |b| \equiv \ln |ab|$ ausnutzen (siehe Aufg. 23).

Bemerkung II. Hyperchaos in einem experimentellen Halbleitersystem wurde durch Stoop et al. (1989) mit Hilfe von Lyapunov-Exponenten aus Zeitserien nachgewiesen.

Bekannte zweidimensionale Abbildungen, welche Hyperchaos zeigen, sind etwa
die Kawakami-Abbildung

$$f(x,y) = (-ax + y, x^2 - b), \quad \text{für } a = 0.1, b = 1.6,$$

die Hopfield-Abbildung

$$f(x,y) = (10 \tanh(ay)\, e^{-y}, 10 \tanh(x)\, e^{-bx}), \quad \text{für } a = 1.3, b = 1.5,$$

und die Abbildung

$$f(x,y) = (1 - a(x^2 + y^2), -2a(1 - 2\epsilon)xy), \quad \text{für } a = 1.3, b = 1.5.$$

Speziell das letztere System kann man als den allgemeinen Fall einer Kopplung zweier chaotischer Systeme deuten.

2.10   Gekoppelte Systeme

Eine generische Art, Hyperchaos zu erhalten, besteht in der Kopplung chaotischer Systeme. Aus gekoppelten logistischen Gleichungen

$$x_{1,t+1} = ax_{1,t}(1 - x_{1,t}) + \epsilon(x_{2,t} - x_{1,t}),$$

$$x_{2,t+1} = ax_{2,t}(1 - x_{2,t}) + \epsilon(x_{1,t} - x_{2,t})$$

kann man in der Tat Hyperchaos erhalten, was zuerst von Hogg und Hubermann (1984) und Meyer-Kress und Haubs (1984) festgestellt wurde. Die betrachteten Parameterwerte sind $\epsilon = 0.06$ und $a \in [3, 3.7]$. Je nach Wahl der Parameterwerte und der Anfangsbedingungen findet man: (i) Der Orbit läuft auf einen Fixpunkt zu, (ii) periodisches Verhalten, (iii) quasiperiodisches Verhalten, (iv) chaotisches Verhalten, (v) Hyperchaos, (vi) die Zustandsgrössen $x_{1,t}$ und $x_{2,t}$ wachsen über alle Grenzen mit $t \to \infty$. Für die Parameterwerte $\epsilon = 0.06$ und $a = 3.38$ finden Hogg und Hubermann (1984) numerische Evidenz, dass je nach Startwerten die Bahn periodisch oder quasiperiodisch ist. Chaos tritt für die Werte $\epsilon = 0.06$ und $a = 3.45$ auf (der zweite eindimensionale Lyapunov-Exponent ist negativ). Für $\epsilon = 0.06$ und $a = 3.70$ findet man Hyperchaos. Hier sind der erste und der zweite eindimensionale Lyapunov-Exponent positiv. Die numerische Rechnung liefert $\lambda_1^I = 0.38$ und $\lambda^{II} = 0.69$, woraus $\lambda_2^I = 0.31$ folgt.

Bemerkung I. Gekoppelte dynamische Systeme sind von Interesse in sich selber und werden deshalb später gesondert untersucht. Die Kopplung kann dabei ganz unterschiedliche Rollen einnehmen. So können gekoppelte chaotische Systeme hyperchaotisch, chaotisch oder sogar regulär werden, je nachdem, wie stark die Kopplung ist und wo sie angreift.

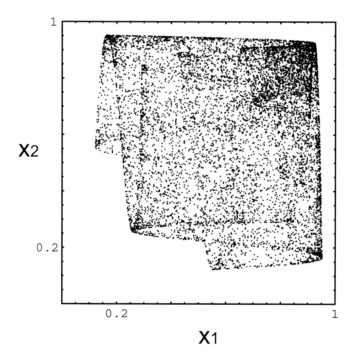

Abbildung 2.7: Hyperchaotisches System aus zwei gekoppelten chaotischen Parabelabbildungen, $a_1 = a_2 = 3.7$. Kopplungsstärken waren $\epsilon_1 = \epsilon_2 = 0.06$.

Listing 13. Gekoppelte quadratische Abbildungen, Hyperchaos

```
 1  f[x1_]:=a1 x1(1-x1);
 2  g[x2_]:=a2 x2 (1-x2);
 3  fs[x1_]:=a1-2 a1 x1;
 4  gs[x2_]:=a2-2 a2 x2;
 5  c[{x1_,x2_}]:={f[x1]+e1 (x2-x1),g[x2]+e2 (x1-x2)};
 6  cs[{x1_,x2_}]:={{fs[x1]-e1,e1},{e2,gs[x2]-e2}};
 7  Ortho:=Module[{},l1=(u.u)^0.5;u=u/l1;v=v-(v.u)u;
 8        l2=(v.v)^0.5;v=v/l2;L1=L1+Log[Abs[l1]];
 9        L2=L2+Log[Abs[l2]]];
10  x0={0.9999999999991,0.9999999995};
11  x=x0;v={1,1};u={0.2,0.7};
12  a1=3.7;a2=3.7;e1=0.06;e2=0.06;
13  Do[L1=0;L2=0;Do[x=c[x];
14     v=cs[x].v;u=cs[x].u;Ortho,{i,1,10000}];
15    Print[{L1/10000,L2/10000}],{i,1,3}]
```

2.11 Ruelle-Takens-Newhouse Übergang

Mit *Bifurkationszenarien ins Chaos* bezeichnet man generische Wege, über die man durch Verstärkung der Nichtlinearitäten aus geordneter Bewegung in chaotisches Verhalten übergeht. Die ersten Aussagen über einen Übergang von quasiperiodischer zu chaotischer Bewegung wurden von Ruelle und Takens (1971) und Newhouse et al. (1978) gemacht. Im Ruelle-Takens-Newhouse Szenario kann ein dynamisches System nach einem Übergang von einer quasiperiodischen Bewegung mit zwei inkommensurablen Frequenzen in einen Bewegungszustand mit drei inkommensurablen Frequenzen instabil werden in dem Sinne, dass beliebige kleine Störungen existieren, welche die Bewegung des Systems chaotisch werden lassen.

Beispiel 23. Das dynamische System

$$x_{t+1} = r \, (3y_t + 1) \, x_t \, (1 - x_t),$$

$$y_{t+1} = r \, (3x_t + 1) \, y_t \, (1 - y_t)$$

zeigt den Übergang von Ruelle-Takens-Newhouse (Lopez-Ruiz und Perez-Garcia 1992), wenn der Verzweigungsparameter r das Intervall $(0, 1.0834]$ überstreicht. $\square$

Die Variationsgleichung hat die Form

$$u_{t+1} = r \, (3y_t + 1)(1 - 2x_t) \, u_t + 3r \, x_t \, (1 - x_t) \, v_t,$$

$$v_{t+1} = 3r \; y_t \; (1 - y_t) \; u_t + r \; (3x_t + 1)(1 - 2y_t) \; v_t.$$

Die Bestimmungsgleichungen für die Fixpunkte

$$r(3y^* + 1) \; x^*(1 - x^*) = x^*, \qquad r(3x^* + 1) \; y^*(1 - y^*) = y^*,$$

liefern die folgenden fünf Fixpunkte

$$P^*_1 = (\frac{1}{3r}(-\sqrt{4r^2 - 3r} + r), \frac{1}{3r}(-\sqrt{4r^2 - 3r} + r)),$$

$$P^*_2 = (\frac{1}{3r}(\sqrt{4r^2 - 3r} + r), \frac{1}{3r}(\sqrt{4r^2 - 3r} + r)),$$

$$P^*_3 = (\frac{r-1}{r}, 0), \quad P^*_4 = (0, 0), \quad P^*_5 = (0, \frac{r-1}{r}).$$

Die Fixpunkte P^*_1 und P^*_2 existieren nur im Falle $r \geq 3/4$. Durch Einsetzen der Fixpunkte in die Variationsgleichung und die Bestimmung der Eigenwerte aus der Funktionalmatrix ergibt sich die Stabilität der Fixpunkte als Funktion des Parameters r. Zum Beispiel erhalten wir für den Fixpunkt $P^*_4 = (0,0)$ den zweifachen Eigenwert r. Das heisst, der Fixpunkt P^*_4 ist stabil (eine Senke liegt vor), wenn $r < 1$ ist. Für den Fall $r > 1$ wird er instabil.

Aufgabe 27. Man untersuche die Stabilität der anderen Fixpunkte.

Der Übergang zum Chaos erfolgt nun bei der obigen Abbildung nach dem Schema:

Fixpunkt $\rightarrow$ Orbit mit Periode 2 $\rightarrow$ zwei Grenzzyklen $\rightarrow$ Chaos.

2.12 Attraktoren

Sei $f : \mathbb{R}^n \rightarrow \mathbb{R}^n$, $n > 1$, eine diskrete dissipative Abbildung. Im Folgenden nehmen wir an, dass die Lösungen für alle Zeiten existieren und beschränkt sind.

In einem *stark dissipativen* System gilt $|D\mathbf{f}(\mathbf{x}_n)| < 1 + \epsilon$, für alle x, mit $\epsilon > 0$. Ein Volumenelement wird daher exponentiell verkleinert,

$$\mathcal{V}(T) = \mathcal{V}(0) \prod_{n=1}^{T} |\det(D\mathbf{f}(\mathbf{x}_n))|,$$

wobei $\mathcal{V}(0)$ das Volumenelement zur Zeit $T = 0$ bezeichnet. Demnach kontrahiert das Phasenraumvolumen für dissipative Systeme im Zeitverlauf auf eine beschränkte Untermenge des Phasenraumes $\mathbb{R}^n$ mit verschwindendem Lebesgue-Mass. Diese asymptotischen Mengen, die im Langzeitverhalten von fast allen

Anfangsbedingungen nach einem transienten Einschwingverhalten erreicht werden, nennt man Attraktoren. Das Attraktor-Bassin ist der Abschluss der Menge aller Startwerte, die vom Attraktor angezogen werden. *Konservative* Systeme werden in einem späteren Kapitel behandelt. Für diese Systeme gilt, wenn sie diskret sind: $|\det(D\mathbf{f}(\mathbf{x}_n))| = 1$.

Definition 2.6. *Attraktoren* $\mathcal{A}$ diskreter Systeme werden ausgezeichnet durch die Eigenschaften:

1. Attraktivität: Es gibt eine offene Umgebung U von $\mathcal{A}$ ($\mathcal{A} \subset U$), so dass gilt: $\Phi_t(U) \subset U$ für $t > 0$ und
$$\mathcal{A} = \bigcap_{t>0} \Phi_t(U).$$

2. Invarianz: Aus $\mathbf{u} \in \mathcal{A}$ folgt auch: $\Phi_t(\mathbf{u}) \in \mathcal{A}$ für alle t.

3. Nichtzerlegbarkeit: Mit wachsendem t und für fast alle $\mathbf{u}_0$ gilt: $\Phi_t(\mathbf{u}_0) \in U_{\mathbf{a}}$ für beliebige Umgebungen $U_{\mathbf{a}}$ aller Attraktorpunkte $\mathbf{a} \in \mathcal{A}$.

Bemerkung I. Die Sprechweise *von fast allen Startwerten* besagt wiederum: Für alle möglichen Startwerte, bis auf eine Menge von Startwerten, deren Lebesgue-Mass verschwindet.

Im nächsten Kapitel werden wir dieses Konzept für kontinuierliche Systeme sinngemäss erweitern.

Kapitel 3

Kontinuierliche dissipative Systeme

3.1 Einleitung

Sei

$$\frac{d\mathbf{u}}{dt} = \mathbf{V}(\mathbf{u})$$

ein autonomes System von gewöhnlichen Differentialgleichungen erster Ordnung. Die Funktion $\mathbf{V} : \mathbb{R}^n \to \mathbb{R}^n$ sei analytisch. Im Folgenden nehmen wir an, dass die Lösungen für alle Zeiten existieren und beschränkt sind. Wir untersuchen das Anfangswertproblem, was heisst, dass $\mathbf{u}(t = 0) = \mathbf{u}_0$ vorgegeben ist. Die zeitliche Entwicklung der Zustandsvariablen wird durch die nichtlinearen Funktionen V_j bestimmt und spiegelt sich wieder in der Existenz einer Lösung

$$\mathbf{u}(t) = \Phi_t(\mathbf{u}_0), \qquad \mathbf{u}_0 \equiv \mathbf{u}(t = 0),$$

die über den Phasenfluss Φ_t und alle möglichen Anfangszustände $\mathbf{u}_0$ den Systemzustand zu jedem Zeitpunkt t determiniert. Im Folgenden sei $\Gamma = \mathbb{R}^n$ der Phasenraum.

Definition 3.1. Unter einem *dissipativen kontinuierlichen System* wollen wir ein System verstehen, dessen Zeitmittel über die Divergenz des Vektorfeldes negativ ist: $\langle \text{div } \mathbf{V} \rangle_t < 0$. Ist die Divergenz konstant, so fordern wir dementsprechend div $\mathbf{V} < 0$.

Ein Volumenelement wird unter der letzteren Voraussetzung exponentiell verkleinert, und zwar überall mit konstanter Rate

$$\mathcal{V}(T) = \mathcal{V}(0) \exp(-T|\text{div } \mathbf{V}|),$$

wobei $\mathcal{V}(0)$ das Volumenelement zur Zeit $T = 0$ ist. Demnach kontrahiert das Phasenraumvolumen für dissipative Systeme im Zeitverlauf auf eine beschränkte Untermenge des Phasenraumes $\mathbb{R}^n$ mit verschwindendem Lebesgue-Mass. Diese asymptotischen Mengen, die im Langzeitverhalten von fast allen Anfangsbedingungen nach einem transienten Einschwingverhalten erreicht werden, nennt man wiederum Attraktoren. Das Attraktor-Bassin ist der Abschluss der Menge aller Startwerte, die vom Attraktor angezogen werden. Konservative Systeme werden später gesondert behandelt. Für diese Systeme gilt div $\mathbf{V} = 0$.
Diese Definitionen verallgemeinern den Fall von diskreten Abbildungen.

Definition 3.2. *Attraktoren* $\mathcal{A}$ kontinuierlicher Systeme werden ausgezeichnet durch die Eigenschaften:

1. Attraktivität: Es gibt eine offene Umgebung U von $\mathcal{A}$ ($\mathcal{A} \subset U$), so dass, $\Phi_t(U) \subset U$ für $t > 0$ und

$$\mathcal{A} = \bigcap_{t>0} \Phi_t(U).$$

2. Invarianz: Aus $\mathbf{u} \in \mathcal{A}$ folgt auch $\Phi_t(\mathbf{u}) \in \mathcal{A}$ für alle t.

3. Nichtzerlegbarkeit: Mit wachsendem t und für fast alle $\mathbf{u_0}$ gilt $\Phi_t(\mathbf{u_0}) \in U_{\mathbf{a}}$ für beliebige Umgebungen $U_{\mathbf{a}}$ aller Attraktorpunkte $\mathbf{a} \in \mathcal{A}$.

Die Sprechweise *von fast allen Startwerten* besagt wiederum: für alle möglichen Startwerte bis auf eine Menge von Startwerten, deren Lebesgue-Mass verschwindet. Zur Untersuchung des Verhaltens kontinuierlicher dynamischer Systeme $d\mathbf{u}/dt = \mathbf{V}(\mathbf{u})$ werden ebenfalls die folgenden Begriffe herangezogen:

(1) Fixobjekte und ihre Stabilität
(2) Zeitmittelwerte, insbesondere Lyapunov-Exponenten
(3) Poincaré-Abbildungen
(4) Autokorrelationsfunktion
(5) Leistungsdichtespektrum
(6) Fraktaldimensionen
(7) Bestimmung der ersten Integrale
(8) Verteilung der Singularitäten in der komplexen Zeitebene.

Wir geben einen Abriss über die Stabilitätsanalyse und führen stabile und instabile Mannigfaltigkeiten ein. Ein weiterer Abschnitt ist der Poincaré-Abbildung gewidmet. Die Lyapunov-Exponenten werden mit dem diskreten Fall übereinstimmend definiert. Sie dienen zur Definition des chaotischen Verhaltens. Die Autokorrelationsfunktion, welche für chaotische Systeme zerfällt, und das Leistungsdichtespektrum werden eingeführt. Der Begriff des Attraktors wird sodann diskutiert. Hier spielen die *Fraktaldimensionen Kapazität* und *Hausdorff-Dimension* eine zentrale Rolle. Ihre genauere Bedeutung und der Zusammenhang zwischen der Fraktaldimension eines Attraktors und chaotischem Verhalten wird aber erst später angesprochen, ebenso wie die beiden letzten Themen.

3.2 Lineare Stabilitätsanalyse

Sei $\mathbf{u} = (u_1, u_2, \ldots, u_n)^T$ und

$$\frac{d\mathbf{u}}{dt} = \mathbf{V}(\mathbf{u})$$

ein autonomes endlichdimensionales System gewöhnlicher Differentialgleichungen erster Ordnung. Wir nehmen an, dass die Funktion $\mathbf{V}$ ($\mathbf{V} : \mathbb{R}^n \to \mathbb{R}^n$) analytisch ist. Die formale Lösung der Gleichung lautet

$$\mathbf{u}(t) = \Phi_t \mathbf{u}_0,$$

wobei $\mathbf{u}_0 \equiv \mathbf{u}(t = 0)$ ist. Φ_t ist die Abbildung, die die Zeitentwicklung für alle Phasenpunkte beschreibt. Im Folgenden nehmen wir an, dass die Lösungen für alle Zeiten existieren und beschränkt sind. Sei $\partial \mathbf{V}/\partial \mathbf{u}$ die Funktionalmatrix der Funktion $\mathbf{V}$.

Das System der Variationsgleichungen ist gegeben durch

$$\frac{d\mathbf{y}}{dt} = \frac{\partial \mathbf{V}}{\partial \mathbf{u}}(\Phi_t \mathbf{u}_0)\mathbf{y}\,.$$

Der Ausdruck in der Klammer auf der rechten Seite bedeutet, dass wir die Lösung $\mathbf{u}(t) = \Phi_t \mathbf{u}_0$ in die Funktionalmatrix einsetzen. Obige Gleichung ist ein nichtautonomes System von linearen Differentialgleichungen.

Das System der Variationsgleichungen folgt aus

$$\frac{dy_j}{dt} = \frac{d}{d\epsilon} V_j(\mathbf{u} + \epsilon \mathbf{y})|_{\epsilon=0} \equiv \lim_{\epsilon \to 0} \frac{V_j(\mathbf{u} + \epsilon \mathbf{y}) - V_j(\mathbf{u})}{\epsilon}\,.$$

Bemerkung I. Ist das System der Gleichungen linear, so hat das System der ersten Variation die gleiche Form.

Bei der Charakterisierung des Lösungsverhaltens untersucht man zunächst die zeitunabhängigen Lösungen (sofern welche existieren). Die zeitunabhängigen Lösungen erhält man aus der Gleichung

$$\mathbf{V}(\mathbf{u}^*) = \mathbf{0},$$

oder, in anderen Worten, aus $\Phi_t(\mathbf{u}^*) = \mathbf{u}^*$. Wir nehmen im Folgenden an, dass die Lösung der Gleichung aus einzelnen Punkten im Phasenraum besteht. Wir nennen diese zeitunabhängigen Lösungen auch *kritische Punkte* oder *Fixpunkte*. Existieren

Fixpunkte, so kann man wiederum mit Hilfe der Stabilitätsanalyse untersuchen, ob
Trajektorien in einer hinreichend kleinen Umgebung auf den Fixpunkt zulaufen.

Eine wichtige Aussage macht der untenstehende Satz. Er besagt, dass die
Bewegungen des Systems in einer hinreichend kleinen Umgebung des Fixpunktes
$\mathbf{u}^*$ mehr oder weniger so wie bei einem linearen System verlaufen. Die genaue
Aussage ist die folgende:

Satz 3. (Hartman-Grobman) Sei $\mathbf{u}^*$ ein Fixpunkt des dynamischen Systems.
Ferner seien $\mathbf{V}$ das zugehörige Vektorfeld und

$$(A_{jk}) := D\phi_t(\mathbf{u}^*) = \left(\frac{\partial V_j}{\partial u_k}(\mathbf{u}^*) \right)$$

die Linearisierung von V um $\mathbf{u}^*$. Falls dann alle Eigenwerte λ der Matrix
$A = (A_{jk})$ einen nichtverschwindenden Realteil λ besitzen, so können die Bahnen des nichtlinearen Systems lokal homöomorph auf die Bahnen des linearen
Systems $d\mathbf{y}/dt = A\mathbf{y}$ abgebildet werden. Das heisst, es gibt eine stetige Abbildung $\mathbf{h} : \mathbb{R}^n \to \mathbb{R}^n$, deren Inverse Abbildung $\mathbf{h}^{-1}$ existiert und ebenfalls stetig
ist, welche die Bahnen des nichtlinearen Systems durch einen stetigen Koordi-
natenwechsel lokal in die Bahnen des linearen Systems überführt. Bahnen des
nichtlinearen Systems können also in der Umgebung von $\mathbf{u}^*$ mittels einer stetigen Koordinatentransformation in solche des entsprechenden linearen Systems
abgebildet werden.

Sind alle Realteile der Eigenwerte der $n \times n$-Matrix A negativ, so ist der
untersuchte Fixpunkt $\mathbf{u}^*$ asymptotisch stabil. Es werden alle Trajektorien in einer hinreichend kleinen Umgebung des kritischen Punktes $\mathbf{u}^*$ von ihm angezogen
(Punktattraktor). Alle Bahnen sind asymptotisch stabil.

Beispiel 24. Betrachten wir das Lorenz-Modell. Die zeitunabhängigen Lösungen
(Fixpunkte) finden wir aus

$$
\begin{aligned}
-\sigma x^* + \sigma y^* &= 0, \\
-x^* z^* + r x^* - y^* &= 0, \\
x^* y^* - b z^* &= 0,
\end{aligned}
$$

mit $b > 0$, $\sigma > 0$ und $r > 0$. $\square$

Für $0 < r < 1$ finden wir einen Fixpunkt, nämlich

$$x^* = y^* = z^* = 0.$$

Die charakteristische Gleichung der Matrix A ist gegeben durch

$$[\lambda + b][\lambda^2 + (\sigma + 1)\lambda + \sigma(1 - r)] = 0.$$

Diese Gleichung hat für $r > 0$ drei reelle Wurzeln. Für $r < 1$ sind sie alle negativ. Eine Wurzel ist augenscheinlich $\lambda = -b$. Das heisst, der Fixpunkt $(0,0,0)$ ist in diesem Bereich stabil. Für $r > 1$ wird eine Wurzel positiv und damit der Fixpunkt $(0,0,0)$ instabil. Bei $r = 1$ haben wir eine Verzweigung. Für $r > 1$ finden wir zwei zusätzliche Fixpunkte, nämlich

$$
\begin{aligned}
x^* &= y^* = \pm\sqrt{b(r - 1)}, \\
z^* &= r - 1.
\end{aligned}
$$

Die charakteristische Gleichung für die Matrix A dieses Fixpunktes ist

$$\lambda^3 + (\sigma + b + 1)\lambda^2 + (r + \sigma)b\lambda + 2\sigma b(r - 1) = 0.$$

Diese Gleichung hat für $r > 1$ eine reelle negative Wurzel und zwei komplex konjugierte Wurzeln. Die komplex konjugierten Wurzeln sind rein imaginär, wenn gilt:

$$r > r_c = \frac{\sigma(\sigma + b + 3)}{(\sigma - b - 1)}.$$

Für $r > r_c$ sind die beiden zusätzlichen Fixpunkte instabil. $\square$

Im Folgenden benötigen wir noch die Definition eines *hyperbolischen* und eines *elliptischen Fixpunktes*.

Definition 3.3. Sei $\mathbf{u}^*$ ein Fixpunkt des dynamischen Systems $d\mathbf{u}/dt = \mathbf{V}(\mathbf{u})$. Sei A die Linearisierung von $\mathbf{V}$. Falls alle Eigenwerte von A nichtverschwindenden Realteil haben nennt man den Fixpunkt $\mathbf{u}^*$ hyperbolisch. Dagegen heissen Fixpunkte elliptisch, falls $\Re\lambda = 0$ für alle Eigenwerte von A.

Beispiel 25. Sei

$$\frac{du_1}{dt} = u_2, \qquad \frac{du_2}{dt} = -u_1.$$

Die Eigenwerte sind $\lambda_\pm = \pm i$, der Fixpunkt ist elliptisch. Sei

$$\frac{du_1}{dt} = u_2, \qquad \frac{du_2}{dt} = u_1.$$

Die Eigenwerte sind $\lambda_\pm = \pm 1$, der Fixpunkt ist hyperbolisch. $\square$

Aufgabe 28. Man zeige, dass das System

$$\frac{du_1}{dt} = u_1 - u_1 u_2, \qquad \frac{du_2}{dt} = -u_2 + u_1 u_2, \qquad u_1 > 0, \, u_2 > 0$$

den Fixpunkt $(u_1^*, u_2^*) = (1, 1)$ hat. Ist dieser Fixpunkt elliptisch?

3.3 Stabile und instabile Mannigfaltigkeiten

In diesem Abschnitt betrachten wir das Phasenraumportrait in der Umgebung hyperbolischer Fixpunkte und periodischer Orbits. Es ist bereits gezeigt worden, wie zentral das natürliche Mass für die Beobachtung und die Beschreibung eines Attraktors ist. In diesem Abschnitt erklären wir das Konzept der stabilen / instabilen Mannigfaltigkeiten von Punkten und erläutern ihre Beziehung zum natürlichen Mass. Damit werden wir auf einfachste Weise erklären können, wie es zu dem hochgradig irregulären Verhalten kommen kann, welches man in chaotischen Systemen in der Regel beobachtet.

Der Zusammenhang zwischen den beiden scheinbar nicht verwandten Konzepten ergibt sich aus der lokalen Stabilitätsanalyse. Betrachten wir bei einem hyperbolischen Fixpunkt $\mathbf{u}^*$ die Linearisierung $A = D\mathbf{V}(\mathbf{u}^*)$ des zu (Γ, Φ) gehörenden Vektorfeldes $\mathbf{V}$. Wir bezeichnen mit E^+ bzw. E^- den Vektorraum, der durch die verallgemeinerten Eigenvektoren der Eigenwerte λ von $D\mathbf{V}(\mathbf{u}^*)$ mit $\Re\lambda > 0$ bzw. $\Re\lambda < 0$ aufgespannt wird. Aus der Linearen Algebra weiss man, dass der Phasenraum des linearen Systems, der dem Tangentialraum $T_{\mathbf{u}^*}(\Gamma)$ an die n-dimensionale Mannigfaltigkeit Γ im Punkt $\mathbf{u}^*$ entspricht ($T_{\mathbf{u}^*}(\Gamma)$ kann mit $\mathbb{R}^n$ identifiziert werden), in eindeutiger Weise in die direkte Summe

$$E^+ \oplus E^- = \mathbb{R}^n$$

zerlegt werden kann. Dies heisst: Jeder Punkt im Phasenraum des hyperbolischen linearen Systems lässt sich eindeutig als Summe von Punkten aus E^+ und E^- darstellen, und der Durchschnitt von E^+ und E^- besteht nur aus dem Nullpunkt, welchen wir mit dem Fixpunkt $\mathbf{u}^*$ identifizieren können.

Wichtige Eigenschaften der Räume E^+ und E^- sind die folgenden:

(1) E^+ und E^- sind unter dem linearisierten Fluss $D\Phi_t(\mathbf{u}^*)$ invariant. Es gilt also

$$D\Phi_t(\mathbf{u}^*)(E^+) = E^+ \quad \text{für alle } t,$$
$$D\Phi_t(\mathbf{u}^*)(E^-) = E^- \quad \text{für alle } t.$$

(2) Es gibt eine Norm $||\cdot||$ auf $\mathbb{R}^n$ und Zahlen k, K mit $0 < k < 1 < K$, so dass für alle $t \geq 0$ gilt:

$$||D\Phi_t(\mathbf{u}^*)\mathbf{v}|| \geq K^t ||\mathbf{v}|| \quad \text{für alle} \quad \mathbf{v} \in E^+,$$

$$\|D\Phi_t(\mathbf{u}^*)\mathbf{v}\| \leq k^t \|\mathbf{v}\| \quad \text{für alle} \quad \mathbf{v} \in E^-.$$

Wegen (2) entfernt sich also ein Punkt aus E^+ unter der Linearisierung des Flusses exponentiell schnell von $\mathbf{u}^*$, und ein Punkt aus E^- kontrahiert exponentiell schnell nach $\mathbf{u}^*$. Jeder andere Punkt aus $\mathbb{R}^n$ wandert ebenfalls gegen unendlich und nähert sich der Menge E^+.

Definition 3.4. Die Mengen E^+ bzw. E^- heissen *expandierende* bzw. *kontrahierende Richtungen*.

Die Möglichkeiten $E^{\pm} = \mathbb{R}^n$, $E^{\pm} = \{0\}$ sind nicht ausgeschlossen.

Aufgabe 29. Man zeichne ein Phasenportrait für die verschiedenen Fälle im Phasenraum $\mathbb{R}^2$.

Was bedeutet nun diese Eigenschaft des linearen Systems für das nichtlineare System? Nach dem Satz von Hartman-Grobman gibt es eine hinreichend kleine Umgebung $U(\mathbf{u}^*)$ des hyperbolischen Fixpunkts $\mathbf{u}^*$, in der sich die Bahnen von Φ_t wie die Bahnen von $D\Phi_t(\mathbf{u}^*)$ in der Nähe von 0 verhalten. Das heisst aber, dass die Mengen der Punkte $\mathbf{y}, \mathbf{y}' \in U(\mathbf{u}^*)$ mit

$$\lim_{t \to \infty} \Phi_t(\mathbf{y}) = \mathbf{u}^* \quad \text{und} \quad \lim_{t \to -\infty} \Phi_t(\mathbf{y}') = \mathbf{u}^*$$

homöomorph zu den Mengen E^- und E^+ in $\mathbb{R}^n$ sind. Wir definieren nun

$$W_+^{loc}(\mathbf{u}^*) := \{\mathbf{y} \in U(\mathbf{u}^*) : \lim_{t \to -\infty} \Phi_t(\mathbf{y}) = \mathbf{u}^*\},$$

$$W_-^{loc}(\mathbf{u}^*) := \{\mathbf{y} \in U(\mathbf{u}^*) : \lim_{t \to \infty} \Phi_t(\mathbf{y}) = \mathbf{u}^*\}.$$

Für diese Mengen haben Smale u.a über die Aussagen von Hartman-Grobman hinausgehende Eigenschaften gezeigt (siehe Irwin 1980), die im Satz von der stabilen bzw. instabilen Mannigfaltigkeit zusammengefasst werden.

Definition 3.5. Die Mengen $W_+^{loc}(\mathbf{u}^*)$ und $W_-^{loc}(\mathbf{u}^*)$ sind glatte (d.h. bestimmte Differenzierbarkeitseigenschaften besitzende) Mannigfaltigkeiten, für deren Tangentialraum in $\mathbf{u}^* \in \Gamma$ gilt:

$$T_{\mathbf{u}^*}(W_+^{loc}(\mathbf{u}^*)) = E^+, \qquad T_{\mathbf{u}^*}(W_-^{loc}(\mathbf{u}^*)) = E^-.$$

Ferner gelten Invarianzeigenschaften, nämlich

$$\Phi_t(W_+^{loc}(\mathbf{u}^*)) \supset W_+^{loc}(\mathbf{u}^*) \quad \text{für alle} \quad t \geq 0,$$

$$\Phi_t(W_-^{loc}(\mathbf{u}^*)) \subset W_-^{loc}(\mathbf{u}^*) \quad \text{für alle} \quad t \geq 0.$$

Wegen dieser Eigenschaften nennt man $W_+^{loc}(\mathbf{u}^*)$ bzw. $W_-^{loc}(\mathbf{u}^*)$ lokale instabile bzw. stabile Mannigfaltigkeiten des hyperbolischen Fixpunktes $\mathbf{u}^*$.

Damit erhalten wir von der Gestalt des Phasenraumportraits in der Umgebung eines hyperbolischen Fixpunktes eine recht gute Anschauung.

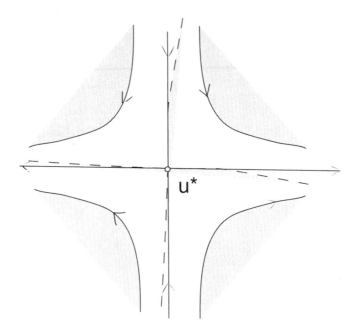

Abbildung 3.1: Hyperbolischer Sattelpunkt. Ausgezogene Linien: Linearisierte Mannigfaltigkeiten. Gestrichelte Linien: Lokale Mannigfaltigkeiten.

Das System soll sich nun unter einer Variation des Ordnungsparameters so ändern, dass es von einem geordneten in einen weniger geordneten Zustand übergeht. In diesem Fall verlieren immer mehr attraktive Fixpunkte ihre Stabilität und werden zu hyperbolischen Sattelpunkten. Das heisst, sie haben expandierende und kontrahierende lokale Mannigfaltigkeiten. Wir werden erklären, wie die Bewegung auf einem Attraktor als eine Zufallswanderung auf der Vereinigung seiner hyperbolischen Sattelpunkte verstanden werden kann. Wir gehen dazu von den lokalen stabilen/instabilen Mannigfaltigkeiten aus. Durch Zeitentwicklung (oder Iteration) sind verschiedene hyperbolische periodische Punkte auf natürliche Weise miteinander verbunden. Sie bilden globale Objekte, globale stabile / instabile Mannigfaltigkeiten W_s / W_u genannt:

$$W_s(\mathbf{u}^*) = \bigcup_t \Phi_t(W_+^{loc}(\mathbf{u}^*)) = \{\mathbf{y} \mid \Phi_t(\mathbf{y}) \to \mathbf{u}^*\}$$

und

$$W_u(\mathbf{u}^*) = \bigcup_t \Phi_{-t}(W_-^{loc}(\mathbf{u}^*)) = \{\mathbf{y} \mid \Phi_{-t}(\mathbf{y}) \to \mathbf{u}^*\}.$$

Diese, nunmehr globalen, Objekte heissen *globale* stabile / instabile Mannigfaltigkeit zum Punkte $\mathbf{u}^*$. Ein Attraktor muss, wie man sich leicht überzeugt, die instabilen Mannigfaltigkeiten seiner Punkte enthalten. Ob man vom einen Punkt zum anderen Punkt gehen kann, entscheidet sich darin, ob die instabile Mannigfaltigkeit des ersten Punktes sich mit derjenigen des zweiten Punktes schneidet. In der präziseren Fassung des Chaosbegriffs hat eines der Kriterien die Aufgabe, dieses sicher zu stellen.

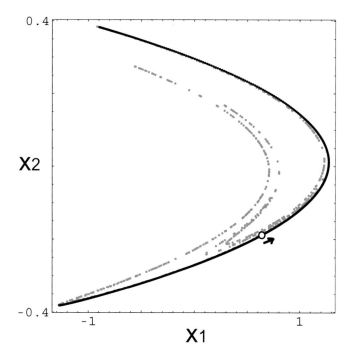

Abbildung 3.2: Iterierte instabile Mannigfaltigkeit in der um eins reduzierten Dimensionalität (der Übergang von der Differentialgleichung zur diskreten Abbildung wird im nächsten Abschnitt behandelt). Der Pfeil zeigt die Grösse und Richtung des Mannigfaltigkeitsstücks, welches unter der Abbildung iteriert wird (schwarze Punktmenge). Der unterliegende Attraktor ist grau gezeichnet.

Poincaré hat vor langer Zeit im Zusammenhang mit dem Dreiköperproblem erkannt, dass die stabilen / instabilen Mannigfaltigkeiten den Schlüssel zum Verständnis für den einfachsten Fall von irregulärem dynamischen Verhalten bereithalten. Nehmen wir an, es gebe einen Schnittpunkt der globalen stabilen mit der globalen instabilen Mannigfaltigkeit desselben Punktes $\mathbf{u}^*$ (*homokliner Schnittpunkt* genannt). Weil beide Mannigfaltigkeiten invariant sind, zieht das Vorhandensein eines solchen Punktes eine Unendlichkeit solcher Punkte nach sich (s.

Abb. 3.3). Wie das Bild zeigt, wird dadurch die instabile Mannigfaltigkeit zu immer dramatischeren Oszillationen gezwungen, wenn sich Iterationen des ursprünglichen Schnittpunktes schliesslich $\mathbf{u}^*$ annähern. In diesem Sinne führt schon ein einziger hyperbolischer homokliner Punkt zu wilden, erratischen Bahnstrukturen.

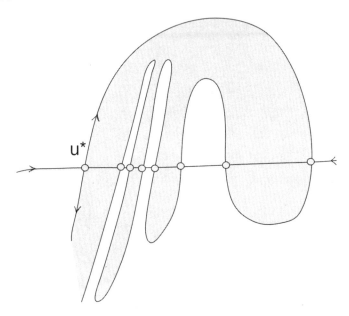

Abbildung 3.3: Homokliner Orbit. Sehr schön sieht man dieses Verhalten auch beim hyperbolischen Sattelpunkt der zweidimensionalen Standard-Abbildung.

In *Celestial Mechanics, 1892* schreibt Poincaré: "The complexity of this figure will be striking and I shall not even try to draw it" (was er dann aber trotzdem getan hat). Heterokline Schnittpunkte (hier schneiden sich stabile und instabile Mannigfaltigkeiten verschiedener Punkte) können zu vergleichbaren Ergebnissen führen. Andere Schnittarten von Mannigfaltigkeiten sind wegen der Eindeutigkeit der Lösungen von gewöhnlichen Differentialgleichungen verboten.

Mannigfaltigkeiten können sich auf zwei qualitativ verschiedene Weisen schneiden, nämlich transversal oder tangential (Abb. 3.4). Homokline Tangentenpunkte führen zu interessanten phasenüberangsähnlichen Phänomenen (Stoop 1990-, Radons und Stoop 1997). Es kann rigoros gezeigt werden, dass allein die Anwesenheit eines transversalen homoklinen Punktes zu einer Cantor-Struktur führt. Der generische Fall ist allerdings der, dass man auch Tangentenpunkte hat, das heisst, dass das System nichthyperbolisch ist.

Wir betrachten nun den Fall eines hyperbolischen periodischen Orbits γ. Sei U im Folgenden eine Umgebung.

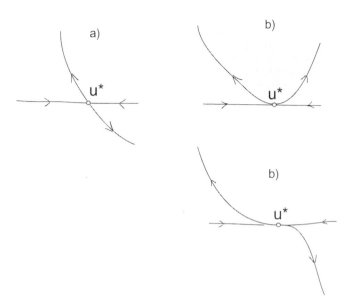

Abbildung 3.4: a) Transversale Schnittpunkte und b) Tangentenpunkte.

Definition 3.6. Ein Orbit γ heisst *periodisch*, falls es ein $\tau > 0$ gibt mit $\Phi_\tau(\mathbf{u}) = \mathbf{u}$ für alle Bahnpunkte $\mathbf{u}$. Das kleinste τ mit dieser Eigenschaft heisst die *Periode* der Bahn. Die periodische Bahn heisst hyperbolisch, falls der Fixpunkt $\mathbf{u} \in \gamma \cap \Sigma$ – wo Σ den lokalen Schnitt bezeichnet – unter der zugehörigen Poincaré-Abbildung (siehe unten) $P : U(\mathbf{u}) \to \Sigma$ hyperbolisch ist.

Definition 3.7. Sei γ ein periodischer Orbit der Periode τ eines dynamischen Systems $d\mathbf{u}/dt = \mathbf{V}(\mathbf{u})$, wobei $\mathbf{V}$ eine analytische Funktion ist mit $\mathbf{V} : \mathbb{R}^n \to \mathbb{R}^n$. Sei $\mathbf{u} \in \gamma$. Wenn die Absolutwerte der $n - 1$ Eigenwerte der linearen Abbildung $D\Phi_\tau(\mathbf{u})$ kleiner als 1 sind, heisst der periodische Orbit ein *periodischer Attraktor*.

3.4 Poincaré-Abbildung

Eine Möglichkeit zur Untersuchung eines dynamischen Systems in einer um eins reduzierten Dimensionalität, welche im Wesentlichen nichts am Verhalten unterschlägt, ist die Poincaré-Abbildung. Es wird, in wenigen Worten gesagt, die Richtung der Zeitentwicklung, in der sich Abstände zwischen Punkten nicht ändern, herausfaktorisiert. Ein System von Differentialgleichungen wird durch diese Abbildung in ein System von diskreten Abbildungen (oder Differenzengleichungen) übergeführt. Auch aus diesem Grund ist das so behandelte System zur weiteren Untersuchung oft besser geeignet als das ursprüngliche. Man wählt wieder einen Punkt $\mathbf{u} \in \gamma$, legt einen geeigneten lokalen Schnitt Σ durch $\mathbf{u}$ transversal zur Bahn γ und betrachtet dann die zugehörige lokale Poincaré-Abbildung

$$P : U(\mathbf{u}) \to \Sigma.$$

Unter der obigen Voraussetzung ist dann $\mathbf{u}$ ein hyperbolischer Fixpunkt von P. Bezeichnen wir die Menge aller verallgemeinerten Eigenvektoren zu Eigenwerten λ von $DP(\mathbf{u})$ mit $|\lambda| > 1$ bzw. $|\lambda| < 1$ wieder mit E^+ bzw. E^-, so kann der Phasenraum des linearen Systems $\frac{d\mathbf{y}}{dt} = DP(\mathbf{u})\mathbf{y}$ (das heisst der zum $\mathbb{R}^{n-1}$ isomorphe Tangentialraum $T_{\mathbf{u}}(\Sigma)$) zerlegt werden in

$$\mathbb{R}^{n-1} = E^+ \oplus E^-.$$

Für E^+ und E^- gelten dann zu früher analoge Aussagen, nämlich:

(1) E^+ und E^- sind unter dem linearen Diffeomorphismus $DP(\mathbf{u})$ invariant, also

$$DP(\mathbf{u}) \, (E^{\pm}) = E^{\pm}.$$

(2) Es gibt eine Norm $|| \cdot ||$ auf $\mathbb{R}^{n-1}$ und Zahlen $0 < k < 1 < K$, so dass für alle $n \geq 0$ gilt:

$$||DP(\mathbf{u})^n \mathbf{v}|| \geq K^n ||\mathbf{v}|| \quad \text{für alle} \quad \mathbf{v} \in E^+,$$

$$||DP(\mathbf{u})^n \mathbf{v}|| \leq k^n \, ||\mathbf{v}|| \quad \text{für alle} \quad \mathbf{v} \in E^-.$$

Aufgabe 30. Sei γ ein periodischer Orbit mit Periode τ in einem autonomen System der Ebene $du_1/dt = V_1(u_1, u_2)$, $du_2/dt = V_2(u_1, u_2)$. Sei $\mathbf{u} \in \gamma$. Man zeige, dass γ ein periodischer Attraktor ist, wenn gilt

$$|\det D\Phi_\tau(\mathbf{u})| < 1.$$

Man zeige, dass auch die Umkehrung gilt.

Definition 3.8. Gegeben sei ein autonomes System von Differentialgleichungen erster Ordnung

$$\frac{d\mathbf{u}}{dt} = \mathbf{V}(\mathbf{u}),$$

wobei $\mathbf{V} : \mathbb{R}^n \to \mathbb{R}^n$ eine analytische Funktion ist. Wir nehmen an, dass das dynamische System periodische Orbits (γ) besitzt. Sei γ ein periodischer Orbit der Periode T des Flusses Φ_t. Sei $\Sigma \in \mathbb{R}^n$ ein lokaler Schnitt der Dimension $n-1$. Die Hyperfläche Σ braucht keine $n-1$ dimensionale Ebene zu sein, muss aber so gewählt werden, dass der Fluss Φ_t des Systems transversal zu der Hyperfläche verläuft. Bezeichnet $\mathbf{p}$ den (eindeutigen) Punkt, wo γ die Menge Σ schneidet, und sei $U \subseteq \Sigma$ eine Umgebung von $\mathbf{p}$. Wenn γ die Hyperfläche Σ mehrfach schneidet, so wird U bis auf einen Schnittpunkt eingeschränkt. Die *lokale Poincaré-Abbildung* $P : U \to \Sigma$ ist definiert für einen Punkt $\mathbf{q} \in U$ durch

$$P(\mathbf{q}) := \Phi_\tau(\mathbf{q}),$$

wobei τ die Zeit ist, die benötigt wird damit der Orbit $\Phi_t(\mathbf{q})$ zum ersten Mal zur Hyperfläche Σ zurückkehrt. Es ist offenkundig, dass τ von $\mathbf{q}$ abhängt. Wird mit $T = T(\mathbf{p})$ die Periode von γ bezeichnet, so folgt aus $\mathbf{q} \to \mathbf{p}$ dass $\tau \to T$. Ferner ist offenkundig, dass der Punkt $\mathbf{p} \in \Sigma$ ein Fixpunkt der Abbildung P ist.

Die Poincaré-Abbildung kann nur für wenige dynamische Systeme explizit ermittelt werden. Im Allgemeinen ist man auf numerische Berechnungen angewiesen.

Beispiel 26. Für das System

$$\frac{du_1}{dt} = u_1 - u_2 - u_1(u_1^2 + u_2^2), \qquad \frac{du_2}{dt} = u_1 + u_2 - u_2(u_1^2 + u_2^2)$$

kann die Poincaré-Abbildung explizit ermittelt werden. Das System zeigt stabiles Grenzzyklusverhalten. Der Grenzzyklus ist gegeben durch $u_1^2 + u_2^2 = 1$ (Einheitskreis). Als lokalen Schnitt wählt man

$$\Sigma := \{(u_1, u_2) \in \mathbb{R}^2 : u_1 > 0,\, u_2 = 0\}.$$

Gehen wir zu Polarkoordinaten r, θ über, durch $u_1(t) = r(t)\cos\theta(t)$, $u_2(t) = r(t)\sin\theta(t)$, so folgt

$$\frac{dr}{dt} = r(1 - r^2), \qquad \frac{d\theta}{dt} = 1$$

und

$$\Sigma := \{(r, \theta) \in \mathbb{R}^+ \times S^1 : r > 0,\, \theta = 0\}.$$

Dieses System hat den globalen Fluss ($-\infty < t < \infty$)

$$\Phi_t(r_0, \theta_0) = \left((1 + (r_0^{-2} - 1)e^{-2t})^{-1/2}, \quad t + \theta_0 \right).$$

Die Zeit für die Wiederkehr ist für alle Punkte $q \in \Sigma$ gegeben durch $\tau = 2\pi$. Somit hat die Poincaré-Abbildung die Form

$$P(r_0) = (1 + (r_0^{-2} - 1)e^{-4\pi})^{-1/2}.$$

Diese Abbildung hat als Fixpunkt $r_0^* = 1$, da ja $u_1^2 + u_2^2 = 1$ den stabilen Grenzzyklus des Systems beschreibt. $\qquad\qquad\square$

Bemerkung I. Das obige System ist ein Hopf-System, mit Parameterwert $\mu = 1$.

Beispiel 27. Wir betrachten ein dynamisches System definiert auf dem Torus $\mathbb{T}^2$ durch

$$\frac{d\theta}{dt} = a, \quad \frac{d\phi}{dt} = b \quad \text{Mod } 2\pi, \quad a, b > 0.$$

Die Lösung des Anfangswertproblems ist gegeben durch

$$\theta(t) = \alpha t + \theta_0, \qquad \phi(t) = \beta t + \phi_0.$$

Die Grösse ϕ kehrt zum ersten Mal nach ϕ_0 zurück, wenn $t = t_\phi$ ist, mit $\beta t_\phi = 2\pi$. Die Grösse θ kehrt zum ersten Mal nach θ_0 zurück, wenn $t = t_\theta$ ist, mit $\alpha t_\theta = 2\pi$. $\qquad\qquad\qquad\qquad\qquad\qquad\qquad\qquad\qquad\qquad\qquad\qquad\qquad\qquad\qquad\Box$

Aufgabe 31. Man untersuche die Bewegung des obigen dynamischen Systems wenn $a/b = p/q$, wobei $p, q \in \mathbb{N}$ und teilerfremd sind. Man zeige, dass ein globaler Schnitt (s. unten) gegeben ist, wenn $\phi = \phi_0$ als eine Konstante und für Σ der Kreis S^1 mit Koordinate θ gewählt wird.

Für die Untersuchung von dynamischen Systemen mit chaotischem Verhalten wandeln wir die oben gegebene Poincaré-Abbildung etwas ab.

Definition 3.9. Wir machen die folgende Annahme: Es gebe eine Hyperebene Σ in einem Phasenraum $\mathbb{R}^n$ mit den folgenden Eigenschaften: Die Hyperebene wird von jeder Trajektorie transversal geschnitten, und jede Trajektorie kehrt nach einem Durchstoss wieder in sie zurück. Das Auffinden einer solchen Hyperebene kann für ein gegebenes System recht schwierig sein. Man nennt eine solche Hyperebene auch einen globalen Schnitt des kontinuierlichen dynamischen Systems. Wir definieren die *globale Poincaré Abbildung* $P : \Sigma \to \Sigma$ für ein $\mathbf{q} \in \Sigma$ durch

$$P(\mathbf{q}) := \Phi_\tau(\mathbf{q}),$$

wobei τ die Zeit ist die der Orbit $\Phi_t(\mathbf{q})$ braucht, um zum ersten Mal zur Hyperfläche Σ zurückzukehren. Das Paar (Σ, P) definiert ein diskretes dynamisches System.

Die numerische Implementation eines Poincaré-Schnittes für gegebene dynamische Gleichungen stellt ein eigenes Problem dar. Man muss unterscheiden zwischen getriebenen und autonomen Gleichungen, für die es gesonderte Verfahren gibt. Für getriebene Systeme der Frequenz Ω hat man eine natürliche periodische

Richtung – diejenige nämlich, in der das Argument der periodischen Funktion integriert wird. Dies bedeutet, dass man einen Poincaré-Schnitt erhält, wenn man die Punkte zu vollen Perioden auswählt.

Für autonome Systeme kann man ein Bisektionsverfahren anwenden. Hénon hat aber in einem bemerkenswerten Paper gezeigt, dass dieses iterative Herangehen unnötig ist. Es genügt nämlich, die dynamische Gleichung zu invertieren. Man integriert die Gleichung so lange, bis man die Schnittfläche überschritten hat. Den entstandenen Fehler beseitigt man, indem man vom erhaltenen Bahnpunkt exakt zurückintegriert. Man invertiert dazu die Gleichung, und nimmt den Fehler als Integrationsschrittgrösse. Damit landet man in einem Schritt exakt auf der Schnittfläche. Beide Verfahren sind im Folgenden illustriert.

Beispiel 28. Betrachten wir Systeme der Form

$$\frac{d^2u}{dt^2} + g\left(u, \frac{du}{dt}\right) = k\cos(\Omega t),$$

so ist eine Poincaré-Abbildung wie folgt gegeben: Die Gleichung wird als System erster Ordnung geschrieben,

$$\frac{du_1}{dt} = u_2, \qquad \frac{du_2}{dt} = -g(u_1, u_2) + k\cos(\Omega t).$$

Diese Gleichung ist invariant unter

$$u_1 \to u_1, \quad u_2 \to u_2, \quad t \to t + 2\pi n/\Omega,$$

mit $n \in \mathbb{Z}$. Sei

$$(t, u_{10}, u_{20}) \to u_1(t, u_{10}, u_{20}), \qquad (t, u_{10}, u_{20}) \to u_2(t, u_{10}, u_{20})$$

die Lösung für die Startwerte $u_{10} = u_1(t = 0)$, $u_{20} = u_2(t = 0)$. Wir betrachten nun alle die Punkte

$$u_1(2\pi n/\Omega, u_{10}, u_{20}), \qquad u_2(2\pi n/\Omega, u_{10}, u_{20})$$

in $\mathbb{R}^2$ mit $n \in \mathbb{N} \cup \{0\}$. Dies definiert uns eine Poincaré-Abbildung

$$P: \ \mathbb{R}^2 \to \mathbb{R}^2. \qquad\qquad \square$$

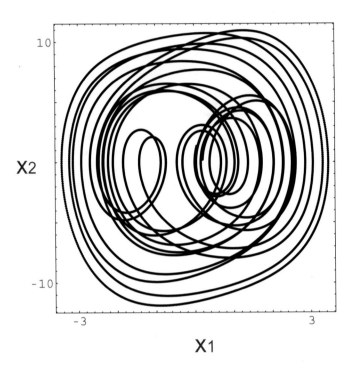

Abbildung 3.5: Integration eines getriebenen Systems in drei Dimensionen, Projektion auf die $\{x, y\}$-Ebene. Ueda-System, siehe Listing 14. Die folgende Abbildung zeigt den zugehörigen Poincaré-Schnitt.

Listing 14. Poincaré-Schnitt, getriebenes Ueda-System

```
f[x_] := {x[[2]], a(1 - (x[[1]])^2) x[[2]] - (x[[1]])^n
           + k Cos[x[[3]]], Omega};
RKpoin := Module[{y},
  Do[k1 = h *f[x]; k2 = h*f[x + k1/2]; k3 = h*f[x + k2/2];
   k4 = h*f[x + k3];   y = x + 1/6*(k1 + 2*k2 + 2*k3 + k4);
   x = y, {iii, 1, 500}]; Return[x]];
t = 0; x = {0.2, 0.1, 0}; k1 = x; k2 = x; k3 = x;
a = 0.2; k = 17; Omega = 4; n = 3; h = 2* Pi/500/Omega;
AA = Table[RKpoin, {i, 1, 1000}];
A = AA[[All, {1, 2}]];
ListPlot[A, Frame -> True, Axes -> None, AspectRatio -> 1,
PlotRange -> All]
```

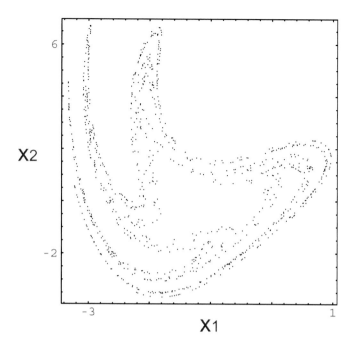

Abbildung 3.6: Poincaré-Schnitt zu vollen Perioden, Ueda-System.

Aufgabe 32. Man untersuche die Van der Pol-Gleichung

$$\frac{du_1}{dt} = u_2, \qquad \frac{du_2}{dt} = -u_1 - a(u_1^2 - 1)u_2$$

numerisch mit Hilfe der Poincaré-Abbildung. Als Schnitt wähle man

$$\Sigma := \{(u_1, u_2) \in \mathbb{R}^2 \ : \ u_1 > 0, u_2 = 0\}.$$

Aufgabe 33. Das *Lotka-Volterra-Modell*

$$\frac{du_1}{dt} = u_1 - u_1 u_2, \qquad \frac{du_2}{dt} = -u_2 + u_1 u_2, \qquad u_1 > 0, \ u_2 > 0,$$

hat die Konstante der Bewegung

$$u_1 u_2 \exp(-u_1) \exp(-u_2) = C.$$

Was erhält man, wenn man den Schnitt

$$\Sigma = \{(u_1, u_2) \in \mathbb{R}^2 : u_1 > 1, u_2 = 1\}$$

wählt?

Aufgabe 34. Für das *Rössler-Modell*

$$\frac{du_1}{dt} = b + u_1 u_3 - c u_1, \qquad \frac{du_2}{dt} = u_3 + a u_2, \qquad \frac{du_3}{dt} = -(u_2 + u_1),$$

soll ein Poincaré-Schnitt auf der Höhe $x_0 = 5$ gemacht werden, nach der Methode von Hénon.

Listing 15. Poincaré-Schnitt, Rössler-System, Methode von Hénon

```
a = 0.2; b = 0.2; c = 5.7; h = 0.001; sect = 5;
x = {0.1, 0.1, 0.1}; y = {0.1, 0.1, 0.1};
f[x_] := {aa = b + x[[1]]*x[[3]] - c*x[[1]], x[[3]] + a  x[[2]],
   -(x[[2]] + x[[1]])};
RKpoin := Module[{hh, ii}, ii = 1; hh = h;
  Do[
    k1 = hh *f[x];
    k2 = hh*f[x + k1/2];
    k3 = hh*f[x + k2/2];
    k4 = hh*f[x + k3];
    y = x + 1/6*(k1 + 2*k2 + 2*k3 + k4);
    ii += 1;
    If[(x[[1]] - sect) > 0 && i > 5 &&
      ( y[[1]] - sect)*(x[[1]] - sect) < 0,
    hh = -(y[[1]] - sect)/aa; ii = 0,];
    x = y;
    If[ii == 1, Return[x]], {iii, 1, 1000000}]; Return[x]];
T = Table[RKpoin, {i, 1, 100}];
A = T[[All, {2, 3}]];
ListPlot[A, Frame -> True, Axes -> None, AspectRatio -> 1,
  PlotRange -> All]
```

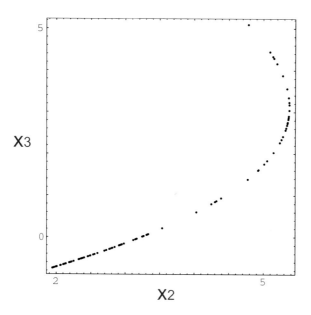

Abbildung 3.7: Poincaré-Schnitt des Rössler-Systems, nach der Methode von Hénon, auf der Höhe $x = 5$.

3.5 Allgemeinere Wiederkehrabbildungen

Manchmal ist auch eine allgemeiner definierte Wiederkehrabbildung hilfreich. Dies besonders dann, wenn das System stark kontrahierend ist (was in chaotischen Systemen oft der Fall ist) und sich aus der Abfolge der Schnittpunkte eine eindimensionale Abbildung konstruieren lässt. Dies lässt sich besonders schön für das Lorenz-System illustrieren. Hier trägt man das Maximum in z-Richtung einer Attraktorschleife gegen das Maximum der nächsten Schleife auf und erhält so die besagte eindimensionale Abbildung.

Listing 16. Eindimensionale Wiederkehrabbildung, Lorenz-System

```
h = 0.004;; x = {-7, -3.5, 1}; k1 = x; k2 = x; k3 = x; s = 10;
b = 8/3; r = 23.9; TT = Table[0, {ii, 1, 1000}]; ii = 1;
f[x_] := {s  x[[2]] - s x[[1]], r x[[1]] - x[[2]] - x[[1]]*x[[3]],
  x[[1]] x[[2]] - b x[[3]]};
RK := Module[{y}, k1 = h *f[x]; k2 = h*f[x + k1/2];
  k3 = h*f[x + k2/2]; k4 = h*f[x + k3];
  y = x + 1/6*(k1 + 2*k2 + 2*k3 + k4);
```

```
8     If[f[x][[3]] > 0 && f[y][[3]] < 0,
9       If[x[[1]] > 0, aaaa = x[[3]] - 28];
10      If[x[[1]] < 0, aaaa = -(x[[3]] - 28)]; TT[[ii]] = aaaa; ii += 1];
11      x = y;
12    Return[x]];
13    Z = Max[Abs[TT]];
14    TT = TT/Z;
15    TT = Mod[TT, 1];
16    TTT = Drop[TT, 1];
17    TTTT = Table[{TT[[i]], TTT[[i]]}, {i, 1, Length[TTT]}];
18    B = ListPlot[TTTT, PlotRange -> All, AspectRatio -> 1]
```

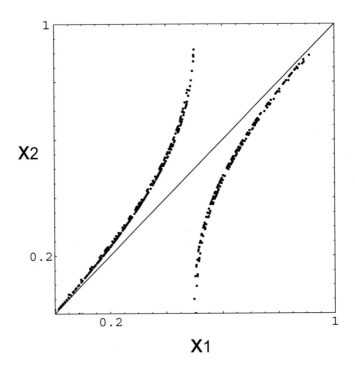

Abbildung 3.8: Eindimensionale Abbildung zum Lorenz-System.

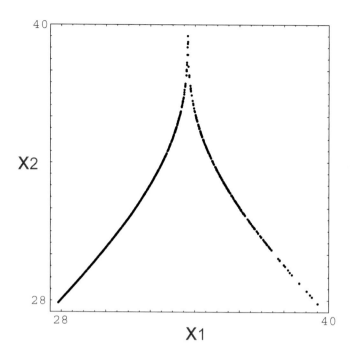

Abbildung 3.9: Topologisch inkorrekte eindimensionale Abbildung zum Lorenz-System.

3.6 Lyapunov-Exponenten

In diesem Abschnitt führen wir für autonome Systeme von gewöhnlichen Differentialgleichungen erster Ordnung die charakteristischen Exponenten von Lyapunov ein (Benettin et al. 1976, Pesin 1977, Nagashima und Shimada 1977, Shimada und Nagashima 1979). Sei

$$\frac{d\mathbf{u}}{dt} = \mathbf{V}(\mathbf{u})$$

ein autonomes endlichdimensionales System gewöhnlicher Differentialgleichungen erster Ordnung, wobei $\mathbf{u} = (u_1, u_2, \ldots, u_n)^T$. Wir nehmen wiederum an, dass die Funktion $\mathbf{V}$ ($\mathbf{V} : \mathbb{R}^n \to \mathbb{R}^n$) analytisch sei. Die formale Lösung der obigen Gleichung lautet

$$\mathbf{u}(t) = \Phi_t \mathbf{u}_0,$$

wobei $\mathbf{u}_0 \equiv \mathbf{u}(t = 0)$ ist. Φ_t ist die Abbildung, die die Zeitentwicklung für alle Phasenpunkte beschreibt. Im Folgenden nehmen wir an, dass die Lösungen für alle Zeiten existieren und beschränkt sind. Sei $D\mathbf{V} = \partial \mathbf{V}/\partial \mathbf{u}$ die Funktionalmatrix der Funktion $\mathbf{V}$.

Das System der Variationsgleichungen ist gegeben durch

$$\frac{d\mathbf{y}}{dt} = D\mathbf{V}(\Phi_t \mathbf{u}_0)\mathbf{y}\,.$$

Die Lösung dieser Gleichung kann formal geschrieben werden als

$$\mathbf{y}(t) = U_{\mathbf{u}_0}^t \mathbf{y}_0,$$

wobei $\mathbf{y}_0 \equiv \mathbf{y}(t = 0)$ ist. $U_{\mathbf{u}_0}^t$ bezeichnet die Fundamentalmatrix. Es gilt

$$U_{\mathbf{u}_0}^{t+\tau} = U_{\Phi_\tau \mathbf{u}_0}^t \circ U_{\mathbf{u}_0}^\tau,$$

wobei $\circ$ die Komposition der Abbildungen darstellt. Anschaulich gesprochen beschreibt die Fundamentalmatrix $(U_{\mathbf{u}_0}^t)$ das asymptotische Verhalten zweier infinitesimal benachbarter Punkte unter dem Fluss Φ_t für $t \to \infty$.

Definition 3.10. Man definiert die *k-dimensionalen Lyapunov-Exponenten* $\lambda(V^k, \mathbf{u}_0)$ durch

$$\lambda(V^k, \mathbf{u}_0) := \lim_{t \to \infty} \frac{1}{t} \ln \frac{\|U_{\mathbf{u}_0}^t \mathbf{e}_1 \wedge U_{\mathbf{u}_0}^t \mathbf{e}_2 \wedge \ldots \wedge U_{\mathbf{u}_0}^t \mathbf{e}_k\|}{\|\mathbf{e}_1 \wedge \mathbf{e}_2 \wedge \ldots \wedge \mathbf{e}_k\|},$$

wobei $k = 1, 2, \ldots, n$ ist. V^k bezeichnet einen k-dimensionalen Teilraum des Tangentenraumes $\mathbb{R}^n_{\mathbf{u}_0}$ im Punkte $\mathbf{u}_0$ ($\mathbf{u}_0 \in \mathbb{R}^n$). Die Grössen $\mathbf{e}_i$ ($i = 1, 2, \ldots, k$) bezeichnen eine Basis im V^k, $\wedge$ bezeichnet das Grassmann oder äussere Produkt, $\|\cdot\|$ ist die Norm bezüglich irgendeiner Riemannschen (beispielsweise der Euklidschen) Metrik. Somit ist

$$\|\mathbf{e}_1 \wedge \mathbf{e}_2 \wedge \ldots \wedge \mathbf{e}_k\|$$

das Volumen des k-dimensionalen, durch $\{\mathbf{e}_1, \ldots, \mathbf{e}_k\}$ aufgespannten, Parallelepipeds.

Der Lyapunov-Exponent gibt anschaulich an, wie stark sich das k-dimensionale Parallelepiped unter der Abbildung des Flusses Φ_t verformt und verändert. Es gibt höchstens

$$\frac{n!}{k!(n-k)!}$$

k-dimensionale Lyapunov Exponenten. Die Existenz des Grenzüberganges in der Definition der Lyapunov-Exponenten wurde von Oseledec (1968) und Pesin (1977) untersucht.

Wir sind speziell an eindimensionalen Lyapunov-Exponenten interessiert. Aus der obigen Definition folgt

$$\lambda(V^1, \mathbf{u}_0) := \lim_{t \to \infty} \frac{1}{t} \ln \frac{\|U_{\mathbf{u}_0}^t \mathbf{e}_j\|}{\|\mathbf{e}_j\|}, \qquad j = 1, 2, \ldots, n\,.$$

Bemerkung I. In einer strengen Definition müssten wir

$$\lambda(V^1, \mathbf{u_0}) := \lim_{t \to \infty} \sup \frac{1}{t} \ln \|U^t_{\mathbf{u_0}} \mathbf{e}_j\|$$

schreiben, da der Limes in der obigen Definition nicht zu existieren braucht. Wir schreiben auch λ^I anstelle von $\lambda(V^1)$.

Aufgabe 35. Man zeige, dass es höchstens n eindimensionale Lyapunov-Exponenten gibt.

Der Wert von $\lambda(V^1, \mathbf{u_0})$ hängt von dem Vektor $\mathbf{e}_j$ ab, der am Punkt $\mathbf{u_0}$ im Phasenraum angeheftet ist. Für verschiedene Werte von $\mathbf{e}_j$ finden wir im Allgemeinen verschiedene Werte für $\lambda(V^1, \mathbf{u_0})$. Wenn die Divergenz von $\mathbf{V}$ die Eigenschaft

$$\mathrm{div} \, \mathbf{V} = \mathrm{konstant} < 0$$

hat, dann ist der n-dimensionale Lyapunov-Exponent gleich dieser Konstanten. Es gibt also genau einen n-dimensionalen Lyapunov-Exponenten.

Beispiel 29. Wir betrachten das Lorenz-Modell. Wir finden

$$\mathrm{div} \, \mathbf{V} = -\sigma - 1 - b.$$

Somit ist der 3-dimensionale Lyapunov-Exponent gegeben durch

$$\lambda(V^3, \mathbf{u_0}) = -\sigma - 1 - b.$$

In diesem Falle ist der Lyapunov-Exponent unabhängig von $\mathbf{u_0}$. $\qquad\square$

Der grösste Wert von $\lambda(V^1, \mathbf{u_0})$ sei mit λ_{max} bezeichnet. Wenn der Orbit $\Phi_t \mathbf{u_0}$ auf einen Fixpunkt zuläuft, dann ist $\lambda_{max} < 0$ für alle Richtungen von $\mathbf{e}_j$. Wenn $\Phi_t \mathbf{u_0}$ auf einen periodischen Orbit zuläuft (Grenzzyklus), dann ist $\lambda_{max} = 0$. Wenn $\Phi_t \mathbf{u_0}$ auf einem quasiperiodischen Orbit umläuft, dann ist $\lambda_{max} = 0$. Chaotisches Verhalten ist wiederum definiert als $\lambda_{max} > 0$.

Im Allgemeinen lassen sich die Differentialgleichungssysteme nicht exakt lösen, so dass wir gezwungen sind, die Lyapunov-Exponenten numerisch zu berechnen. Wir wollen ihre explizite Berechnung zunächst für zwei einfache Beispiele zeigen.

Beispiel 30. Gegeben sei die eindimensionale Ratengleichung

$$\frac{du}{dt} = u - u^2,$$

wobei u eine Konzentration sei ($u(t) > 0$ für alle $t > 0$). Die Fixpunkte sind $u_1^* = 0$ und $u_2^* = 1$. u_0 ist die Konzentration zum Zeitpunkt $t = 0$. □

Die Lösung dieser Differentialgleichung lautet

$$u(t) = \frac{u_0\,e^t}{1 + u_0(e^t - 1)}.$$

Für die Gleichung der ersten Variation folgt

$$\frac{dy}{dt} = (1 - 2u)\,y = \left(1 - \frac{2u_0 e^t}{1 + u_0(e^t - 1)}\right) y.$$

Die Lösung dieser linearen Gleichung mit zeitabhängigen Koeffizienten ist gegeben durch

$$y(t) = \frac{e^t}{(1 + u_0(e^t - 1))^2}\,y_0,$$

wobei $y_0 = y(t = 0)$ ist. Daraus folgt der eindimensionale Lyapunov-Exponent

$$\lambda(V^1, u_0) = \lim_{t \to \infty} \frac{1}{t} \ln |y(t)| = -1. \qquad □$$

Beispiel 31. Wir betrachten einen gedämpften harmonischen Oszillator mit einer periodischen äusseren Störung

$$\frac{d^2u}{dt^2} + 2\frac{du}{dt} + u = \cos t. \qquad □$$

Zur Bestimmung der Lyapunov-Exponenten schreiben wir diese Gleichung als autonomes System

$$\begin{aligned}
\frac{du_1}{dt} &= u_2, \\
\frac{du_2}{dt} &= -2u_2 - u_1 + \cos u_3, \\
\frac{du_3}{dt} &= 1,
\end{aligned}$$

wobei $u_1(t = 0) = u_{10}$, $u_2(t = 0) = u_{20}$, $u_3(t = 0) = 0$ ist. Die allgemeine Lösung dieser Gleichung lautet

$$
\begin{array}{rcl}
u_1(t) & = & u_{10}\, e^{-t} + (u_{10} + u_{20} - \dfrac{1}{2})\, te^{-t} + \dfrac{1}{2}\sin t, \\[2mm]
u_2(t) & = & -(u_{10} + u_{20} - \dfrac{1}{2})\, te^{-t} + (u_{20} - \dfrac{1}{2})\, e^{-t} + \dfrac{1}{2}\cos t, \\[2mm]
u_3(t) & = & t.
\end{array}
$$

Die Funktionalmatrix ergibt sich zu

$$
\begin{pmatrix}
\dfrac{\partial V_1}{\partial u_1} & \dfrac{\partial V_1}{\partial u_2} & \dfrac{\partial V_1}{\partial u_3} \\[3mm]
\dfrac{\partial V_2}{\partial u_1} & \dfrac{\partial V_2}{\partial u_2} & \dfrac{\partial V_2}{\partial u_3} \\[3mm]
\dfrac{\partial V_3}{\partial u_1} & \dfrac{\partial V_3}{\partial u_2} & \dfrac{\partial V_3}{\partial u_3}
\end{pmatrix}
=
\begin{pmatrix}
0 & 1 & 0 \\
-1 & -2 & -\sin u_3 \\
0 & 0 & 0
\end{pmatrix}.
$$

Somit ist die Gleichung der ersten Variation

$$
\begin{pmatrix}
\dfrac{dy_1}{dt} \\[3mm]
\dfrac{dy_2}{dt} \\[3mm]
\dfrac{dy_3}{dt}
\end{pmatrix}
=
\begin{pmatrix}
0 & 1 & 0 \\
-1 & -2 & -\sin u_3 \\
0 & 0 & 0
\end{pmatrix}
\begin{pmatrix}
y_1 \\ y_2 \\ y_3
\end{pmatrix}.
$$

Wir erhalten die allgemeine Lösung

$$
\begin{pmatrix}
y_1(t) \\ y_2(t) \\ y_3(t)
\end{pmatrix}
=
\begin{pmatrix}
e^{-t} + te^{-t} & te^{-t} & \frac{1}{2}(-te^{-t} + \cos t) \\
-te^{-t} & e^{-t} - te^{-t} & \frac{1}{2}(te^{-t} - e^{-t} - \sin t) \\
0 & 0 & 1
\end{pmatrix}
\begin{pmatrix}
y_{10} \\ y_{20} \\ y_{30}
\end{pmatrix}.
$$

Wir betrachten für $\mathbf{e}_j$ drei Fälle: Für $\mathbf{e}_1 = (1, 0, 0)^T$ und $\mathbf{e}_2 = (0, 1, 0)^T$ erhalten wir $\lambda(V^1, \mathbf{e}_1) = \lambda(V^1, \mathbf{e}_2) = -1$. Für $\mathbf{e}_3 = (0, 0, 1)^T$ folgt $\lambda(V^1, \mathbf{e}_3) = 0$. $\qquad\Box$

Wie bereits erwähnt, ist im Allgemeinen nur eine näherungsweise Berechnung der Lyapunov-Exponenten möglich. Methoden zur numerischen Berechnung werden in der Literatur beschrieben (Benettin et al. 1976, Stoop 1985, Steeb und Louw 1986). Wir folgen diesen Arbeiten.

Methode 1. Man integriert die Gleichung

$$
\frac{d\mathbf{u}}{dt} = \mathbf{V}(\mathbf{u})
$$

zusammen mit dem zugehörigen Variationsgleichungssystem

$$\frac{d\mathbf{y}}{dt} = D\mathbf{V}(\Phi_t \mathbf{u}_0)\, \mathbf{y}.$$

Der eindimensionale Lyapunov-Exponent ergibt sich näherungsweise aus

$$\lambda(V^1, \mathbf{u}_0) \approx \frac{1}{T} \ln \|\mathbf{y}(T)\|,$$

wobei man T sehr gross wählt. Dabei ist Folgendes zu beachten:

(1) Da man im Allgemeinen den Startwert nicht in der Nähe des Attraktors wählt, lässt man das Programm zunächst für eine gewisse Zeit laufen und nimmt die erhaltenen Endwerte als Startwerte für die Berechnung des Lyapunov-Exponenten (Zerfall der Transienten).

(2) Im chaotischen Bereich werden die Zahlen $y_j(T)$ sehr gross, so dass man diesen Gesichtspunkt im Programm berücksichtigen muss.

(3) Man berechnet mit dieser Methode nur den maximalen eindimensionalen Lyapunov-Exponenten. Um die anderen eindimensionalen Lyapunov-Exponenten zu bekommen, berechnet man den maximalen zweidimensionalen, den maximalen dreidimensionalen Lyapunov-Exponenten usw., wie im Folgenden ausgeführt wird.

Wir berechnen für $n = 3$ den zweidimensionalen und dreidimensionalen Lyapunov-Exponenten. Wir nehmen an, dass $\mathbf{y}$ und $\mathbf{v}$ die Variationsgleichung erfüllen und berechnen nun die Zeitentwicklung von

$$\mathbf{y} \wedge \mathbf{v},$$

wobei $\wedge$ das Grassmann Produkt bezeichnet. Sei $\{\mathbf{e}_1, \mathbf{e}_2, \mathbf{e}_3\}$ eine Orthonormalbasis in $\mathbb{R}^3$. Dann folgt

$$\mathbf{y} \wedge \mathbf{v} = (y_1 v_2 - y_2 v_1)\, \mathbf{e}_1 \wedge \mathbf{e}_2 + (y_2 v_3 - y_3 v_2)\, \mathbf{e}_2 \wedge \mathbf{e}_3 + (y_3 v_1 - y_1 v_3)\, \mathbf{e}_3 \wedge \mathbf{e}_1.$$

Wir definieren nun

$$\begin{aligned}
a_{12} &:= y_1 v_2 - y_2 v_1, \\
a_{23} &:= y_2 v_3 - y_3 v_2, \\
a_{31} &:= y_3 v_1 - y_1 v_3.
\end{aligned}$$

Da

$$\frac{d(\mathbf{y} \wedge \mathbf{v})}{dt} = \frac{d\mathbf{y}}{dt} \wedge \mathbf{v} + \mathbf{y} \wedge \frac{d\mathbf{v}}{dt},$$

so folgt

$$\frac{da_{12}}{dt} = \left(\frac{\partial V_1}{\partial u_1} + \frac{\partial V_2}{\partial u_2}\right) a_{12} - \frac{\partial V_1}{\partial u_3} a_{23} - \frac{\partial V_2}{\partial u_3} a_{31},$$

$$\frac{da_{23}}{dt} = \left(\frac{\partial V_2}{\partial u_2} + \frac{\partial V_3}{\partial u_3}\right) a_{23} - \frac{\partial V_3}{\partial u_1} a_{12} - \frac{\partial V_2}{\partial u_1} a_{31},$$

$$\frac{da_{31}}{dt} = \left(\frac{\partial V_3}{\partial u_3} + \frac{\partial V_1}{\partial u_1}\right) a_{31} - \frac{\partial V_1}{\partial u_2} a_{23} - \frac{\partial V_3}{\partial u_2} a_{12}.$$

Die Anfangswerte sind gegeben durch

$$a_{12,0} = a_{12}(t = 0) := y_{10}\, u_{20} - y_{20}\, u_{10},$$

usw. Ist $\mathbf{a} = (a_{12}, a_{23}, a_{31})^T$, so folgt für den zweidimensionalen Lyapunov-Exponenten

$$\lambda(V^2, \mathbf{u}_0) = \lim_{T \to \infty} \frac{1}{T} \ln \|\mathbf{a}(T)\|.$$

Das heisst, für die numerische Berechnung des zweidimensionalen Lyapunov-Exponenten integriert man das System $d\mathbf{u}/dt = \mathbf{V}(\mathbf{u})$ zusammen mit dem System der a_{ij}'s. Dann bestimmt man approximativ mit Hilfe der obigen Gleichung den zweidimensionalen Lyapunov-Exponenten. Den dreidimensionalen Lyapunov-Exponenten erhalten wir wie folgt: Die Grössen $\mathbf{y}$, $\mathbf{v}$ und $\mathbf{w}$ befriedigen das Variationsgleichungssystem. Wir erhalten

$$\mathbf{y} \wedge \mathbf{v} \wedge \mathbf{w} = [(y_1 v_2 - y_2 v_1)\, w_3 + (y_2 v_3 - y_3 v_2)\, w_1 + (y_3 v_1 - y_1 v_3)\, w_2]\, \mathbf{e}_1 \wedge \mathbf{e}_2 \wedge \mathbf{e}_3.$$

Wir bemerken, dass für das Grassmann Produkt gilt: $(\mathbf{y} \wedge \mathbf{v}) \wedge \mathbf{w} = \mathbf{y} \wedge (\mathbf{v} \wedge \mathbf{w})$. Wir definieren nun

$$a_{123} := (y_1 v_2 - y_2 v_1)\, w_3 + (y_2 v_3 - y_3 v_2)\, w_1 + (y_3 v_1 - y_1 v_3)\, w_2.$$

Daraus ergibt sich die Differentialgleichung

$$\frac{da_{123}}{dt} = (\mathrm{div}\, \mathbf{V}) a_{123},$$

und der dreidimensionale Lyapunov-Exponent

$$\lambda(V^3, \mathbf{u}_0) = \lim_{T \to \infty} \frac{1}{T} \ln |a_{123}(T)|.$$

Man integriert nun die Gleichung für a_{123} zusammen mit den Gleichungen $d\mathbf{u}/dt = \mathbf{V}(\mathbf{u})$, um den dreidimensionalen Lyapunov-Exponenten zu finden. Sei λ_1^I der maximale eindimensionale Lyapunov-Exponent, λ_1^{II} der maximale zweidimensionale Lyapunov-Exponent, λ^{III} der maximale dreidimensionale Lyapunov-Exponent. Aus den Beziehungen

$$\lambda_1^{II} = \lambda_1^I + \lambda_2^I,$$
$$\lambda^{III} = \lambda_1^I + \lambda_2^I + \lambda_3^I$$

kann man dann die beiden übrigen eindimensionalen Lyapunov-Exponenten λ_2^I und λ_3^I berechnen.

Methode 2. Benettin et al. (1976) schlagen zur numerischen Berechnung des maximalen eindimensionalen Lyapunov-Exponenten für das System $d\mathbf{u}/dt = \mathbf{V}(\mathbf{u})$ das folgende Verfahren vor. Wir betrachten zwei feste Punkte $\mathbf{u}_0$ und $\mathbf{v}_0$ im Phasenraum $\mathbb{R}^n$, die durch folgende Eigenschaften gekennzeichnet sind:

1. Der Abstand d (euklidische Norm) zwischen beiden Punkten soll klein sein.

2. $\mathbf{u}_0$ und $\mathbf{v}_0$ dürfen nicht auf der gleichen Trajektorie liegen.

3. τ sei ein hinreichend kleines Zeitintervall.

Wir betrachten nun die Zeitentwicklung der Punkte $\mathbf{u}_0$ und $\mathbf{v}_0$ unter der Abbildung des Flusses Φ_τ. Sei $\mathbf{u}_1 = \Phi_\tau \mathbf{u}_0$ und $\mathbf{v}_1 = \Phi_\tau \mathbf{v}_0$. Die Bahnen haben den Abstand

$$d_1 = \|\mathbf{u}_1 - \mathbf{v}_1\| = \|\Phi_\tau \mathbf{u}_0 - \Phi_\tau \mathbf{v}_0\|.$$

Zur Berechnung des Lyapunov-Exponenten benötigen wir die n-malige Wiederholung dieser Abbildungen. Dazu ergibt sich zunächst der Punkt $\mathbf{u}_2$ zu

$$\mathbf{u}_2 = \Phi_\tau \mathbf{u}_1 = \Phi_{2\tau} \mathbf{u}_0.$$

Der neue Startpunkt $\mathbf{v}_{01}$ ist wie folgt definiert: $\mathbf{v}_{01}$ soll auf der Verbindungsgeraden, die durch die Punkte $\mathbf{u}_1$ und $\mathbf{v}_1$ verläuft, liegen, wobei der Abstand zwischen $\mathbf{v}_{01}$ und $\mathbf{u}_1$ d betragen soll. Als nächstes wenden wir auf den neu berechneten Punkt $\mathbf{v}_{01}$ die Abbildung Φ_τ an und erhalten

$$\mathbf{v}_2 = \Phi_\tau \mathbf{v}_{01}.$$

Der Abstand d_2 der beiden Phasenraumpunkte $\mathbf{u}_2$, $\mathbf{v}_2$ ist

$$d_2 = \|\mathbf{u}_2 - \mathbf{v}_2\| = \|\Phi_{2\tau} \mathbf{u}_0 - \Phi_\tau \mathbf{v}_{01}\|.$$

Die wiederholte Anwendung dieses Verfahrens liefert eine Folge von Abständen d_j, $j = 1, 2, \ldots, N$. Wir betrachten nun die Grösse

$$\lambda_N(V^1, \mathbf{u}_0) := \frac{1}{\tau N} \sum_{j=1}^{N} \ln\left(\frac{d_j}{d}\right),$$

wobei N die Anzahl der Rechenschritte ist. Für $N \to \infty$ und $d \to 0$ geht diese Gleichung in die Definition des maximalen eindimensionalen Lyapunov-Exponenten über (Benettin et al. 1980). Die Werte für N, d und τ liegen in der Grössenordnung von $N = 10^5$, $d = 10^{-4}$, $\tau = 0.1$.

Methode 3. Für kleine Distanzen kann man eine Abbildung durch ihre Linearisierung annähern. Das heisst, man integriert die Zeitentwicklung einer Bahn und transportiert im Tangentialraum so viele Vektoren wie die Dimension des Systems angibt. Sie charakterisieren die Abstände von der zentralen Bahn zu benachbarten Bahnen; unter der Abbildung werden sie ihre Längen d_j verändern. Betrachtet man nur einen Vektor, so konvergiert wiederum $\frac{1}{\tau N} \sum_{j=1}^{N} \ln\left(\frac{d_j}{d}\right)$ zum grössten Lyapunov-Exponenten. Die anderen bekommt man durch fortgesetztes Orthogonalisieren, wie im diskreten Fall, diesmal aber bei jedem Integrationsschritt (oder jeweils nach ein paar wenigen Schritten).

Ein weiterer Aspekt in der Untersuchung von nichtlinearen Systemen ist die Berechnung von Lyapunov-Exponenten aus Zeitreihen. Dieses Problem ist ausführlich in der Literatur behandelt (Eckmann et al. 1986, Sano und Sawada 1985, Stoop 1986, Stoop und Meier 1988, Peinke et al. 1991). Es geht darum, die Lyapunov-Exponenten aus einer diskreten Zeitreihe

$$\{u_i\}_{i=1}^{N} \equiv \{u(i \cdot \Delta t)\}_{i=1}^{N}$$

zu rekonstruieren, indem mehrdimensionale Phasenraumvektoren aus den Werten der skalaren Zeitreihe gebildet werden (*Einbettungsprozess* genannt). Dies kann nur gelingen, wenn die Dimensionalität des Einbettungsraumes gross genug ist und die ausgewählte bzw. gemessene Variable mit den anderen Zustandsgrössen des betrachteten Prozesses in einem funktionalen Zusammenhang steht. Nach einem Vorschlag von Ruelle ist das Problem der Rekonstruktion aus einer zeitäquidistant aufgenommenen Observablen lösbar durch die Einführung von Verzögerungskoordinaten

$$\mathbf{v}_i = (u_i, u_{i+k}, u_{i+2k}, \ldots, u_{i+(m-1)k}).$$

Dabei werden die Werte der Zeitreihe mit einer Verzögerungszeit

$$\tau = h \cdot \Delta t$$

zu m-dimensionalen Phasenraumvektoren zusammengesetzt. Das Einbettungskonzept (Takens 1980) besagt, dass die Rekonstruktion eines Attraktors aus einer skalaren Zeitreihe im Grenzübergang

$$N \to \infty$$

sicher gelingt, wenn für die Einbettungsdimension

$$m \geq 2K + 1$$

gilt, wobei K die Kapazität des Attraktors ist (für die Kapazität siehe das Kap. 9.1). Spezifische Einbettungstheoreme enthalten die Aussage, dass aus dem so rekonstruierten Attraktor beispielsweise die Lyapunov-Exponenten oder die Fraktaldimensionen numerisch verlässlich bestimmt werden können (e.g., Peinke et al. 1991).

Listing 17. Lyapunov-Exponenten, Lorenz-System

```
1  L1 = 0; L2 = 0; L3 = 0;
2  v = {1, 1, 1}; u = {0.2, 0.7, 1}; w = {0.1, 0.2, 0.3};
3  Ortho := Module[{},
4      l1 = (u.u)^0.5; u = u/l1; v = v - (v.u)u; l2 = (v.v)^0.5;
5      v = v/l2; w = w - (w.u) u - (w.v) v; l3 = (w.w)^0.5; w = w/l3;
6      L1 = L1 + Log[l1]; L2 = L2 + Log[l2]; L3 = L3 + Log[l3]];
7  h = 0.0001;
8  x = {0.2, 0.1, 1}; k1 = x; k2 = x; k3 = x;
9  s = 16; b = 4; r = 45.92;
10 Id = IdentityMatrix[3];
11 f[x_] := {s (x[[2]] - x[[1]]), r x[[1]] - x[[2]] - x[[1]]*x[[3]],
12      x[[1]] x[[2]] - b x[[3]]};
13 fs[x_] := {{-s, s, 0}, {r - x[[3]], -1, -x[[1]]},
14              {x[[2]], x[[1]], -b}};
15 RK := Module[{},
16      k1 = h *f[x];
17      K1 = h*fs[x];
18      k2 = h*f[x + k1/2];
19      K2 = h*fs[x + k1/2];
20      k3 = h*f[x + k2/2];
21      K3 = h*fs[x + k2/2];
22      k4 = h*f[x + k3];
23      K4 = h*fs[x + k3];
24      y = (6 x + k1 + 2*k2 + 2*k3 + k4)/6; x = y;
25      Df = (6 Id + K1 + 2 K2 + 2 K3 + K4)/6;
26      Return[x]]
27  x = {0.0484681, 5.69204, -3.42098};
28  v = {1, 1, 1}; u = {1, 0.7, -1.7}; w = {0.1, 0.2, 0.3};
29  L1 = 0; L2 = 0; L3 = 0;
30 Do[RK, {i, 1, 5000}]; Do[RK; Ortho, {i, 1, 5000}];
31      L1 = 0; L2 = 0; L3 = 0;
32      Do[RK; u = Df.u; v = Df.v; w = Df.w;
33      Ortho, {i, 1, 1000000}];
34 {L1, L2, L3}/(1000000*h)
```

3.7   Autokorrelationsfunktion

Weitere Grössen, welche benutzt werden, um dynamische Systeme mit chaotischem
Verhalten zu untersuchen, sind die Autokorrelationsfunktion und das Leistungs-

dichtespektrum. Zur Definition der Autokorrelationsfunktion müssen wir zuerst den Zeitmittelwert einführen.

Definition 3.11. Sei u eine beschränkte zeitabhängige Funktion. Der *Zeitmittelwert* von u ist definiert durch

$$\langle u(t) \rangle \; := \lim_{T \to \infty} \frac{1}{T} \int_0^T u(t) \, dt.$$

Beispiel 32. Sei

$$u(t) = \sin(\Omega t).$$

Mit Hilfe obiger Definition folgt

$$\langle u(t) \rangle = 0. \qquad \qquad \square$$

Beispiel 33. Sei

$$u(t) = \cos^2(\Omega t).$$

Hier finden wir

$$\langle u(t) \rangle = \frac{1}{2}. \qquad \qquad \square$$

Definition 3.12. Die *Autokorrelationsfunktion* einer beschränkten zeitabhängigen Funktion $u(t)$ ist definiert durch

$$C_{uu}(\tau) := \frac{\displaystyle \lim_{T \to \infty} \frac{1}{T} \int_0^T (u(t) - \langle u(t) \rangle)(u(t + \tau) - \langle u(t) \rangle) \, dt}{\displaystyle \lim_{T \to \infty} \frac{1}{T} \int_0^T (u(t) - \langle u(t) \rangle)^2 \, dt}.$$

Die Autokorrelationsfunktion misst also die Ähnlichkeit des zeitlichen Verlaufs einer Zustandsgrösse $u(t)$ mit sich selbst, wenn sie um die Zeit τ verschoben wird. Sie nimmt ihren grössten Wert bei $\tau = 0$ an. Aus der Definition folgt

$$C_{uu}(\tau = 0) = 1.$$

Satz 4. Für eine periodische Funktion ist die Autokorrelationsfunktion selbst wieder eine periodische Funktion.

Beispiel 34. Sei
$$u(t) = \sin(\Omega t).$$
Wir erhalten für die Autokorrelationsfunktion
$$C_{uu}(\tau) = \cos(\Omega \tau). \qquad \square$$

Wenn für die Funktion $u(t)$ gilt, dass der Zeitmittelwert gegeben ist durch $\langle u(t) \rangle = 0$, so vereinfacht sich die Definition der Autokorrelationsfunktion zu

$$C_{uu}(\tau) = \dfrac{\displaystyle\lim_{T \to \infty} \dfrac{1}{T} \int_0^T u(t)u(t+\tau)\, dt}{\displaystyle\lim_{T \to \infty} \dfrac{1}{T} \int_0^T (u(t))^2\, dt}.$$

Für Systeme mit chaotischem Verhalten zerfallen die Autokorrelationsfunktionen, das heisst
$$\lim_{\tau \to \infty} C_{uu}(\tau) \to 0.$$

Zeitmittelwert und Autokorrelationsfunktion müssen im Allgemeinen numerisch berechnet werden, da das zugehörige Differentialgleichungsystem nicht explizit gelöst werden kann. Anstelle der Autokorrelationsfunktion kann das *Leistungsdichtespektrum* zur Charakterisierung des chaotischen Verhaltens genommen werden. Sei

$$\hat{u}(\omega) := \lim_{T \to \infty} \int_0^T e^{i\omega t} u(t)\, dt$$

die Fouriertransformierte von $u(t)$.

Definition 3.13. Das Leistungsdichtespektrum ist definiert durch

$$P(\omega) := |\hat{u}(\omega)|^2.$$

Die spektrale Leistungsdichte und die Autokorrelationsfunktion sind ihre gegenseitigen Fourier-Transformierten (Wiener-Khinchine Theorem). Im Experiment kann das Leistungsdichtespektrum im Frequenzanalysator gemessen werden.

Aufgabe 36. Man finde die Autokorrelationsfunktion für die Funktion

$$f(t) = \sin(\sin t).$$

3.8 Attraktoren

3.8.1 Autonome Systeme der Ebene

Mit Hilfe von Beispielen betrachten wir das Verhalten von autonomen Systemen erster Ordnung in der Ebene. Wir nehmen wieder an, dass die Lösungen für alle Zeiten existieren und beschränkt sind ($t \geq 0$).

Beispiel 35. Wir betrachten den gedämpften harmonischen Oszillator

$$\frac{d^2u}{dt^2} + a\frac{du}{dt} + bu = 0$$

mit $a > 0$, $b > 0$ in der Phasenebene (u_1, u_2) ($u_1 \equiv u, u_2 \equiv du/dt$). Ausgedrückt als autonomes System erhalten wir

$$\frac{du_1}{dt} = u_2, \qquad \frac{du_2}{dt} = -au_2 - bu_1.$$

Wir finden, dass

$$u_1(t) = u_2(t) = 0$$

die einzige zeitunabhängige Lösung ist. Wir haben also einen kritischen Punkt (Fixpunkt), welcher stabil ist: Alle Trajektorien laufen für $t \to \infty$ auf den Fixpunkt $(0,0)$ zu. Das heisst, der Punkt $(0,0)$ ist ein Attraktor. Im vorliegenden Fall besteht der Attraktor aus einer Senke. Die beiden eindimensionalen Lyapunov-Exponenten sind negativ $(-, -)$. $\qquad \square$

Aufgabe 37. Man finde die beiden eindimensionalen Lyapunov-Exponenten für das obige System.

Die Bestimmung dieser Art von einfachen Attraktoren (wenn welche existieren) geschieht wie folgt. Für das gegebene autonome System

$$\frac{d\mathbf{u}}{dt} = \mathbf{V}(\mathbf{u})$$

bestimmen wir zunächst die zeitunabhängigen Lösungen durch die Gleichung

$$\mathbf{V}(\mathbf{u}^*) = \mathbf{0}.$$

Erhalten wir Punkte als Lösungen, so führen wir eine Linearisierung um diese Punkte durch. Sind die Realteile der Eigenwerte der zugehörigen Matrix alle negativ, so laufen in einer hinreichend kleinen Umgebung dieser Punkte alle Trajektorien auf diese Punkte zu.

Beispiel 36. Das Musterbeispiel eines stabilen Grenzzyklussystems wird durch den Van der Pol-Oszillator geliefert. Sei $(a > 0)$,

$$\frac{du_1}{dt} = u_2, \qquad \frac{du_2}{dt} = a(1 - u_1^2)u_2 - u_1.$$

Die einzige zeitunabhängige Lösung $(u_1^*, u_2^*) = (0,0)$ ist instabil. Alle Trajektorien laufen für $t \to \infty$ auf den Grenzzyklus zu. Der maximale eindimensionale Lyapunov Exponent ist 0, und der zweite eindimensionale Lyapunov Exponent ist negativ. Die Funktionalmatrix ist gegeben durch

$$D\mathbf{V}(\mathbf{u}) \equiv A(\mathbf{u}) = \begin{pmatrix} 0 & 1 \\ -2au_1u_2 - 1 & a(1 - u_1^2) \end{pmatrix}.$$

Das Einsetzen des Fixpunktes $(0,0)$ liefert die Matrix

$$A = \begin{pmatrix} 0 & 1 \\ -1 & a \end{pmatrix}.$$

Die Eigenwerte von A sind gegeben durch

$$\lambda_{1,2} = \frac{a}{2} \pm \sqrt{\frac{a^2}{4} - 1}.$$

Ist $a < 0$, ist der Fixpunkt $(0,0)$ stabil. Wenn a grösser als 0 wird, hat man eine *Hopf-Verzweigung*. Die Eigenwerte λ_1 und λ_2 überschreiten die imaginäre Achse: Ein stabiler Grenzzyklus entsteht. □

Beispiel 37. Das Lotka-Volterra Modell

$$\frac{du_1}{dt} = u_1 - u_1u_2,$$

$$\frac{du_2}{dt} = -u_2 + u_1u_2,$$

mit $u_1 > 0$ und $u_2 > 0$ ist ein Modell der Populationsdynamik (Jäger/Beutesystem). Der einzige Fixpunkt $(u_1^*, u_2^*) = (1,1)$ ist elliptisch. Die Trajektorien sind geschlossene (periodische) Orbits um diesen Fixpunkt. □

Aufgabe 38. Man finde die beiden eindimensionalen Lyapunov-Exponenten für das Lotka-Volterra Modell.

Aufgabe 39. Man zeige, dass das dynamische System

$$\frac{du_1}{dt} = u_2, \qquad \frac{du_2}{dt} = a\sin(u_2) - u_1,$$

eine unendliche Anzahl von Grenzzyklen erlaubt.

3.8.2 Autonome Systeme in $\mathbb{R}^3$

Für autonome dynamische Systeme im dreidimensionalen Raum

$$\frac{d\mathbf{u}}{dt} = \mathbf{V}(\mathbf{u}), \qquad \mathbf{u} = (u_1, u_2, u_3)^T$$

ist die Situation bereits viel komplizierter. Wir können nun folgende Fälle konstruieren:

(i) alle Trajektorien eines gegebenen Systems laufen auf einen Fixpunkt zu;

(ii) alle Trajektorien eines gegebenen Systems laufen auf einen Grenzzyklus zu;

(iii) alle Trajektorien laufen auf einen Torus zu;

(iv) das System verhält sich chaotisch.

Für diese vier Fälle ergibt sich dann das Spektrum der drei eindimensionalen Lyapunov-Exponenten zu:

$$\begin{array}{ll} \text{Fixpunkt:} & \lambda_1^I < 0, \ \lambda_2^I < 0, \ \lambda_3^I < 0, \\ \text{Grenzzyklus:} & \lambda_1^I = 0, \ \lambda_2^I < 0, \ \lambda_3^I < 0, \\ \text{Torus:} & \lambda_1^I = 0, \ \lambda_2^I = 0, \ \lambda_3^I < 0, \\ \text{Chaos:} & \lambda_1^I > 0, \ \lambda_2^I = 0, \ \lambda_3^I < 0. \end{array}$$

wobei der erste Exponent den maximalen eindimensionalen Lyapunov-Exponenten bezeichnet.

Beispiel 38. Das Lorenz-Modell ist gegeben durch

$$\frac{du_1}{dt} = \sigma(u_2 - u_1), \tag{3.1}$$

$$\frac{du_2}{dt} = -u_1 u_3 + r u_1 - u_2, \tag{3.2}$$

$$\frac{du_3}{dt} = u_1 u_2 - b u_3. \tag{3.3}$$

Numerische Untersuchungen zeigen für $r = 40$, $b = 4$ und $\sigma = 16$ chaotisches Verhalten. Man findet, dass das Spektrum der eindimensionalen Lyapunov-Exponenten gegeben ist durch

$$\lambda_1^I = 1.37, \qquad \lambda_2^I = 0, \qquad \lambda_3^I = -22.37,$$

wobei gilt

$$\lambda_1^I + \lambda_2^I + \lambda_3^I = \operatorname{div} \mathbf{V} = -\sigma - 1 - b = -21. \qquad \square$$

Bemerkung I. Im Allgemeinen zerfällt der Phasenraum in Teilgebiete, in denen etwa die Trajektorien auf einen Fixpunkt zulaufen, während sie für ein anderes Teilgebiet auf einen Grenzzyklus zuhalten, usw.

3.8.3 Seltsame Attraktoren

Betrachten wir autonome Systeme erster Ordnung $d\mathbf{u}/dt = \mathbf{V}(\mathbf{u})$, wobei alle Lösungen beschränkt bleiben sollen, so kann für $n \geq 3$ ein neuer Attraktortyp (Grenzmenge) auftreten, der so genannte *seltsame (oder fremdartige) Attraktor* ("strange attractor").

Zur Charakterisierung von Attraktoren kann man Fraktaldimensionen einführen. Die beiden bekanntesten Masse sind die *Kapazität* und die *Hausdorff-Dimension* (Takens 1980, Russell et al. 1980, Greenside et al. 1982). Die Definitionen für diese beiden Fraktaldimensionen werden in Kapitel 9 gegeben.

Definition 3.14. Ist die Kapazität K nicht ganzzahlig, so heisst der Attraktor fremdartig ("strange attractor").

Die Frage stellt sich, für welche chaotischen Systeme die Kapazität des Attraktors nicht ganzzahlig ist. Für das Lorenz-Modell mit den Werten

$$r = 28, \quad \sigma = 10, \quad b = 8/3$$

findet man aus numerischen Rechnungen $K \approx 2.06 \pm 0.01$. Der maximale eindimensionale Lyapunov-Exponent ist positiv für diese Parameterwerte. Fast alle Trajektorien laufen auf eine Grenzmenge zu, die das kartesische Produkt aus einer verallgemeinerten Cantor-Menge und einer zweidimensionalen Fläche ist (Steeb und Louw 1986). Das heisst, das System ist chaotisch und hat einen fremdartigen Attraktor.

Bemerkung II. Im Allgemeinen kann man aber nicht schliessen, dass ein chaotisches System (positiver maximaler eindimensionaler Lyapunov-Exponent) einen Attraktor mit nichtganzzahliger Kapazität hat. Ein Beispiel hierfür ist die Arnoldsche Katzenabbildung (Arnold und Avez 1968, Steeb und Louw 1986).

Bemerkung III. Auch die Umkehrung ist im Allgemeinen nicht richtig. Man findet dynamische Systeme, bei denen der Attraktor eine nicht-ganzzahlige Kapazität hat, der maximale eindimensionale Lyapunov-Exponent jedoch 0 ist. Ein Beispiel ist die logistische Gleichung am Verzweigungspunkt $a = 3.570\ldots$.

Chaos ist eine dynamische Eigenschaft des Systems, während die Kapazität eine geometrische Eigenschaft des Attraktors ist.

Die Berechnung der Kapazität für chaotische Systeme ist im Allgemeinen nur numerisch möglich (Greenside et al. 1982).

3.9   Feigenbaumszenario in kontinuierlichen Systemen

Für eindimensionale diskrete Abbildungen ist der Übergang in den chaotischen Bereich durch fortgesetzte Periodenverdopplungen ausführlich in der Literatur untersucht worden (s. Kap. 1.9). Die Periodenverdopplungen ergeben sich bei der Variation des Verzweigungsparameters. Speziell die logistische Gleichung mit $a \in [3, 4]$ wurde detailliert untersucht.

Für dynamische Systeme, die durch Differentialgleichungen beschrieben werden und chaotisches Verhalten zeigen, ist die Frage, wie der Übergang in den chaotischen Bereich über Periodenverdopplung erfolgt, nur spärlich, meist numerisch, behandelt worden.

Franceschini (1979) hat die Periodenverdopplung für das Lorenz-Modell numerisch untersucht. Er betrachtet es in der folgenden Form ($\sigma = 10$, $b = 8/3$):

$$\frac{dx}{dt} = -\sigma x + \sigma y,$$

$$\frac{dy}{dt} = -\sigma x - y - xz,$$

$$\frac{dz}{dt} = -bz - R + xy,$$

wobei R der Verzweigungsparameter ist. Man erhält diese Gleichung aus dem Lorenz-Modell durch die Variablentransformation

$$x \to x, \qquad y \to y, \qquad z \to z + \sigma + r,$$

wobei $R = b(\sigma + r)$ ist. Numerische Untersuchungen zeigen, dass dieses Modell chaotisches Verhalten zeigt für $R = 290$ und $R = 300$, während sich für einen schmalen Bereich zwischen diesen beiden Werten reguläres Verhalten einstellt. Alle weiteren Untersuchungen basieren auf numerischer Integration des Systems. Dabei wird der Verzweigungsparameter R so variiert, dass sich geschlossene periodische

j	R_j^+	R_j^-	T_j
0	295.454	295.453	1.094292
1	293.280	293.278	1.099559
2	292.3427	292.3426	2.203567
3	292.12565	292.12563	4.409210
4	292.078240	292.07830	8.819327
5	292.068087	292.068085	17.639042

Tabelle 3.1: Verzweigungsparameter R und Periodendauer T, nach Franceschini (1979)

Orbits im Phasenraum einstellen. Die Stabilität der Orbits wird mit Hilfe der Poincaré-Abbildung untersucht.

Bei diesen Untersuchungen wird für $R = 294$ ein stabiler periodischer Orbit Γ_0 gefunden. Bei einer Verkleinerung des Bifurkationsparameters auf $R = R_1 = 293.27$ entsteht ein neuer stabiler Orbit Γ_1, mit einer gegenüber Γ_0 verdoppelten Periodendauer. Der Orbit Γ_1 wird instabil bei einem Wert von $R = R_2 = 292.342$. Nun entsteht ein neuer stabiler Orbit Γ_2, mit einer gegenüber Γ_1 verdoppelten Periodendauer. Insgesamt gelang es Franceschini, die Folge von stabilen Orbits Γ_3, Γ_4 und Γ_5 mit den dazugehörigen Werten der Verzweigungsparameter $R_3 = 292.1256\ldots R_4 = 292.07823\ldots$ und $R_5 = 292.06808\ldots$ zu bestimmen.

Ist nun

$$R_j := \frac{R_j^+ + R_j^-}{2},$$

so lassen sich Verhältnisse

$$\delta_j = \frac{R_{j-1} - R_j}{R_j - R_{j+1}}$$

bilden. Aus den obigen Ergebnissen erhält man

$$\delta_1 = 2.322, \qquad \delta_2 = 4.315, \qquad \delta_3 = 4.578, \qquad \delta_4 = 4.671\,.$$

Man vermutet, dass die Folge δ_j ($j = 1, 2, \ldots, \infty$) zur Feigenbaumzahl konvergiert. Die Ungenauigkeit der numerischen Rechnungen mit ihren Rundungsfehlern führt dazu, dass sich keine weiteren Aufspaltungen der stabilen Orbits mit den dazugehörigen Werten für den Verzweigungsparameter bestimmen lassen. Im Experiment kann man im Allgemeinen nicht mehr als vier Verzweigungen beobachten.

3.10 Hyperchaos

Für ein autonomes System erster Ordnung, $d\mathbf{u}/dt = \mathbf{V}(\mathbf{u})$, kann für $n \geq 4$ so genanntes Hyperchaos auftreten. Man hat für $n = 4$ vier eindimensionale Lyapunov

Exponenten, die wir der Grösse nach ordnen:

$$\lambda_1^I \geq \lambda_2^I \geq \lambda_3^I \geq \lambda_4^I.$$

Dabei bezeichne λ_1^I den maximalen eindimensionalen Lyapunov-Exponenten. Ist

$$\lambda_1^I > 0, \quad \lambda_2^I > 0, \quad \lambda_3^I = 0, \quad \lambda_4^I < 0,$$

so nennen wir das System hyperchaotisch. Dabei nehmen wir natürlich wieder an, dass die Lösung $\mathbf{u}(t) = \Phi_t \mathbf{u}_0$ für alle Zeiten $t \in [0, \infty)$ existiert und beschränkt ist.

Beispiel 39. Aus dem System

$$\frac{du_1}{dt} = -u_2 - u_3,$$
$$\frac{du_2}{dt} = u_1 + 0.25\, u_2,$$
$$\frac{du_3}{dt} = 3 + u_1 u_3,$$

konstruierte Rössler (1979) durch Hinzufügen einer vierten Variablen u_4 ein System mit hyperchaotischem Verhalten. Es hat die Form

$$\frac{du_1}{dt} = -u_2 - u_3,$$
$$\frac{du_2}{dt} = u_1 + 0.25\, u_2,$$
$$\frac{du_3}{dt} = 3 + u_1 u_3,$$
$$\frac{du_4}{dt} = -0.5\, u_3 + 0.05\, u_4.$$

Das System kann aus einem Ratengleichungssystem der Chemie abgeleitet werden. Es kann Lösungen mit explodierenden Amplituden zeigen. $\qquad\square$

Biographieauszug

Jules Henri Poincaré (1854-1912) wurde am 29. April 1854 in Nancy als Vetter des späteren französischen Staats- und Ministerpräsidenten Raymond Poincaré geboren und liess sich zuerst zum Bergwerksingenieur ausbilden. Er promovierte 1879 nach dem Studium an der Ecole Polytechnique in Paris mit einer Arbeit über partielle Differentialgleichungen. Anschliessend unterrichtete er für kurze Zeit in Caen, bis er 1881 die Professur für Mathematik an der Pariser Universität erhielt. Danach war er ab 1893 Repetiteur an der Ecole Polytechnique und unterrichtete gleichzeitig an der Sorbonne. Seinen Lehrstuhl in Caen gab er dennoch nie ganz auf. 1896 wurde diesem sogar noch der für Himmelsmechanik hinzugefügt. Parallel dazu war Poincaré Professor für Astronomie an der Ecole Polytechnique.

Poincaré's Interessen waren sehr umfassend und reichten in der Mathematik von automorphen Funktionen, Differentialgleichungen und nichteuklidischer Geometrie bis zur Astronomie, wo er sich besonders für die Himmelsmechanik interessierte. Seine diesbezüglichen Forschungen, bei denen er erstmals mathematisch-analytische Verfahren in die Astronomie einbrachte, gipfelten in dem schon beinahe epochalen dreibändigen Werk *Die neuen Methoden der Himmelsmechanik*, welches er in den Jahren von 1892 bis 1899 verfasste. Fasziniert war er vor allem vom Dreikörperproblem, hatte er doch 1889 methodische Lösungen darin entdeckt und für n Körper die Zahl der maximal möglichen Integrale auf zehn begrenzt. Die himmelsmechanischen Arbeiten waren so bedeutend, dass ihn der schwedische König dafür auszeichnete. Den ersten drei Bänden folgte von 1905 bis 1910 ein weiterer ebenfalls 3 Bände umfassender Zyklus zum Thema *Vorlesungen über Himmelsmechanik*, worin er mehr die praktische Seite aufgriff und viele Anregungen für seine Astronomiekollegen einarbeitete. Die Klärung des Problems der Gleichgewichtsfiguren bei rotierenden Flüssigkeiten wurde durch ihn weiter entwickelt, und ihre Bedeutung für kosmologische Fragestellungen wurde von ihm erkannt. 1908 wurde Poincaré wegen seiner vielen Verdienste zum Mitglied der Academie Française ernannt und gilt noch heute als einer der herausragendsten Mathematiker und Theoretischen Astronomen des ausgehenden 19. Jahrhunderts.

Neben alledem fand Poincaré noch Zeit, sich wissenschaftlichen Grenzgebieten zu widmen. Er war ein angesehener Wissenschaftstheoretiker und schrieb mehrere Bücher über astronomisch-philosophische Themen: *Wissenschaft und Hypothese*, *Wissenschaft und Methode*. Insgesamt stammen 30 Bücher und fast 500 Schriften aus seiner Feder. Mit der im Jahr 1900 von Max Planck (1858-1947) veröffentlichten Quantentheorie setzte er sich in seinen letzten Lebensjahren ebenfalls auseinander, mochte sich mit ihr aber nicht so recht anfreunden, womit er sich in guter Gesellschaft mit Albert Einstein (1879-1955) befand.

Kapitel 4

Vertiefungen

4.1 Zu Grunde liegende Konzepte

In diesem Abschnitt verzichten wir aus Gründen der Lesbarkeit darauf, wie bisher durch Fettschreibung den vektorwertigen Charakter von Grössen anzuzeigen. Wir betrachten wieder autonome Systeme. Diese sind in der Zeitkoordinate translationsinvariant. Formal ist ein dynamisches System als ein Paar $\{M, T_t\}$ definiert, wo M ein Zustandsraum (der Phasenraum) ist und T_t, $t \in \mathbb{R}$, eine Familie von Abbildungen bedeutet, welche jedem Anfangszustand x_0 eine Zeitentwicklung $x(t)$ mit $x(t = 0) = x_0$ zuordnet:

$$T_t : M \to M, \qquad T_t(x_0) = x(t).$$

Mitunter ist die Abbildung T_t nicht invertierbar. Dann spricht man von einem semi-dynami–schen System. Sei T_t für alle reellen t erklärt. Dann ist durch $T_t \circ T_s = T_{(t+s)}$ eine kommutative Gruppe mit Einselement $T_0 = E$ (E=Einheitsabbildung) gegeben.

Definition 4.1. Sei M eine Menge (i.A. eine differenzierbare Mannigfaltigkeit), Phasen- oder Zustandsraum genannt, und T_t eine einparametrige Gruppe von Transformationen $M \to M$. Dann heisst $\{M, T_t\}$ der (Phasen-)Fluss eines dynamischen Systems. Die Abbildung $F_x : \mathbb{R} \to M : F_x(t) = T_t(x)$ heisst Bahn (oder: Trajektorie, Phasenkurve, Orbit) des Punktes x. $\mathbb{R} \times M$ heisst der erweiterte Phasenraum des Flusses, der Graph der Abbildung F_x heisst Integralkurve.

Es gilt also:

$$x = F_{x_0}(t) = T_t(x_0).$$

4.1.1 Differenzierbarkeit

Sei

- $T_t(x)$ stetig differenzierbar, für alle Paare (t, x).

- $T_t : M \to M$ sei ein Diffeomorphismus für alle t (diese Eigenschaft folgt u.U. aus den anderen beiden Eigenschaften).

- T_t sei eine Gruppe.

$$d/dt \ T_t(x) \ |_{t=0} =: f(x)$$

heisst die Phasengeschwindigkeit des Flusses T_t im Punkt x. In kartesischen Koordinaten ist ein Vektorfeld f gegeben durch

$$f = (f_1(x), ..., f_n(x))^T, \qquad f_k(x) = d/dt \ (T_t(x))_k \ |_{t=s} \ .$$

Wegen der Gruppeneigenschaft gilt

$$d/dt \ T_t(x) \ |_{t=s} = f(T_s(x)).$$

Definition 4.2. Ein Punkt mit $f(x_0) = 0$ heisst singulärer Punkt des Vektorfeldes, da bei seinem Durchlauf im Allegmeinen die Richtungen der Feldvektoren unstetig ändern. Falls gilt

$$d/dt \ F_x(t) = f(F_x(t)),$$

so heisst $F_x : \mathbb{R} \to M$ eine Lösung der Differentialgleichung, zur Anfangsbedingung $F(t_0) = x_0$, falls die letztere Bedingung zutrifft. f ordnet jedem Punkt x in M einen Vektor $f(x)$ zu, der x angeheftet ist. f kann also als eine Abbildung auf das Tangentialbündel aufgefasst werden.

Satz 5. Sei T_t eine Gruppe von Diffeomorphismen des Gebietes M und $f : M \to \mathbb{R}^n$ die zugehörige Phasengeschwindigkeit, so ist die Bewegung

$$Fx_0 : \mathbb{R} \to M : Fx_0(t) = T_t(x_0), \text{ für alle } t,$$

die Lösung der Differentialgleichung $d/dt \ x = f(x)$ zur Anfangsbedingung $F(t = 0) = x_0$.

Denn es gilt:

$$d/dt \ T_t(x) \ |_{t=r} = d/ds \ T_{(r+s)}(x) \ |_{s=0} = d/dt \ T_s(T_r(x)) \ |_{s=0} =: f(T_r(x)), \quad \text{für alle } r.$$

Definition 4.3. Eine Lösung mit $F(t) = x_0$ für alle t, heisst stationäre Lösung der Differentialgleichung oder *Fixpunkt des Flusses*.

Satz 6. Jeder singuläre Punkt x_0 des Vektorfeldes f erzeugt eine stationäre Lösung der obigen Differentialgleichung.

Trajektorien müssen nicht explizit durch die Zeit t parametrisiert sein. Beispielsweise kann man über $d/dt\, x_k = f_k(x)$, $d/dt\, x_j = f_j(x)$, durch $dx_j/dx_k = f_j(x)/f_k(x)$ ein System nichtautonomer Differentialgleichungen erhalten. Speziell geben im $\mathbb{R}^2$ Kurven, auf denen das Vektorfeld gleiche Richtung der Steigung m besitzt (zweidimensional: $f_2(x, y)/f_1(x, y) = m$, falls $f_1(x, y) \neq 0$) eine qualitative Übersicht über das Verhalten einer Differentialgleichung. Kurven mit obiger Eigenschaft heissen *Isokline*.

Beispiel 40. Sei $M = \mathbb{R}^2$, $d/dt\, x = y$; $d/dt\, y = -by + mx - x^3$, wobei $b, m > 0$ (gedämpfter Oszillator). Dann sind die Hauptisoklinen gegeben durch $f_2(x, y)/f_1(x, y) = 0$ und $f_2(x, y)/f_1(x, y) = \infty$. Es gilt dann: Aus $f_1(x, y) = 0$ folgt $y = 0$ und aus $f_2(x, y) = 0$ folgt $d/dt\, y = 0$, und damit $y = (mx - x^3)/b$. $\square$

Aufgabe 40. Man zeichne diese Isokline und grenze damit die Gebiete verschiedenen Verhaltens des Vektorfeldes ab!

4.1.2 Existenzsätze

Wann hat die obige Differentialgleichung eine, wenn möglich: eindeutige, Lösung? Dies ist eine nichttriviale Frage:

Beispiel 41. Sei $d/dt\, x = \text{sign}(x)$, $x(0) = 0$. Diese Gleichung hat keine Lösung, da der einzige Kandidat $|x|$ bei $x = 0$ nicht differenzierbar ist. $\square$

Satz 7. Hinreichend für die Existenz ist die Stetigkeit von f (Existenzsatz von Peano).

Auch die Frage nach der Eindeutigkeit ist nichttrivial:

Beispiel 42. Sei $d/dt\, x = 2|x|^{1/2}$, $x(0) = 0$. Diese Gleichung hat zwei Lösungen, $x(t) = 0$ und $x(t) = t^2\mathrm{sign}(t)$. $\qquad\Box$

Hinreichend für die Eindeutigkeit ist die stetige Differenzierbarkeit von f.

Satz 8. Sei $f \in C^1$ und $x_0 \in M$. Dann gibt es ein Intervall der Breite $t_0 > 0$ um 0, auf dem die Differentialgleichung eine eindeutige Lösung besitzt. Der Satz gilt auch, falls nur lokale Lipschitz-Stetigkeit $||f(x) - f(y)|| \leq L||x-y||, L > 0$, auf jeder kompakten Teilmenge von M vorliegt. Jede C^1-Abbildung ist lokal Lipschitz-stetig.

Korollar 1.

- Trajektorien können weder kreuzen noch tangieren.

- Ein Fixpunkt wird höchstens asymptotisch erreicht.

- Eine Trajektorie, für die $x(t_*) = x(t_*+\tau)$ gilt, mit $\tau > 0$, ist eine geschlossene Kurve.

Satz 9. Sei $f \in C^1$ und $x_{00} \in M$. Dann gibt es eine Umgebung $U(x_{00})$, sodass für alle $x_0 \in U$ die Lösungen $x = F(t, x_0)$ auf einem gemeinsamen 0-zentrierten Intervall der Breite t_0 existieren und wo F stetig nach x_0 differenziert werden kann. Zwei solche Lösungen $x(t), y(t)$ unterscheiden sich höchstens wie $||x(t) - y(t)|| \leq ||x(0) - y(0)|| \exp(L|t|), |t| < t_0$.

Lösungen von Differentialgleichungen können nicht immer auf den ganzen Raum fortgesetzt werden.

Beispiel 43. Sei $d/dt\, x = 1 + x^2$, $x(0) = x_0$. Die Lösung ist höchstens auf einem Intervall vom Radius $\pi/2$ um $K = \arctan(x_0)$ definiert. $\qquad\Box$

4.1.3   Lineare Systeme mit konstanten Koeffizienten

Solche Differentialgleichungen haben die Form $d/dt\, x = Ax$, $x(0) = x_0$, wobei A eine Matrix ist. Sie treten bei der Linearisierung von nichtlinearen Flüssen auf.

Satz 10. Die eindeutige Lösung ist gegeben durch $x(t) = \exp(tA)x_0$.

Der Beweis ist nicht ganz trivial, da man um $\exp(tA)\exp(sA) = \exp((s+t)A)$ und $\frac{d}{dt}\exp(tA) = A\exp(tA)$ schreiben zu können, die Reihen formal multiplizieren und differenzieren können muss. Man beachte, dass für nicht-kommutierende Matrizen $\exp(A)\exp(B) \neq \exp(A+B)$ ist. Wie ist nun $\exp(A)$ definiert? Es ist $\exp(A) := \sum_{k=0}^{\infty} A^k/k!$, mit $A^0 = E$. Dies ist im Allgemeinen nicht einfach auszurechen, aber wir haben:

Beispiel 44. Ist A eine Diagonalmatrix, so ist A^k einfach die Diagonalmatrix mit Diagonalelementen $(a_i)^k$. $\qquad\square$

Beispiel 45. Durch die Identifikation von Polynomen vom Grade n mit Punkten in $\mathbb{R}^n$, $p(x) = \sum_{k=1}^{n} a_k x^{k-1} \to (a_1, \ldots, a_n)$, kann man die Ableitung D auf p als einen linearen Operator A auf den Tupeln definieren: $(Ap)(x) = p'(x)$. Die zugehörige Exponentialfunktion $\exp(hA)$ bewirkt eine Argumentverschiebung um h: $\exp(hA)p = h^k/k!(A^k p)(x) = p(x+h)$ (nach Taylor!). $\qquad\square$

Besitzt A die Eigenwerte y_i, so besitzt $\exp(A)$ die Eigenwerte $\exp(y_i)$. Achtung:

Beispiel 46. Unterscheide: $A = \begin{pmatrix} 1 & 2 \\ 2 & 3 \end{pmatrix}$, $A^{\hat{2}} = \begin{pmatrix} 1 & 4 \\ 4 & 9 \end{pmatrix}$, aber $A \cdot A = \begin{pmatrix} 5 & 8 \\ 8 & 13 \end{pmatrix}$. $\qquad\square$

Satz 11. Der Phasenfluss $\exp(tA)$ verändert mit der Zeit ein Phasenraumvolumen $V(0)$ auf den Wert $V(t) = e^{t \, \mathrm{Sp}(A)} V(0)$.

Beispiel 47. Harmonischer Oszillator mit linearer Reibung

$$\{d/dt\; x = y; \quad d/dt\; y = -by - kx\} \quad \to \mathrm{Sp}(A) = -b. \qquad\square$$

Für $b > 0$ wird wiederum der Rauminhalt verringert, für $b < 0$ vergrössert. Für $b = 0$ bleibt das Volumen zeitlich konstant.

4.1.4 Topologie linearer Flüsse

Zum Begriff der *Normalform*: Die Vorgehensweise, nichtlineare Differentialgleichungen durch geeignete Variablentransformationen so umzuformen, dass ihr Verhalten durch eine Linearisierung beschrieben ist, heisst Normalformtechnik.

Statt eines Vektorfeldes betrachten wir die formale vektorwertige Potenzreihe

$$v(x) = Ax + \ldots, \tag{4.1}$$

wobei wir annehmen, dass die Eigenwerte von A unterschiedlich sind. Die Punkte bezeichnen höhere Ordnungen in A. Ein Tupel von Eigenwerten $\mu_1, \mu_2, \ldots \mu_i$ von A heisst *resonant* in der Ordnung k, wenn es eine integer-Beziehung $\mu_s = \sum m_i \mu_i$, $m_i \geq 0$, $\sum m_i = k$ gibt.

Beispiel 48. $\mu_1 = 2\mu_2$ ist eine Resonanz der Ordnung 2; $2\mu_1 = 3\mu_2$ ergibt keine Resonanz; $\mu_1 + \mu_2 = 0$ ergibt eine Resonanz der Ordnung 3 (da $\mu_1 = 2\mu_1 + \mu_2$ gilt). □

Satz 12. (Hauptergebnis der Dissertation von Poincaré) Wenn die Eigenwerte von A nichtresonant sind, kann die obige nichtlineare Gleichung durch sukzessive Variablentransformationen auf eine lineare Gleichung (ihre *Normalform*) gebracht werden. Für die Transformation spielen die Poissonklammern die zentrale Rolle.

Übersicht

Wir betrachten einfachheitshalber nur den zweidimensionalen Fall $M = \mathbb{R}^2$,

$$d/dt\, x = Ax,$$

mit der reellen 2×2 Matrix A. Hier tauchen nur konjugiert-komplexe Eigenwertpaare auf. Man kann folgende Fälle unterscheiden:

Fälle:	**Normalform:**	**Eigenwerte:**
stabiler Knoten	$\begin{pmatrix} a_1 & 0 \\ 0 & a_2 \end{pmatrix}$	$\{a_1, a_2\} < 0$
entarteter stabiler Knoten	$\begin{pmatrix} a & 1 \\ 0 & a \end{pmatrix}$	$a < 0$
Sattel (Hyperbel)	$\begin{pmatrix} a_1 & 0 \\ 0 & a_2 \end{pmatrix}$	$a_1 > 0,\ a_2 < 0$
instabiler Knoten (Parabel)	$\begin{pmatrix} a_1 & 0 \\ 0 & a_2 \end{pmatrix}$	$a_1,\ a_2 > 0$
stabiler Strudel	$\begin{pmatrix} a & -\omega \\ \omega & a \end{pmatrix}$	$a + i\omega,\ \omega > 0,\ a < 0$
instabiler Strudel	$\begin{pmatrix} a & -\omega \\ \omega & a \end{pmatrix}$	$a > 0$
Wirbel oder Zentrum (Ellipse)	$\begin{pmatrix} 0 & -\omega \\ \omega & 0 \end{pmatrix}$	$\pm i\omega$
Konvergenz auf eine Linie	$\begin{pmatrix} a & 0 \\ 0 & 0 \end{pmatrix}$	$a < 0$

Aufgabe 41. Zeichnen Sie die zugehörigen Phasenflüsse!

Aufgabe 42. Wie lauten die zugeordneten Aussagen für zeitdiskrete Abbildungen?

> **Satz 13.** Seien die Eigenwerte der Matrix A von der Form $a + i\omega$. Die allgemeine Lösung der obigen Differentialgleichung ist eine Linearkombination von $\{t^l \exp(at)\cos\omega t, t^l \exp(at)\sin\omega t\}$, wobei der Summationsindex l über alle Eigenwerte geht.

Beweis. Für einfache reelle Eigenwerte: Es gibt eine Konjugation Q, welche A diagonalisiert: $QAQ^{-1} = \text{diag}\{l_1, \ldots, l_n\}$, $QA^2Q^{-1} = \text{diag}\{l_1, \ldots, l_n\}^2$, usw. Deshalb ist $Q\exp(A)Q^{-1} = \text{diag}\{\exp(l_1), \ldots, \exp(l_n)\}$, also

$$x(t) = Q^{-1}\text{diag}\{\exp(l_1), \ldots, \exp(l_n)\}Qx_0.$$

Q besteht aus Eigenvektoren von A: Die (normierten) Zeilen von Q sind die linken Eigenvektoren v_k von A und die Spalten von Q^{-1} sind, transponiert, die rechten Eigenvektoren u_k von A^T. Damit wird

$$x(t) = \sum_{k=1}^{n}(v_k, x_0)u_k e^{l_k t}.$$

Ebenso gibt es eine Transformation Q, welche für komplexe Eigenwerte geeignet ist. Sie führt zu den sin und cos -Termen. Obige Formel lässt sich auch direkt verifizieren. Gesucht sind skalare Funktionen $T(t)$, sodass $x(t) = T(t)u$ ist. Eingesetzt in die Differentialgleichung ergibt das $(\frac{d}{dt}T)/T)u = Au$, sodass $l = (\frac{d}{dt}T/T)$ eine Konstante sein muss, und damit $T(t) = \exp(lt)$ wird. Damit kommt man auf die Eigenwertaufgabe $Au = mu$, welche die allgemeinster Lösung

$$x(t) = \sum_{k=1}^{n} c_k u_k e^{l_k t}$$

hat. Die Anfangsbedingung $x(0) = x_0$ wird dann durch $c_k = (v_k, x_0)$ (spezielle Lösung) gewährleistet. $\square$

> **Satz 14.** Gilt $\text{Re}(l_k) < 0$ für alle k, so geht $x(t) \to 0$; ist $\text{Re}(l_k) > 0$, so divergiert $x(t)$ für wachsendes t.

Bemerkung I. Der Satz für die Volumenänderung gilt auch bei komplexen Eigenwerten, wobei $\text{Sp}(A) = \sum_{k=1}^{n}\text{Re}(l_k)$ zu nehmen ist.

Definition 4.4. Stabilität von Fixpunkten der ursprünglichen Differentialgleichung: Sei $f \in C^1$. Es gelte $f(x^*) = 0$. Dann ist x^* ein Fixpunkt.

- x^* ist *Lyapunov-stabil*, wenn für alle $\epsilon > 0$ es ein $\delta > 0$ gibt, sodass gilt: $||x(t) - x^*|| < \epsilon$, sobald $||x(0) - x^*|| < \delta$ ist.

- x^* heisst *asymptotisch stabil*, wenn zusätzlich gilt: $||x(t) - x^*|| \to 0$ für divergierendes t, sobald $||x(0) - x^*|| < \delta$.

- Andernfalls heisst x^* *instabil*.

Aufgabe 43. Betrachte den harmonischen Oszillator mit linearer Reibung

$$d/dt\, x = y,\ d/dt\, y = -by - kx, k > 0.$$

Welches ist die Stabilität des Fixpunktes $x^* = (0,0)$?

4.1.5 Linearisierung nichtlinearer Flüsse

Sei $d/dt\, x = f(x)$, wie in der ursprünglichen Differentialgleichung. In der Nähe eines Fixpunktes macht es Sinn, zu linearisieren. Nachdem man die Koordinatenverschiebung $y = x - x^*$ durchgeführt hat, erhält man

$$f(x^* + y) = f(x^*) + f'(x^*)y + \dots,$$

und da $f(x^*) = 0$ ist, gilt $d/dt\, y = Ay + 0(||y||)$, mit $A = \text{Jacobi } f(x^*)) = Df(x^*)$, gemäss dem früheren Gebrauch.

Die Idee, dass höhere Terme in y keinen Einfluss auf die Topologie um 0 haben, ist anschaulich, würde aber einen Beweis verlangen. Der Satz von Hartman und Grobman beweist, dass die Klassifizierung der singulären Punkte des nichtlinearen Systems durch die Linearisierung durchgeführt werden kann, falls kein Eigenwert der Linearisierung verschwindet bzw. rein imaginär ist.

4.1.6 Fixobjekte

Fixpunkte

Betrachte die Differentialgleichung $d/dt\, x = f(x)$. Sei f ein C^1-Vektorfeld über M, $x(t) = x_0$. Falls $f(x^*) = 0$ ist, heisst x^* ein Fixpunkt. Fixpunkte können verschiedenes Verhalten für grosse Zeiten zeigen.

- Falls es für alle $\epsilon > 0$ ein $\delta > 0$ gibt, sodass $||x(t) - x^*|| < \epsilon$ für alle t, wenn $||x(t) - x^*|| < \delta$ war, heisst x^* stabil gegen kleine Störungen.

- x^* heisst asymptotisch stabil, wenn gilt $||x(t) - x^*|| \to 0$.

Stabilität und asymptotische Stabilität kann man oft mittels einer Lyapunov-Funktion zeigen. Zusätzlich zu Fixpunkten gibt es weitere Fixobjekte.

Grenzmengen

Wir beginnen mit zwei Beispielen:

Beispiel 49. Sei $\{d/dt\, x = y,\ d/dt\, y = -kx\}$, $k > 0$. Dieses System hat Ellipsen als Trajektorien. $\qquad\qquad\square$

Beispiel 50. Das System $\{d/dt\, x = x - y - x(x^2 + y^2),\ d/dt\, y = x + y - y(x^2 + y^2)\}$ hat in Polarkoordinaten die Form $\{d/dt\, r = r(1 - r^2),\ d/dt\, p = 1\}$ mit $r_0 = 0$. Behauptung: $r_{00} = 1$ ist ein asymptotisch stabiler Fixpunkt, $r_0 = 0$ aber ist instabil. Damit folgt, dass $r = 1$ für fast alle Trajektorien erreicht wird. Das Fixobjekt heisst *Grenzzyklus* (limit cycle). $\qquad\qquad\square$

Letzteres Beispiel zeigt, dass es stabile Objekte C gibt, welche durch Linearisierung am Nullpunkt nicht gefunden werden. Diese sind jedoch nur in nichtlinearen Systemen möglich. Um die Stabilität dieser Objekte zu zeigen, braucht man einen erweiterten Abstandsbegriff:

$$d(x, C) := \min_{y \in C} ||x - y||.$$

- C heisst *orbital stabil*, wenn es für alle $\epsilon > 0$ ein $\delta > 0$ gibt, sodass für Lösungen $x(t) = T_t(x_0)$ mit $d(x_0, C) < \delta$, gilt dass $d(C, T_t(x_0)) < \epsilon$, für alle $t > 0$.

- C heisst *asymptotisch stabil*, wenn zusätzlich gilt: $\lim_{t \to \infty} d(T_t(x_0), C) = 0$.

Bemerkung II. Die periodischen Bahnen aus dem ersten Beispiel sind stabil, aber nicht asymptotisch stabil. Das zweite Beispiel ist asymptotisch stabil.

Bemerkung III. Für gekrümmte Flächen etwa benutzt man zur Definition des Abstandsbegriffs anstelle des Minimums das Infimum, da ersteres unter Umständen nicht angenommen wird.

Sei U eine Umgebung einer geschlossenen Trajektorie C (oder eines Fixpunktes C). Die lokalen stabilen/instabilen Mannigfaltigkeiten sind wie folgt definiert:

$$W_-^{loc}(C) = \{x \in U \mid T_t(x) \in U \text{ für alle } t \geq 0, d(T_t(x), C) \to 0 \text{ für } t \to \infty\}.$$

$$W_+^{loc}(C) = \{x \in U \mid T_t(x) \in U \text{ für alle } t \leq 0, d(T_t(x), C) \to 0 \text{ für } t \to -\infty\}.$$

Die lokalen Eigenrichtungen sind Linearisierungen dieser Mannigfaltigkeiten. Globale stabile/instabile Mannigfaltigkeiten können daraus wie folgt definiert werden:

$$W_s(C) = \bigcup_{t \leq 0} T_t(W_-^{loc}(C)), \qquad W_u(C) = \bigcup_{t \geq 0} T_t(W_+^{loc}(C)).$$

Wegen der Eindeutigkeit der Lösung einer Differentialgleichung können sich stabile (instabile) Mannigfaltigkeiten verschiedener Punkte und eines einzelnen Punktes nicht schneiden. W_s und W_u verschiedener Fixpunkte können aber teilweise zusammenfallen. Die Einzugsgebiete von verschiedenen anziehenden Mengen werden durch die stabilen Mannigfaltigkeiten nichtanziehender Mengen getrennt (so genannte Separatrixen).

Aufgabe 44. Man zeichne das Phasenporträt der Differentialgleichung

$$\{d/dt\,x = x - x^3, \ d/dt\,y = -y\}.$$

Es gibt aber noch weitere Fixobjekte zu den geschlossenen Trajektorien Fixpunkt, Ellipsen und Grenzzyklus. Wie werden diese erreicht?

Definition 4.5. Eine Menge G heisst *(positiv) invariant* unter einem Fluss T_t, falls für alle x aus G gilt: $T_t(x)$ liegt in G, für alle reellen t.

Definition 4.6. Eine Menge N heisst *nichtwandernd*, falls für alle $x \in N$ und jede Umgebung $U(x)$ gilt: Für alle $t > 0$ gibt es ein $t' > t$: $T'_t(x) \bigcap U(x)$ ist nichtleer.

Definition 4.7. $L_\omega(x) = \{y|$ Es existiert eine einseitig positiv unendliche Folge t_n, $t_n \to \infty$, $T_{tn}(x) \to y\}$ heisst die *ω-Grenzmenge* von x. Für $t \to -\infty$ heisst sie α-Grenzmenge.

Definition 4.8. Eine abgeschlossene invariante Menge A heisst *anziehend*, wenn es eine positiv invariante Umgebung von A gibt, die vorwärts zu A konvergiert.

Definition 4.9. Eine anziehende Menge A, die eine Trajektorie als dichte Teilmenge enthält, heisst *Attraktor*. Sie soll ausserdem nicht in disjunkte invariante Teilmengen zerlegt werden können.

Beispiel 51. Beispiele für Grenzmengen L_ω sind: a) Grenzzyklus; b) homokliner Sattel. □

Wann tritt Konvergenz fast aller Trajektorien gegen den Attraktor auf? Attraktoren sollen offenbar niedrigvoluminal sein. Es ist $T_t = e^{tA}$ der Phasenfluss der linearen Differentialgleichung $\frac{d}{dt}x = Ax$. Ein Raumteil V von Anfangsbedingungen entwickelt sich wie $|T_t(V)| = |V| \exp(t \, \mathrm{Sp}(A))$. Für nichtlineare Systeme und die Linearisierung A muss V klein sein, damit dasselbe genähert in einer Umgebung eines Punktes x gilt.

Gilt $\mathrm{Sp}(A(x)) < 0$ für alle $x \in M$, so wird das Volumen ständig kontrahiert, sodass asymptotisch ein Attraktor des Volumens 0 erhalten wird (dissipativer Fall). Die Forderung nach ständiger lokaler Dissipation ist natürlich nicht notwendig. Es kann genügen, wenn alle Raumteile zusammen im Langzeitgrenzwert gegen 0 konvergieren. Dieses ist eine erweiterte, für Beispiele besser anwendbare, Definition von Dissipativität.

Was kann über die Art der Attraktoren gesagt werden?

Satz 15. (Poincaré-Bendixon) Eine nichtleere kompakte ω-Grenzmenge eines ebenen Flusses, die keinen Fixpunkt enthält, ist ein geschlossener Orbit (zeigt also kein Chaos).

4.1.7 Volumenentwicklung

Sei ein Anfangspunkt $x_0 \in \mathbb{R}^n$ gegeben und eine Umgebung $U(x_0)$ darum herum. Wie entwickelt sich ein um x_0 konzentriertes Anfangsvolumen V in der Zeit? Im zeitdiskreten Fall ist die Sache einfach, besonders, wenn wir eine konstante Determinante $\det(Df(x)) = q, \; \forall x$ haben. Dann entwickelt sich der Rauminhalt wie

$$V(k) \sim (\det(Df))^k = q^k.$$

Wie sieht das nun im zeitkontinuierlichen Fall aus? Betrachten wir ein Startparallelepiped mit $x_0 = 0$ als Eckpunkt und den Kanten in Koordinatenachsenrichtung.

Satz 16. (Satz von Liouville) Sei $M(t)$ ein Rauminhalt gegeben durch eine $n \times n$ Matrix von untereinander unabhängigen Lösungen des homogenen Differentialgleichungssystems

$$\frac{du}{dt} = V(u).$$

Dann gilt: $M(t) = M(0) \, e^{t \, \mathrm{div}(V)}$. Für Systeme mit konstanter Divergenz $\mathrm{div}(V) < 0$ ergibt sich daraus eine exponentielle Volumenkontraktion $M(t) \to 0$ für $t \to \infty$.

Beispiel 52. Betrachte das mechanische System mit Reibung

$$\{d/dt\,x = y,\ \ d/dt\,y = (-\beta y + f(x))/m\}, \quad \text{wo}\ \ \beta > 0, m > 0.$$

Dann ergibt die Divergenz div $V(x,y) = -\beta/m < 0$ eine konstante Dissipation.
$\square$

Beispiel 53. Betrachte das Lorenz-System:

$$\{d/dt\,x = s(x + y),\ \ d/dt\,y = rx - y - zx,\ \ d/dt\,z = xy - bz\},$$

wo $s > 0, r > 0, b > 0$. Es folgt daraus div $V(x,y) = -(s + 1 + b) < 0$: eine konstante Dissipation.
$\square$

Beispiel 54. Beim Van der Pol-System

$$\{d/dt\,x = y,\ \ d/dt\,y = e(1 - x^2)y - x\},$$

wo $e > 0$, erhält man, obwohl div $V(x,y) = e(1 - x^2)$ beide Vorzeichen annehmen kann, dass das System trotzdem dissipativ ist.
$\square$

4.1.8   Zeitdiskrete (iterierte) Abbildungen

Von einem zeitkontinuierlichen System kommt man über einen Poincaré-Schnitt zur zeitdiskreten Abbildung. Varianten des Vorgehens sind stroboskopische Abbildungen und Amplitudenabbildungen (auch Lorenzabbildungen genannt). Der Effekt des Schnittes ist der Verlust der marginal stabilen Richtung des Zeitflusses. Wir betrachten wieder eine reelle 2×2 Matrix A . Man erhält eine neue Fixpunktcharakterisierung:

Fälle:	Normalform:	Eigenwerte:
stabiler Knoten	$\begin{pmatrix} a_1 & 0 \\ 0 & a_2 \end{pmatrix}$	$\{|a_1|, |a_2|\} < 1$
entarteter stabiler Knoten	$\begin{pmatrix} a & 1 \\ 0 & a \end{pmatrix}$	$|a| < 1$
Sattel (Hyperbel)	$\begin{pmatrix} a_1 & 0 \\ 0 & a_2 \end{pmatrix}$	$|a_1| < 1, |a_2| > 1$
instabiler Knoten (Parabel)	$\begin{pmatrix} a_1 & 0 \\ 0 & a_2 \end{pmatrix}$	$\{|a_1|, |a_2|\} > 1$
stabiler Strudel	$\begin{pmatrix} a & -\omega \\ \omega & a \end{pmatrix}$	$a + i\omega\colon \omega > 0, |a| < 1$

Fälle:	Normalform:	Eigenwerte:
instabiler Strudel	$\begin{pmatrix} a & -\omega \\ \omega & a \end{pmatrix}$	$|a| > 1$
Wirbel oder Zentrum (Ellipse)	$\begin{pmatrix} 0 & -\omega \\ \omega & 0 \end{pmatrix}$	$\pm i\omega$
Konvergenz auf eine Linie	$\begin{pmatrix} a & 0 \\ 0 & 0 \end{pmatrix}$	$|a| < 1$

Beispiel 55. Gegeben ein zweidimensionales flächenerhaltendes lineares System: $\det(A) = 1$, A eine reelle 2×2-Matrix.

Behauptung: Dann gibt es nur die Fixpunkttypen Sattel und Zentrum.

Beweis: Die Eigenwertgleichung ist eine Gleichung zweiter Ordnung, mit Lösungen, die entweder beide reell oder konjugiert komplex sind. Im ersten Fall sind die Eigenwerte μ_1, μ_2 reziprok, da ihr Produkt $\mu_1\mu_2 = \det(A) = 1$ erfüllt. Dies bedeutet eine instabile und eine stabile Richtung, also ein Sattel. Im zweiten Fall erfüllen die Eigenwerte $\mu_1 \cdot \mu_2 = (a + ib)(a - ib) = a^2 + b^2 = 1$, was je einer komplexen Drehung gleichkommt. $\qquad\square$

4.1.9 Bifurkationen

In Funktion eines äusseren Parameters wird ein System mitunter sein Verhalten merkbar verändern. Tut es das in stetiger Art, so nennt man das Paar $\{a, x(t)\}$, $x(t) \in X$ Phasenraum, a äusserer Parameter, einen Bifurkationspunkt (Lösungsverzweigungspunkt). Falls das in unstetiger Weise geschieht (indem sich etwa schlagartig die ganze Lösungstopologie ändert), so spricht man von einer *Krise*. In diesem Fall hat man es oft mit einem Zusammenstoss von stabilen Fixobjekten mit instabilen Orbits, was im Allgemeinen keine stabile Fixobjekte erzeugt, zu tun. Wie häufig sind Bifurkationspunkte im Fall, wo die dynamische Gleichung differenzierbar ist?

Satz 17. Gegeben sei ein Vektorfeld, welches von einem äusseren Parameter differenzierbar abhängt. Dann hängt jeder kritische Punkt von diesem Parameter differenzierbar ab, vorausgesetzt, dass alle Eigenwerte der Linearisierung beim kritischen Punkt ungleich null (also nichtdegeneriert) sind.

Satz 18. Die Menge der Bifurkationspunkte eines generischen einparametrigen Systems mit einer C^2-differenzierbaren dynamischen Abbildung besteht aus regulären Punkten. Ist der unterliegende Raum kompakt (dies ist normalerweise der Fall), so besteht die Menge deshalb aus isolierten Punkten.

Dies kommt daher, dass an einem Bifurkationspunkt die Abbildung nicht mehr eindeutig, das heisst nicht mehr invertierbar ist. Gemäss dem Satz über implizite Funktionen geschieht das bei kritischen Punkten; die Menge der kritischen Punkte für diese Art Systeme ist aber vom Mass Null.

Wir behandeln nur die wichtigsten Bifurkationen. Nach dem obigen Satz können kritische Punkte generisch nur paarweise erzeugt werden, oder sie annihilieren sich in Paaren. Besonders einfache und häufige Bifurkationen sind Perioden-Verdoppelungspunkte (Feigenbaum- oder Heugabel-Bifurkationen). Hier verliert eine Bahn der Periode p ihre Stabilität und bei weiterer Veränderung des äusseren Parameters entsteht eine stabile Bahn der Periode $p' = 2p$. Wir beschränken uns auf den einfachsten Fall einer (mindestens) quadratischen Abbildung f des Intervalls $[0, 1]$. Wir benutzen in Folgendem für die Komposition $f(f)$ wiederum die Schreibweise $f(f) =: f^2$, und verallgemeinert für beliebige positive $n \in \mathbb{N}$.

Definition 4.10. Sei x^* ein Fixpunkt. Eine Sattel-Knoten Bifurkation liegt beim Parameterwert a^* vor, falls gilt:

$$\frac{\partial f}{\partial x}\,|_{a^*, x^*} = 1,$$

$$\frac{\partial^2 f}{\partial x^2}\,|_{a^*, x^*} \neq 0,$$

$$\frac{\partial f}{\partial a}\,|_{a^*, x^*} \neq 0.$$

Ein typisches Beispiel dafür ist $f : x \to x + a + x^2$. Für $a < a^* = 0$ haben wir einen stabilen und einen instabilen Fixpunkt, welche für $a^* = 0$ gemeinsam verschwinden.

Definition 4.11. Sei x^* ein Fixpunkt. Eine Heugabel-Bifurkation liegt beim Parameterwert a^* vor, falls gilt:

$$\frac{\partial f}{\partial x}\,|_{a^*, x^*} = -1,$$

$$\frac{\partial^2 f^2}{\partial x \partial a}\,|_{a^*, x^*} \neq 0,$$

$$\frac{\partial^3 f}{\partial x^3}\,|_{a^*, x^*} \neq 0.$$

Das typische Beispiel hierfür ist $f : x \to -x + a + x^2$. Um den Mechanismus besser zu verstehen, betrachten wir die Taylor-Entwicklung $f(x) = -x + \alpha + \beta x + px^2 + qx + \cdots$. Für die Komposition $f(f) =: f^2$ erhält man

$$f^2(x) = x - (2\alpha p + 2\beta)x - (2q + 2p^2)x^3 + \cdots \approx x + ax + \rho x^3.$$

$x = 0$ ist ein Fixpunkt; er ist stabil für $a < 0$ und instabil für $a > 0$. ρ trägt ebenfalls zur Charakterisierung der Bifurkation bei: Für $\rho < 0$ bifurkiert der Fixpunkt – er selber wird instabil – in zwei wiederum stabile Fixpunkte (*superkritische Bifurkation*). Für $\rho > 0$ liegt ein anderer Weg vor: Ausgehend von einem stabilen und zwei instabilen Fixpunkten für $a < 0$ annihiliert das System zwei dieser Punkte und verbleibt mit (instabilen) Fixpunkt $x = 0$ (*subkritische Bifurkation*). Heugabel-Bifurkationen gibt es in Dimension zwei nicht. Die Möglichkeit von Chaos in kontinuierlichen Systemen wird im folgenden Kapitel diskutiert.

Bemerkung IV. Für eindimensionale kontinuierliche Systeme lässt man in den Paradebeispielen das lineare Glied weg.

Bemerkung V. Man spricht im superkritischen Fall von einem *weichen* Verlust der Stabilität durch die Heugabel-Bifurkation, im subkritischen Fall von einem *harten* Verlust der Stabilität. Diese Sprechweise ist entsprechend auch für andere Bifurkationstypen gebräuchlich.

4.2 Zur Theorie der Grenzzyklussysteme

4.2.1 Grundbeispiele

Grenzzyklusphänomene treten in vielen Bereichen der Physik, Chemie und Technik auf. Stichworte sind: Lasertheorie, biochemische Oszillatoren, Elektronik.

Beispiel 56. Das bekannteste Beispiel eines Grenzzyklussystems ist der Van der Pol-Oszillator

$$\frac{d^2u}{dt^2} - a(u^2 - 1)\frac{du}{dt} + u = 0,$$

wobei a eine positive Konstante ist. □

Diese Gleichung wurde von Van der Pol (1926) bei der Untersuchung von Vakuumröhren-Kippschwingungen gefunden. Für $u > 1$ ist die Dämpfung positiv, während sie für $u < 1$ negativ ist. Die Nichtlinearität ergibt sich aus der nichtlinearen Strom-Spannungsbeziehung für die Röhrenkennlinie. Van der Pol (1926), Levinson und Smith (1942) und andere untersuchten diese Gleichung für verschiedene Werte von a. Sie fanden dabei stabiles Grenzzyklusverhalten in der Phasenebene $(u, du/dt)$.

Beispiel 57. Ein System mit Grenzzyklusverhalten, welches wir schon im Zusammenhang mit Poincaré-Schnitten angetroffen haben, ist von Ueda und Akamatsu (1981) untersucht worden. Der Ursprung dieses Systems liegt ebenfalls in der Elektronik (negative Widerstände). Die Differentialgleichung lautet

$$\frac{d^2u}{dt^2} - a(1 - u^2)\frac{du}{dt} + u^3 = 0.$$

Untersuchungen ergeben, dass sich für $a > 0$ stabile Grenzzyklen einstellen. □

Listing 18. Ueda-Grenzzyklus

```
h = 0.004; x = {0.2, 0.1,0};
k1 = x; k2 = x; k3 = x; a = 0.2;
```

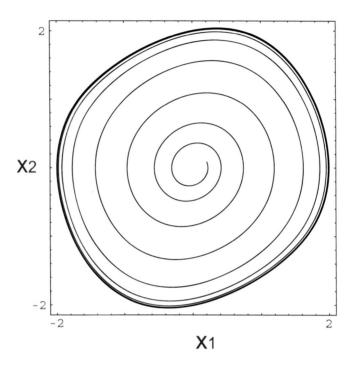

Abbildung 4.1: Van der Pol-Grenzzyklus für den Parameter $a = 0.2$. Man erkennt, wie die transiente Lösung auf den stabilen Grenzzyklus zuläuft.

```
3   k = 17; Omega = 4; n = 1;
4   f[x_] := {x[[2]], a(1 - (x[[1]])^2) x[[2]] - (x[[1]])^n
5              + k Cos[x[[3]]], Omega};
6   RK := Module[{y}, k1 = h *f[x]; k2 = h*f[x + k1/2];
7     k3 = h*f[x + k2/2]; k4 = h*f[x + k3];
8     y = x + 1/6*(k1 + 2*k2 + 2*k3 + k4); x = y; Return[x]];
9   T = Table[RK, {i, 1, 10000}];
10  TT = T[[All, {1, 2}]];
11  ListPlot[TT, Frame -> True, Axes -> None, AspectRatio -> 1]
```

Die beiden Beispiele gehören zu einer speziellen Klasse von Grenzzyklussystemen, welche wir noch genauer untersuchen werden.

Beispiel 58. Das dynamische System

$$\frac{d^2u}{dt^2} + a \sin\left(\frac{du}{dt}\right) + u = 0$$

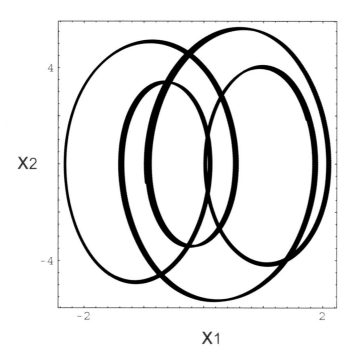

Abbildung 4.2: Ueda-Grenzzyklus. In Funktion seiner Parameter wechselt dieser seine Form auf überraschende Weise, ohne jedoch die Natur eines Grenzzyklus zu verlieren.

beschreibt weitere einfache elektronische Schaltungen. Diese Gleichung wurde unter anderen von Hochstadt und Stephan 1967, D'Heedene 1969, Ponzo 1971, Steeb und Kunick 1982a untersucht. Sie besitzt unendlich viele Grenzzyklen in der Phasenebene $(u, du/dt)$. $\square$

Auch in der chemischen Kinetik kommen stabile Grenzzyklussysteme vor:

Beispiel 59. Ein einfaches System ist der *Brüsselator*

$$\frac{dx}{dt} = x^2 y - Bx - x + A, \qquad \frac{dy}{dt} = -x^2 y + Bx,$$

wobei x und y Konzentrationen und A und B positive Konstanten sind. Die Gleichung ergibt sich aus dem Reaktionssystem

$$
\begin{aligned}
A &\rightarrow X \\
2X + Y &\rightarrow 3X \qquad \text{(autokatalytischer Schritt)} \\
B + X &\rightarrow Y + D \\
X &\rightarrow E.
\end{aligned}
$$

$\square$

Beispiel 60. Dreitlein und Smoes (1974) haben das verwandte System

$$\frac{dx}{dt} = x\,(C - x^2 - y^2) + 2y, \qquad \frac{dy}{dt} = y\,(C - x^2 - y^2) - 2x,$$

untersucht, wobei $C > 0$ ist. Der stabile Grenzzyklus ist durch $x^2 + y^2 = C$ gegeben. Das heisst, der Grenzzyklus ist ein Kreis mit dem Radius $\sqrt{C}$. □

Aufgabe 45. Man vergleiche das Van der Pol-System mit dem frei laufenden harmonischen Oszillator und vergleiche die Natur der jeweiligen Lösungen!

Der zum Grenzzyklus führende Grundmechanismus wird besonders schön durch das folgende Beispiel erläutert:

Beispiel 61. Betrachte die Differentialgleichung

$$\frac{d^2x}{dt^2} + \left(x^2 + \left(\frac{dx}{dt}\right)^2 - 1\right)\frac{dx}{dt} + x = 0. \tag{4.2.1}$$

Der Ausdruck $\frac{1}{2}(x^2 + (\frac{dx}{dt})^2)$ kann als Energie E interpretiert werden. Diese verändert sich in der Zeit als

$$\frac{dE}{dt} = -\left(\frac{dx}{dt}\right)^2\left(x^2 + \left(\frac{dx}{dt}\right)^2 - 1\right).$$

Aus $\frac{dE}{dt} = -f\frac{dx}{dt}$ folgt, dass $(\frac{dx}{dt})(x^2 + (\frac{dx}{dt})^2 - 1)$ die Reibungskraft f ist. Das bedeutet, dass für $r^2 := x^2 + (\frac{dx}{dt})^2 > 1$ Dämpfung erfolgt (Energieverlust), für $r^2 < 1$ aber Energie gewonnen wird. Für $r = 1$ gilt schliesslich $\frac{dE}{dt} = 0$, was bedeutet, dass die Reibung den Energiezuwachs ausgleicht. Man kann leicht sehen, dass die Kreisgleichung $x^2 + (\frac{dx}{dt})^2 = 1$ eine Lösung der ursprünglichen Gleichung ist. Deshalb erhält man eine vorteilhaftere Darstellung des Systemes in Polarkoordinaten

$$\frac{dr}{dt} = r(1 - r^2)\sin^2\theta, \qquad \frac{d\theta}{dt} = (1 - r^2)\sin\theta\cos\theta - 1.$$

Diese zeigt wiederum, dass die Lösung stabil ist (für $r < 1$ gilt $\frac{dr}{dt} > 0$, für $r > 1$ gilt $\frac{dr}{dt} < 0$). $\frac{d\theta}{dt} \sim -1$ zeigt, dass die Grenzzyklusbewegung im Uhrzeigersinn erfolgt. Im Gegensatz zu den elliptischen Bahnen ist dabei der Radius der Oszillation unabhängig von den Anfangsbedingungen. □

Aufgabe 46. Man zeige, dass der Koordinatenursprung ein instabiler Wirbel ist!

Aufgabe 47. Man zeige an Hand des folgenden Beispiels, dass sich die Natur des Fixpunktes bei Einbezug der nichtlinearen Glieder ändern kann. Unser Beispiel ist (mit $r^2 = x_1^2 + x_2^2$)

$$\frac{dx_1}{dt} = x_2 + x_1 r(1-r), \qquad \frac{dx_2}{dt} = -x_1 + x_2 r(1-r).$$

In der Linearisierung wird

$$\frac{dx_1}{dt} = x_2, \qquad \frac{dx_2}{dt} = -x_1,$$

sodass der Ursprung ein elliptischer Fixpunkt ist. In Polarkoordinaten hingegen ($\tan\theta = x_2/x_1$) wird das ursprüngliche System zu

$$\frac{dr}{dt} = r^2(1-r), \qquad \frac{d\theta}{dt} = -1,$$

was nicht nur zeigt, dass bei $r = 1$ ein Grenzzyklus vorliegt, sondern auch beweist, dass der Ursprung ein instabiler Wirbel ist.

4.2.2 Existenzsätze

Satz 19. Sei G ein einfach zusammenhängendes Gebiet der (u_1, u_2)-Ebene. Sind die Funktionen $V_1(u_1, u_2)$ und $V_2(u_1, u_2)$ des autonomen Systems $du_1/dt = V_1(u_1, u_2), du_2/dt = V_2(u_1, u_2)$ in G stetig differenzierbar und hat die Divergenz

$$\text{div } \mathbf{V} = \frac{\partial V_1}{\partial u_1} + \frac{\partial V_2}{\partial u_2}$$

in G konstantes Vorzeichen, so gibt es keine ganz in G gelegene geschlossene Trajektorie des Systems $du_1/dt = V_1(u_1, u_2), du_2/dt = V_2(u_1, u_2)$.

Da die Divergenz eines linearen Systems konstant ist, impliziert dies, dass das System $du_1/dt = V_1(u_1, u_2), du_2/dt = V_2(u_1, u_2)$ nichtlinear sein muss, wenn es Grenzzyklen enthalten soll.

Satz 20. Gegeben sei ein autonomes System $du_1/dt = V_1(u_1, u_2), du_2/dt = V_2(u_1, u_2)$ in der Ebene. V_1 und V_2 seien stetig differenzierbar. Dann enthält eine geschlossene Trajektorie in ihrem Inneren mindestens einen Fixpunkt.

Definition 4.12. Ein autonomes System $d\mathbf{u}/dt = \mathbf{V}(\mathbf{u})$ heisst *Gradientensystem*, wenn es als $d\mathbf{u}/dt = \mathbf{V}(\mathbf{u}) = \operatorname{grad}\phi(\mathbf{u})$ geschrieben werden kann, wobei ϕ in einem sternförmigen Gebiet definiert ist.

Satz 21. Ein Gradientensystem enthält keine Grenzzyklen als Lösungen.

Aufgabe 48. Man beweise diesen Satz. *Hinweis:* Sei $\mathbf{u}(t)$ eine periodische Lösung von $d\mathbf{u}/dt = \mathbf{V}(\mathbf{u})$ mit der Periode T. Aus

$$\frac{d\mathbf{u}}{dt} = \mathbf{V}(\mathbf{u}) = \operatorname{grad}\phi(\mathbf{u})$$

folgt

$$\int\limits_{t}^{t+T} \left(\frac{d\mathbf{u}(s)}{ds}\right)^2 ds = \int\limits_{t}^{t+T} \frac{d\mathbf{u}(s)}{ds} \cdot \operatorname{grad}\phi(\mathbf{u}(s)) ds,$$

wobei $\cdot$ das Skalarprodukt bezeichnet. Durch weiteres Umformen zeige man, dass

$$\int\limits_{t}^{t+T} \left(\frac{d\mathbf{u}(s)}{ds}\right)^2 ds = 0.$$

4.2.3   Eine Spezialklasse von Grenzzyklussystemen

Gleichungen der Form

$$\frac{d^2u}{dt^2} - a(1-u^2)\,\frac{du}{dt} + u^n = 0, \quad n \in \mathbb{Z}^+, \tag{4.2.3}$$

zeigen generell Grenzzyklusverhalten (Levinson und Smith 1942). Uns bereits bekannte Beispiele sind das Van der Pol-System ($n = 1$) und das Ueda-System ($n = 3$). Eine allgemeinere Form dieser Gleichungen lautet

$$\frac{d^2u}{dt^2} + f(u)\,\frac{du}{dt} + g(u) = 0.$$

Damit ein stabiler Grenzzyklus auftritt, müssen an die Funktionen f und g folgende Bedingungen gestellt werden:

  1. f ist gerade, g ist ungerade, beide Funktionen sind stetig für alle u, $f(0) < 0$,

  2. $u\,g(u) > 0$ für $u \neq 0$,

3. g erfüllt die Lipschitz-Bedingung,

4. $F(u) \to \pm\infty$ wenn $u \to \infty$, wobei $F(u) := \int_0^u f(s)\,ds$,

5. F hat eine einfache Nullstelle bei $u = b > 0$ und ist für $u \geq b$ monoton wachsend.

Beispiel 62. Das System (4.2.3) kann auch wie folgt geschrieben werden:

$$\frac{du_1}{dt} = u_2, \qquad \frac{du_2}{dt} = a(1 - u_1^2)\,u_2 - u_1^n,$$

wobei n ungerade ist. Die einzige zeitunabhängige Lösung ist der Ursprung. Eine periodische Lösung (wie sie ein Grenzzyklus darstellt) muss in der (u_1, u_2)-Ebene mindestens einen Fixpunkt einschliessen (zeitunabhängige Lösung). Für $a > 0$ wird die Lösung im Ursprung instabil und der Grenzzyklus stabil. Für $a \ll 1$ wird der Grenzzyklus näherungsweise ein Kreis mit dem Ursprung als Mittelpunkt. Ist $a = 0$, so ergeben sich nur periodische Orbits (kein Grenzzyklus) und die Bewegungsgleichungen können aus einer Hamilton-Funktion H abgeleitet werden. Die Orbits ergeben sich aus

$$\frac{u_2^2}{2} + \frac{u_1^{n+1}}{n+1} = c^2,$$

wobei der Wert von c^2 durch die Anfangsbedingungen bestimmt ist.   □

Beispiel 63. Die Gleichung

$$\frac{d^2u}{dt^2} + r \sin\left(\frac{du}{dt}\right) + u = 0$$

fällt nicht in die obige Klasse, zeigt aber trotzdem Grenzzyklusverhalten. Auch hier ist der Ursprung ein Fixpunkt. Er ist instabil, falls $r < 0$ ist. Ist $r > 0$, so existiert eine Umgebung um den Ursprung, in der alle Trajektorien auf den Ursprung zulaufen. Diese Gleichung enthält unendlich viele Grenzzyklen. Die Stabilität der Grenzzyklen wurde von D'Heedene (1969) untersucht.   □

Aufgabe 49. Man zeige, dass die obige Gleichung als

$$\begin{pmatrix} \dfrac{du_1}{dt} \\[2mm] \dfrac{du_2}{dt} \end{pmatrix} = \begin{pmatrix} \dfrac{\partial H}{\partial u_2} \\[2mm] -\dfrac{\partial H}{\partial u_1} \end{pmatrix} + \operatorname{grad}\phi$$

geschrieben werden kann, wobei

$$H(u_1, u_2) = \frac{u_1^2}{2} + \frac{u_2^2}{2}$$

und

$$\phi(u_1, u_2) = r \cos(u_2)$$

bezeichnen.

Aufgabe 50. Man löse die Van der Pol-Gleichung näherungsweise durch die *Metho-de der langsam veränderlichen Amplitude*. Dies bedeutet, dass man vom Ansatz

$$u(t) = A(t) \cos(\omega t)$$

ausgeht. Der Grundgedanke des Verfahrens besteht darin, dass $A(t)$ als eine lang-sam mit der Zeit veränderliche Funktion aufgefasst wird, für die gelten soll

$$\frac{dA}{dt} \ll A\omega, \qquad \frac{d^2 A}{dt^2} \ll A\omega^2$$

(Existenz zweier Zeitskalen). Weiter approximiert man die Funktion $a(1 - u^2)du/dt$ durch die beiden ersten Glieder ihrer Fourier-Entwicklung.

Hinweis: Es gelten die Identitäten

$$\sin^3 \alpha \equiv \frac{3}{4} \sin \alpha - \frac{1}{4} \sin 3\alpha,$$

$$\cos^3 \alpha \equiv \frac{3}{4} \cos \alpha + \frac{1}{4} \cos 3\alpha.$$

Die Terme $\sin(3\alpha)$ und $\cos(3\alpha)$ werden vernachlässigt.

4.3   Periodisch gestörte Grenzzyklussysteme

4.3.1   Eine Übersicht

Nichtlineare autonome Systeme in der Dimension 2 können kein Chaos zeigen. Dies ist eine Konsequenz des Satzes von Poincaré-Bendixon:

Satz 22. Sei M eine offene Teilmenge der Sphäre S^2 oder der projektiven Ebene und X ein C^1-Vektorfeld auf M. Dann sind alle positiv oder negativ rekurrenten Bahnen periodisch. Des weiteren gilt: Falls die ω-Grenzmenge eines Punktes keinen Fixpunkt enthält, so besteht sie aus einer einzelnen periodischen Bahn.

Treibt man ein System etwa mit einer periodischen äusseren Kraft $k \cos(\Omega t)$, so erhöht sich die Dimension, und das System kann Chaos zeigen. Die Van der Pol-Gleichung mit äusseren periodischen Störungen wurde für den Fall $a \ll 1$ u.a. von Bogoliubov und Mitropolsky 1961, Cartwright und Littlewood 1947 unter Zuhilfenahme der Mittelwertmethode mit analytischen und topologischen Methoden untersucht. Für $0 < a < 1$ wurden numerische Untersuchungen durch Steeb und Kunick (1987) durchgeführt. Den Fall $a \gg 1$ studierten Flaherty und Hoppenstedt (1978), Levi (1981), Steeb et al. (1989). Für $a = k = 5$ und $\Omega = 2.466$ findet man chaotisches Verhalten. Linkens (1977) untersuchte ein System von zwei gekoppelten Van der Pol-Oszillatoren bei schwacher Kopplung. Ueda und Akamatsu (1981) untersuchten die Gleichung

$$\frac{d^2u}{dt^2} - a(1 - u^2) + u^n = k \cos(\Omega t)$$

für $n = 3$ numerisch. In Abhängigkeit von den Bifurkationsparametern a, k und Ω fanden sie ebenfalls chaotisches Verhalten. Für den Van der Pol-Fall, d.h. für $n = 1$, ergibt sich für $0 < a < 1$ allerdings kein chaotisches Verhalten. Für $n = 5$ wurde die obige Gleichung von Steeb und Kunick (1987) untersucht. Diese Gleichung kann ebenfalls Chaos zeigen.

Tomida et al. (1977) und Tomida und Kai (1979) untersuchten den Brüsselator mit äusserer periodischer Erregung. Sie fanden chaotisches Verhalten in Abhängigkeit von den Parametern k und Ω. Strampp et al. (1982) koppelten das Grenzzyklussystem von Dreitlein und Smoes (1974) mit der Diffusionsgleichung, wodurch man eine nichtlineare partielle Differentialgleichung erhält. Sie fanden für gewisse Parameterwertkombinationen $\{C, D\}$, wo D die Diffusionskonstante bezeichnet, raumzeitliches Chaos.

Grenzzyklussysteme mit äusseren periodischen Störungen werden wir später ausführlich untersuchen, speziell die Fälle $n = 1, 3, 5$ der Systemtypen

$$\frac{d^2u}{dt^2} - a(1 - u^2)\frac{du}{dt} + u^n = k \cos(\Omega t)$$

und

$$\frac{d^2u}{dt^2} - a \sin\left(\frac{du}{dt}\right) + u = k \cos(\Omega t).$$

Die Amplituden und die Frequenzen der äusseren Störungen werden durch k bzw. Ω bezeichnet. Da die getriebenen Gleichungen nicht geschlossen lösbar sind, ist man auf numerische Methoden angewiesen. Wir sind dabei wieder besonders am Auftreten von chaotischem Verhalten der Lösungen interessiert. Die oben genannten Grenzzyklussysteme wurden bereits früh um periodische Störungen erweitert. Im nächsten Abschnitt folgen dazu einige ausführlichere Bemerkungen.

4.3.2 Periodisch gestörte Spezialklasse

Beispiel 64. In diesem Abschnitt behandeln wir periodische Störungen der oben genannten Grenzzyklusklasse:

$$\frac{du_1}{dt} = u_2, \qquad \frac{du_2}{dt} = a(1 - u_1^2)\, u_2 - u_1^n + k\cos(\Omega t), \quad \text{für} \quad n = 1, 3, 5. \quad (4.3.2)$$

Diese Gleichungen sind invariant unter der Transformation

$$t \to t + \frac{2\pi m}{\Omega},$$

mit $m \in \mathbb{Z}$. Wir setzen $u_3(t) := \Omega t$ und erhalten das autonome System

$$
\begin{aligned}
\frac{du_1}{dt} &= u_2, \\
\frac{du_2}{dt} &= a(1 - u_1^2)\, u_2 - u_1^n + k\cos u_3, \\
\frac{du_3}{dt} &= \Omega,
\end{aligned}
$$

wobei $u_3(t = 0) = 0$ ist. Die Gleichungen sind auf $\mathbb{R}^2 \times S^1$ definiert. Zur Berechnung des Phasenportraits, der Lyapunov-Exponenten und der Autokorrelationsfunktionen $C_{u_1 u_1}$, $C_{u_2 u_2}$ benutzen wir das autonome System.

Nach Ueda (1980a), Ueda und Akamatsu (1981) und Kawakami (1984) können wir einen Diffeomorphismus $T_r : \mathbb{R}^2 \to \mathbb{R}^2$, mit $r = r(a, k, \Omega)$ einführen, der die Entscheidung erlaubt, ob eine periodische, quasiperiodische oder chaotische Bewegung vorliegt. Der (zweidimensionale) Diffeomorphismus ist dabei wie folgt gegeben: Sei

$$(t, u_{10}, u_{20}) \to u_1(t, u_{10}, u_{20}), \qquad (t, u_{10}, u_{20}) \to u_2(t, u_{10}, u_{20})$$

eine Lösung von (4.2.3), deren Anfangswerte $P_0 = (u_{10}, u_{20})$ zur Zeit $t = 0$ sind. Sei $P_1 = (u_{11}, u_{21})$ ein Punkt dieser Lösung zum Zeitpunkt $t = 2\pi/\Omega$. Das bedeutet, dass

$$u_{11} = u_1\left(\frac{2\pi}{\Omega}, u_{10}, u_{20}\right) \qquad u_{21} = u_2\left(\frac{2\pi}{\Omega}, u_{10}, u_{20}\right)$$

gilt. Der Diffeomorphismus definiert die Poincaré-Abbildung $T_r : \mathbb{R}^2 \to \mathbb{R}^2 : P_0 \to P_1$. $\qquad\Box$

- Ist die Lösung $(u_1(t), u_2(t))$ periodisch mit der Periode $2\pi/\Omega$, so gibt es einen einzigen Fixpunkt P_0 der Abbildung T_r, d.h. $T_r(P_0) = P_0$. Die Poincaré-Abbildung zeigt damit einen einzelnen Punkt.

- Ist $(u_1(t), u_2(t))$ eine *subharmonische Lösung* der Ordnung $1/m$, wobei $m = 2, 3, \ldots$ (oder, mit anderen Worten, eine periodische Lösung mit Periode $2m\pi/\Omega$), dann ist P_0 ein Punkt mit Periode m, so dass gilt $T_r^m(P_0) = P_0$ und $P_0 \neq T_r^j(P_0)$, wobei $j = 1, \ldots, m-1$ ist. Es folgt, dass es m Punkte P_0, $P_1 = T_r(P_0), \ldots, P_{m-1} = T_r^{m-1}(P_0)$ gibt, die Fixpunkte von T_r^m sind. Die Poincaré-Abbildung zeigt damit die endliche Anzahl von m Punkten.

- Eine invariante geschlossene Kurve C mit $T_r(C) = C$ entspricht einer *quasiperiodischen Lösung* des Systems.

- Im chaotischen Falle zeigt die Poincaré-Abbildung eine mehr oder weniger "zufällige Struktur" einer unendlichen Zahl von Punkten. Die Poincaré-Abbildung ist nicht mehr zu einem Kreis homöomorph. Die "zufällige Struktur" enthält "Falten". Sind zwei Punkte P_1 und P_2 auf dem Attraktor zu Beginn nahe beieinander, so werden sie unter der Wirkung der Abbildung T_r im chaotischen Fall zuerst exponentiell separiert. Nach einer maximalen Trennung der beiden Punkte werden sie sich unter der Abbildung über einen Faltungsprozess wieder nähern, um dann, wenn sie benachbart sind, wieder exponentiell zu separieren. Es kann dann der Fall eintreten, dass das System chaotisch ist und der Attraktor eine ganzzahlige Kapazität hat. Daneben kann auch der Fall auftreten, dass das System einen Attraktor mit nichtganzzahliger Kapazität hat und der maximale eindimensionale Lyapunov-Exponent null ist.

Wir wollen nun die numerischen Ergebnisse zu (4.3.2) betrachten. Für (4.3.2) kann man aus numerischen Ergebnissen vermuten, dass im chaotischen Fall der Attraktor eine nichtganzzahlige Fraktaldimension (Kapazität) hat, und dass die Umkehrung auch richtig ist.

- *Fall $n = 1$ (Van der Pol).* Für $a = 0.2$, $k = 17$ und $\Omega = 4$ ist die Bewegung quasiperiodisch. Der maximale eindimensionale Lyapunov-Exponent ist gleich null und die Autokorrelationsfunktionen zerfallen nicht. Die numerischen Studien zeigen, dass im Parameterbereich von $0 < a < 1$, $0 < \Omega < 10$ und $0 < k < 20$ kein chaotisches Verhalten auftritt. Dieses Ergebnis wurde auch von Ueda und Akamatsu (1981) gefunden. Für $a = k = 5$, $\Omega = 2.466$ zeigt die Van der Pol-Gleichung mit äusserer periodischer Störung chaotisches Verhalten. Der maximale eindimensionale Lyapunov-Exponent ist gegeben durch $\lambda_{max}^I = 0.25$. Die Autokorrelationsfunktionen zerfallen (Parlitz und Lauterborn 1987).

- *Fall $n = 3$ (Ueda).* Für $a = 0.2$, $k = 17$ und $\Omega = 4.0$ zerfallen die Autokorrelationsfunktionen $C_{u_1 u_1}$ und $C_{u_2 u_2}$ ebenfalls. Auch für diesen Fall liegt chaotisches Verhalten vor: Der maximale eindimensionale Lyapunov-Exponent ist $\lambda_{max}^I = 0.28$. Der Attraktor zeigt deutliche Falten, welche ausführlich von Ueda und Akamatsu (1981) diskutiert wurden.

- Für die Werte $a = 5$, $k = 5$ und $\Omega = 2.466$ findet man für $n = 3$ überraschenderweise kein chaotisches Verhalten (Steeb et al. 1989), während für $n = 1$

(siehe oben) chaotisches Verhalten auftritt. Der Fall $n = 5$ wurde von Steeb und Kunick (1985) ausführlich untersucht.

Aufgabe 51. Man untersuche die Gleichung

$$\frac{du_1}{dt} = u_2, \qquad \frac{du_2}{dt} = a \sin u_2 - u_1^n + k \cos(\Omega t)$$

numerisch. Man zeige (numerisch), dass sich für $n = 1$ und $|a| < 1$ kein chaotisches Verhalten ergibt. Man zeige weiter, dass für $n = 3$ und 5 chaotisches Verhalten für $|a| < 1$ auftreten kann, da die Nichtlinearität u_1^n ($n = 3, 5$) für das Auftreten von chaotischem Verhalten verantwortlich ist.

Aufgabe 52. Man untersuche die Van der Pol-Gleichung

$$\frac{d^2u}{dt^2} + r(u^2 - 1)\frac{du}{dt} + u = k \cos(\Omega t)$$

mit der Methode der langsam veränderlichen Amplitude. Der Ansatz ist

$$u(t) = a(t)\cos(\Omega t) + b(t)\sin(\Omega t),$$

wobei a und b langsam veränderliche Funktionen sind, d.h. man kann d^2a/dt^2 und d^2b/dt^2 vernachlässigen (Jordan und Smith 1985).

4.3.3 Periodisch gestörte anharmonische Systeme

In diesem Abschnitt untersuchen wir äussere periodische Störungen von anharmonischen Systemen.

Beispiel 65. Die Gleichung, die wir untersuchen werden, lautet

$$\frac{d^2u}{dt^2} + a\frac{du}{dt} + \frac{dU(u)}{du} = k \cos(\Omega t), \quad \text{mit} \qquad (4.3.3)$$

$a > 0$: Reibungskoeffizient
U: Potential, in dem sich das Teilchen bewegt (und welches die Anharmonizität erzeugt)
k: Amplitude der äusseren periodischen Störung
Ω: Frequenz der äusseren Störung. $\square$

Diese Gleichung kann man wiederum als ein autonomes System erster Ordnung

$$\frac{du_1}{dt} = u_2,$$

$$\frac{du_2}{dt} = -au_2 - \frac{dU(u_1)}{du_1} + k\cos(u_3),$$

$$\frac{du_3}{dt} = \Omega,$$

beschreiben, wobei $u_1 = u$, $u_2 = du/dt$ und $u_3(t = 0) = 0$ zu setzen ist. Diese Gleichung ist invariant unter

$$u_1 \to u_1, \qquad u_2 \to u_2, \qquad u_3 \to u_3 + 2\pi n,$$

mit $n \in \mathbb{Z}$. Somit ist diese Gleichung definiert auf $\mathbb{R}^2 \times S^1$. Die betrachtete Gleichung ist linear in der Dämpfung. Das Problem lässt sich auch als eines von zwei Oszillatoren auffassen. In dieser Lesart koppelt sich die Lösung eines harmonischen Oszillators mit der eines gedämpften anharmonischen Oszillators. Da die allgemeine Lösung der linearen Gleichung gegeben ist durch

$$v(t) = C_1 \sin(\Omega t) + C_2 \cos(\Omega t),$$

koppeln sich die beiden Oszillatoren gemäss

$$\frac{d^2u}{dt^2} + a\frac{du}{dt} + \frac{dU(u)}{du} = v,$$

$$\frac{d^2v}{dt^2} + \Omega^2 v = 0.$$

Schliesslich kann man die erste Gleichung zweimal bezüglich der Zeit t differenzieren und in die zweite Gleichung einsetzen. Daraus folgt eine nichtlineare Gleichung vierter Ordnung.

Um das Verhalten dieser Gleichung zu verstehen, interessieren wir uns für die Phasenporträts in der (u_1, u_2)-Ebene, in Abhängigkeit von unterschiedlichen Potentialformen. Im Speziellen interessiert uns chaotisches und Grenzzyklusverhalten. Die Potentiale, die wir im Folgenden betrachten, haben die Symmetrie

$$U(-u) = U(u).$$

Beispiele sind

$$U(u) = \frac{u^4}{4} - \frac{u^2}{2}, \qquad U(u) = \cos(u)$$

(siehe Steeb und Louw 1986). Nichtsymmetrische Potentiale wurden von Kurz und Lauterborn (1988) untersucht. Ein Beispiel dafür ist der Toda-Oszillator mit

$$U(u) = \exp(u) - u,$$

wobei $U(u) \to \infty$ für $|u| \to \infty$.

Die oben stehenden Gleichungen können für die vorgegebenen Potentiale nicht exakt gelöst werden, da sie auf nichtlineare Differentialgleichungen führen. Wiederum sind wir gezwungen, numerische Rechenverfahren anzuwenden. Wir berechnen das Phasenportrait, die Poincaré-Abbildung, die maximalen Lyapunov-Exponenten, die Autokorrelationsfunktionen und Attraktoren, wie früher beschrieben. Zum Auffinden von approximativen Lösungen der obigen Systeme könnte im Prinzip die Methode der harmonischen Balance angewandt werden (siehe Jordan und Smith (1985)). Im chaotischen Bereich sind diese approximativen Lösungen allerdings nicht mehr gültig.

Wir betrachten hier nur den Fall einer einzigen äusseren periodischen Kraft. Der Fall mit zwei Kräften wurde von Romeiras und Ott (1987) untersucht. Aus den numerischen Ergebnissen vermutet man, dass in diesem Fall so genannte *fremdartige nicht-chaotische Attraktoren* ("strange nonchaotic attractors") auftreten können. Das heisst, der Attraktor hat eine nichtganzzahlige Kapazität und der maximale eindimensionale Lyapunov-Exponent ist null. Neben den numerischen Untersuchungen kann man auch eine analytische Störungsmethode anwenden, die nach ihrem Erfinder die Melnikov-Methode benannt wird. Sie verlangt die Bestimmung der Melnikov-Funktion, welche Aussagen über die Existenz chaotischer Bewegung macht.

4.3.4 Linearer Grenzfall: Quadratisches Potential

Um den Einfluss der Nichtlinearität zu verstehen, wollen wir zuerst den linearen Fall behandeln:

Beispiel 66.
$$\frac{d^2 u}{dt^2} + a\frac{du}{dt} + \omega^2 u = k\cos(\Omega t), \tag{4.3.4}$$
Dieses System wird durch (4.3.3) beschrieben mit dem Potential

$$U(u) = \frac{1}{2}\omega^2 u^2. \qquad \qquad \square$$

Die Form (4.3.4) wird in den Lehrbüchern ausführlich behandelt (Magnus 1969, Davis 1962), da sie in der Mechanik und in der Elektrotechnik von Bedeutung ist. Als Beispiel dazu betrachten wir den Reihenschwingkreis (Maschenregel). Ist I die Stromstärke, so gilt

$$L\frac{dI}{dt} + RI + \frac{1}{C}\int_0^t I(s)\,ds = E\sin(\Omega t),$$

wobei die folgenden Symbole verwendet wurden:

R: Ohmscher Widerstand
L: Induktivität
C: Kapazität
Ω: Frequenz der äusseren Störung
E: Amplitude der äusseren Störung.

Ableitung dieser Gleichung bezüglich der Zeit ergibt

$$\frac{d^2 I}{dt^2} + \frac{R}{L}\frac{dI}{dt} + \frac{1}{LC}I = \frac{E\Omega}{L}\cos(\Omega t).$$

Der Vergleich mit (4.3.4) führt zu

$$a = \frac{R}{L}, \qquad \omega^2 = \frac{1}{LC}, \qquad k = \frac{E\Omega}{L}.$$

Da diese Gleichung linear ist, lässt sich die Lösung geschlossen angeben als

$$u(t) = u_h(t) + u_p(t),$$

wobei u_h die allgemeine Lösung der homogenen Gleichung

$$\frac{d^2 u}{dt^2} + a\frac{du}{dt} + \omega^2 u = 0,$$

und u_p eine partikuläre Lösung der Gleichung (4.3.4) ist. Für die allgemeine Lösung der homogenen Gleichung finden wir

- $\omega^2 = \left(\frac{a}{2}\right)^2$: $u_h(t) = (C + Dt)e^{-at/2}$,

- $\omega^2 < \left(\frac{a}{2}\right)^2$: $u_h(t) = Ce^{(-a/2+\sqrt{(a/2)^2-\omega^2})t} + De^{(-a/2-\sqrt{(a/2)^2-\omega^2})t}$,

- $\omega^2 > \left(\frac{a}{2}\right)^2$: $u_h(t) = [C\cos\sqrt{\omega^2 - (a/2)^2}t + D\sin\sqrt{\omega^2 - (a/2)^2}t]e^{-at/2}$,

wobei C und D die Integrationskonstanten sind. Um eine partikuläre Lösung von (4.3.4) zu finden, machen wir den Ansatz

$$u_p(t) = A\cos(\Omega t) + B\sin(\Omega t),$$

wobei A und B zwei Konstanten sind. Setzen wir diesen Ansatz in (4.3.4) ein, so folgt

$$(\omega^2 - \Omega^2)A + a\Omega B = k, \qquad -a\Omega A + (\omega^2 - \Omega^2)B = 0.$$

Lösen wir nach A und B auf, so ergibt sich

$$A = \frac{(\omega^2 - \Omega^2)k}{(\omega^2 - \Omega^2)^2 + a^2\Omega^2}, \qquad B = \frac{a\Omega^2 k}{(\omega^2 - \Omega^2)^2 + a^2\Omega^2}.$$

Ist $a > 0$, so folgt für $t \to \infty$ $u_h(t) \to 0$. Das heisst, wir haben $u(t) \to u_p(t)$. Für $k \neq 0$ läuft das System im Phasenraum $\mathbb{R}^2$ auf einen stabilen Grenzzyklus zu, mit $u_2 := du_1/dt$. Ist zusätzlich $\omega = \Omega$, so folgt als Lösung für $t \to \infty$

$$u_{1p}(t) = \frac{k}{a}\sin(\Omega t),$$

$$u_{2p}(t) = \frac{k\Omega}{a}\cos(\Omega t).$$

Beispiel 67. Wir wollen die Gleichung (Davis 1962)

$$\frac{d^2 u}{dt^2} + 2u = -2\cos 2t$$

exakt lösen. Dieser Oszillator besitzt keinen Dämpfungsterm. Die Anfangswerte seien $\{u(t = 0) = 1, \quad du(t = 0)/dt = \sqrt{2}\}$. Die Frequenz der äusseren Anregung ist $\Omega = 2$, und die Frequenz des Oszillators ist $\omega = \sqrt{2}$.

Als Lösung erhalten wir

$$\begin{aligned}
u(t) &\equiv u_1(t) = \sin\sqrt{2}t + \cos 2t,\\
\frac{du}{dt} &\equiv u_2(t) = \sqrt{2}\cos\sqrt{2}t - 2\sin 2t\,.
\end{aligned}$$

Da die Frequenzen $\omega = \sqrt{2}$ und $\Omega = 2$ *inkommensurabel* sind, d.h.

$$\frac{\Omega}{\omega} = \sqrt{2},$$

ist die Lösung nicht-periodisch. Ein Teil des Phasenraumes $\mathbb{R}^2$ wird durch die Trajektorien völlig ausgefüllt. Es handelt sich im vorliegenden Fall jedoch nicht um chaotisches Verhalten. Die Poincaré-Abbildung ergibt sich aus $(u_1(n\pi), u_2(n\pi))$ als Funktion von n mit $n \in \mathbb{N} \cup \{0\}$ da $2\pi/\Omega = \pi$. Sie führt zur Gleichung

$$u_1(n\pi) = \sin(\sqrt{2}n\pi) + 1,$$

$$u_2(n\pi) = \sqrt{2}\cos(\sqrt{2}n\pi).$$

Daraus ergibt sich die Kurve

$$u_1^2 + \frac{u_2^2}{2} - 2u_1 = 0,$$

welche eine Ellipse beschreibt.   □

Aufgabe 53. Man finde die allgemeine Lösung der linearen Differentialgleichung mit zwei äusseren periodischen Störungen

$$\frac{d^2u}{dt^2} + a\frac{du}{dt} + \omega^2 u = k_1 \cos(\Omega_1 t) + k_2 \cos(\Omega_2 t),$$

für $a > 0$. Man diskutiere den Fall $t \to \infty$.

4.3.5 Quartisches Potential

Bemerkung I. Weitere nichtlineare Probleme finden sich in den beiden nächsten Kapiteln, darunter insbesondere das getriebene Pendel.

Beispiel 68. Wir untersuchen das Potential

$$U : \mathbb{R} \to \mathbb{R} : \quad U(u) = \frac{bu^2}{2} + \frac{cu^4}{4}, \tag{4.3.5}$$

wobei wir die folgenden Fälle unterscheiden:

$$\text{(i)} \quad b < 0, \ c > 0, \qquad \text{(ii)} \quad b > 0, \ c < 0, \qquad \text{(iii)} \quad b > 0, \ c > 0. \qquad \square$$

Wir wollen nun das System (4.3.3) für das Potential (4.3.5) in Abhängigkeit der Verzweigungsparameter

$$a, \quad b, \quad c, \quad k, \quad \Omega,$$

auf chaotisches Verhalten untersuchen. Wir bemerken, dass (4.3.4) bei geeigneter Wahl der Parameter und der Anfangswerte für u_1, u_2 ein Grenzfall von (4.3.5) ist.

Bemerkung II. Für die globale Stabilität ist die Form des Potentials verantwortlich. Es ist offenkundig, dass für die Fälle (i) und (iii) globale Stabilität der Trajektorien vorliegt, da

$$U(u) \to \infty, \qquad \text{wenn} \qquad |u| \to \infty.$$

Für den verbleibenden Fall (ii) existiert keine globale Stabilität: Es können sich bei hinreichend grossen Anfangswerten Lösungen mit explodierenden Amplituden ergeben, da gilt

$$U(u) \to -\infty, \qquad \text{wenn} \qquad |u| \to \infty.$$

Bemerkung III. Das ungestörte System kann aus einer Hamilton-Funktion $H : \mathbb{R}^2 \to \mathbb{R}$

$$H(u_1, u_2) = \frac{u_2^2}{2} + \frac{bu_1^2}{2} + \frac{cu_1^4}{4}$$

abgeleitet werden, wobei

$$\frac{du_1}{dt} = \frac{\partial H}{\partial u_2}, \qquad \frac{du_2}{dt} = -\frac{\partial H}{\partial u_1}$$

ist. Das Phasenportrait wird beschrieben durch

$$\frac{u_2^2}{2} + \frac{bu_1^2}{2} + \frac{cu_1^4}{4} = C,$$

wobei die Konstante C durch die Anfangswerte (u_{10}, u_{20}) festgelegt ist.

Beispiel 69. (Gestörtes System) Für das Potential

$$U(u) = \frac{1}{2}bu^2 + \frac{1}{4}cu^4$$

erhalten wir die Gleichung

$$\frac{d^2u}{dt^2} + a\frac{du}{dt} + bu + cu^3 = k\cos(\Omega t). \qquad (4.3.6)$$

$\square$

- **Fall (i)** $b < 0$, $c > 0$

Beispiel 70. Der Fall (i) $b < 0$, $c > 0$ wurde von u.a. von Holmes 1979 und Steeb et al. 1983a untersucht. Mit $u_1 = u$ und $du_1/dt = u_2$ wird die obige Gleichung geschrieben als

$$\begin{aligned}
\frac{du_1}{dt} &= u_2, \\
\frac{du_2}{dt} &= -bu_1 - cu_1^3 - au_2 + k\cos(\Omega t).
\end{aligned}$$

Für das ungestörte System ($a = 0$ und $k = 0$) liegt ein autonomes System vor,

$$\frac{du_1}{dt} = u_2, \qquad \frac{du_2}{dt} = -bu_1 - cu_1^3. \qquad (4.3.7)$$

Mögliche Fixpunkte sind

$$(u_1^*, u_2^*) = (0,0) \qquad \text{und} \qquad (u_1^*, u_2^*) = \left(\pm\sqrt{\frac{-b}{c}}, 0\right).$$

$\square$

Aufgabe 54. Man zeige, dass $P(0,0)$ ein hyperbolischer Fixpunkt ist und die beiden übrigen Punkte elliptische Fixpunkte sind. Hinweis: Für den Fixpunkt $P(0,0)$ sind die Eigenwerte der Funktionalmatrix rein reell und für die Fixpunkte $(\pm\sqrt{-b/c},0)$ sind die Eigenwerte der Funktionalmatrix rein imaginär.

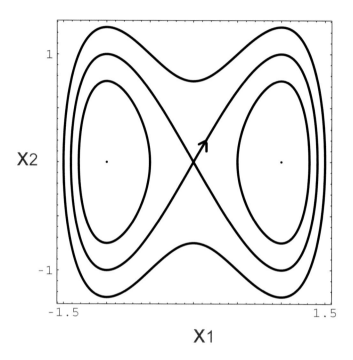

Abbildung 4.3: Das ungestörte System mit einem quartischen Potential (4.3.5). Man erkennt einen homoklinen Orbit. $P(0,0)$ ist ein hyperbolischer Sattel.

Listing 19. Quartisches Potential

```
f[x_] := {x[[2]], -b x[[1]] - c (x[[1]])^3 };
b = -2; c = 2;
h = 0.004; x = {2^0.5, 0};
k1 = x; k2 = x; k3 = x;
RK := Module[{y}, k1 = h *f[x]; k2 = h*f[x + k1/2];
   k3 = h*f[x + k2/2]; k4 = h*f[x + k3];
   y = x + 1/6*(k1 + 2*k2 + 2*k3 + k4); x = y;
```

```
 8    Return[x]];
 9    x = {2^0.5,0}; T = {};
10    l = {{2^0.5, 0}, {-2^0.5, 0}, {1.0, 0}, {-1.0, 0}, {-0.5, 0},
11       {0.5, 0}, {1.5, 0}, {-1.5, 0}};
12    T = {};
13    Do[x = l[[k]];
14    T = Union[T, Table[RK, {i, 1, 10000}]], {k, 1, Length[l]}];
15    ListPlot[T, Frame -> True, Axes -> None, AspectRatio -> 1,
16    PlotRange -> All]
```

Wie in den Beispielen angedeutet, existiert für das ungestörte System ein *homokliner Orbit* Γ_h. $P(0,0)$ ist ein hyperbolischer Fixpunkt. Seine α- *und* ω-*Menge* (Knobloch und Kappel 1974) ist der Ursprung $(0,0)$. Der homokline Orbit Γ_h ist gegeben durch

$$u_{1,hk}(t) \;=\; \left(\frac{-2b}{c}\right)^{1/2} \operatorname{sech}(\pm(-b)^{1/2}(t-t_0)),$$

$$u_{2,hk}(t) \;=\; -b\left(\frac{2}{c}\right)^{1/2} \operatorname{sech}(\pm(-b)^{1/2}(t-t_0))\tanh(\pm(-b)^{1/2}(t-t_0)).$$

Der homokline Orbit spielt eine zentrale Rolle bei der Anwendung der Melnikov-Methode.

Beispiel 71. Das *gestörte System (4.3.6 (i))* kann nicht mehr explizit gelöst werden. Man ist auf eine numerische Berechnung der Lösung angewiesen. Für hinreichend kleine k-Werte findet man kein chaotisches Verhalten. Ab einem gewissen Schwellwert k_c tritt Chaos auf (b, Ω fest). Für die numerischen Untersuchungen wird das folgende Gleichungssystem benutzt:

$$\frac{du_1}{dt} = u_2, \qquad \frac{du_2}{dt} = -bu_1 - cu_1^3 - au_2 + k\cos u_3, \qquad \frac{du_3}{dt} = \Omega. \qquad \square$$

Wenn man in den numerischen Untersuchungen die Grössen $a = 1$, $b = -10$, $c = 100$, $\Omega = 3.5$ festhält, die Amplitude der äusseren Störung $k \in [0, 2.0]$ aber variiert, so findet man für $k < 0.8$ noch kein chaotisches Verhalten. Im Intervall $[0.8, 2.0]$ ergeben sich dann chaotische Gebiete mit eingebetteten periodischen Lösungen (so genannte periodische Fenster). Das Verhalten des maximalen eindimensionalen Lyapunov-Exponenten als Funktion von k wird bei Steeb et al. (1983a) untersucht. Für die Werte $k = 1.2$ wird $\lambda_{max} = 0.35$; für $k = 1.3$ erhält man $\lambda_{max} = 0$. Für $k = 1.2$ zerfällt die Autokorrelationsfunktion $C_{u_1 u_1}$, während sie dies für $k = 1.3$ nicht mehr tut. Numerische Rechnungen zeigen weiter, dass für hinreichend grosse Werte von k kein chaotisches Verhalten mehr existiert.

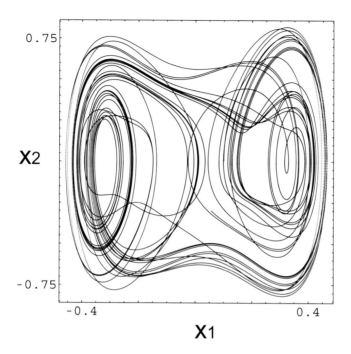

Abbildung 4.4: Das gestörte System (4.3.6 (i)) zeigt für $k = 1.2$ chaotisches Verhalten.

● **Fall (ii)** $b > 0$, $c < 0$:

Beispiel 72. Dem Fall (ii) $b > 0$, $c < 0$ liegt wiederum das ungestörte autonome System (4.3.7) zu Grunde, mit denselben Fixpunkten wie bei (i). □

Wenn wir zum gestörten System übergehen, so tritt für hinreichend kleine Werte von k bei festgehaltenen a, b, c und Ω kein chaotisches Verhalten auf. Für grosse k explodieren die Amplituden. Dies hängt mit dem Verlauf des Potentials zusammen, da für $|u| \to \infty$, gilt: $U(u) \to -\infty$. Für nicht zu grosse k-Werte kann chaotisches Verhalten auftreten. Jedoch liegen diese Trajektorien nahe bei denen, die ein Verhalten mit explodierender Amplitude zeigen. Die beiden Bereiche lassen sich bei numerischen Untersuchungen schwer trennen, da Rundungsfehler auftreten. Das gestörte System wurde von Huberman und Crutchfield (1979) eingehend mit Hilfe von Analog-Computern untersucht.

• **Fall (iii)** $b > 0$, $c > 0$:

Dieser Fall wurde genauer von Hayashi (1980), Ueda (1980b) und Steeb et al. (1983a) untersucht.

Beispiel 73. Dem Fall $b > 0$, $c > 0$ liegt wiederum das ungestörte autonome System (4.3.7) zu Grunde (mit $a = 0$ und $k = 0$), welches jetzt aber nur noch einen Fixpunkt $P(0,0)$ besitzt.   □

Bemerkung IV. Vergleichen wir die Ergebnisse für die Fälle

$$\text{(i)} \quad b < 0,\ c > 0, \qquad \text{(iii)} \quad b > 0,\ c > 0,$$

so folgt: Für das Auftreten des chaotischen Verhaltens ist zunächst die Nichtlinearität $cu^4/4$ verantwortlich. Das Potential

$$U(u) = \frac{1}{2}\, bu^2 + \frac{1}{4}\, cu^4,$$

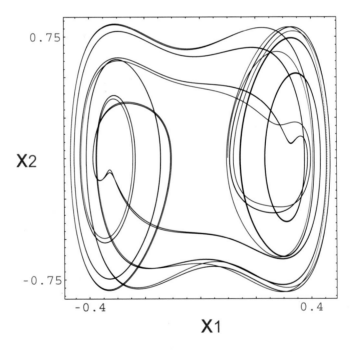

Abbildung 4.5: Das gestörte System (4.3.6 (i)) zeigt für $k = 1.3$ reguläres Verhalten (dies trifft für grosse k stets zu).

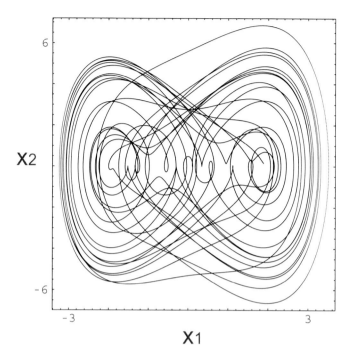

Abbildung 4.6: Das gestörte System (4.3.6 (i)) zeigt für $k = 7.5$, $b = 0$, $c = 1$, $a = 0.05$ chaotisches Verhalten.

mit $b < 0$ und $c > 0$, hat bei $u = 0$ ein Maximum und bei

$$u = \pm(b/c)^{1/2}$$

zwei Minima. Es hat den Anschein, dass das chaotische Verhalten durch diese Form des Potentials "verstärkt" wird. Die maximalen Werte des maximalen eindimensionalen Lyapunov-Exponenten unterscheiden sich in beiden Fällen um den Faktor 3 bis 5 im chaotischen Bereich.

Für die Parameterwerte $b = 0$, $c = 1$, $\Omega = 1$, $a = 0.05$ und $k = 7.5$ finden wir chaotisches Verhalten. Der eindimensionale maximale Lyapunov-Exponent ist $\lambda_{max} = 0.11$.

Listing 20. Gestörtes System (4.3.6 (i))

```
a = 0.05; k = 7.5; b = 0; c = 1; Omega = 1; x = {0.1, 0, 0};
h = 0.004;
f[x_] := {x[[2]],
          -b x[[1]] - c (x[[1]])^3 - a x[[2]] + k Cos[x[[3]]],
```

```
  5       Omega};
  6   RK := Module[{y}, k1 = h*f[x]; k2 = h*f[x + k1/2];
  7       k3 = h*f[x + k2/2]; k4 = h*f[x + k3];
  8       y = x + 1/6*(k1 + 2*k2 + 2*k3 + k4); x = y;
  9       Return[x]];
 10   TT = Table[RK, {i, 1, 50000}];
 11   T = TT[[All, {1, 2}]];
 12   ListPlot[T, Frame -> True, Axes -> None, AspectRatio -> 1,
 13   PlotRange -> All]
```

4.4   Die Melnikov-Methode

Die Melnikov-Methode stellt eine der wenigen Möglichkeiten dar, mit analytischen Mitteln wesentliche Aussagen über chaotische Systeme zu machen. Das Verfahren, welches von Melnikov 1963 entwickelt wurde, ist eine Störungsmethode. Als das Interesse an chaotischen Bewegungen aufkam, wurde das Verfahren von Holmes und Marsden (1981, 1982) verallgemeinert. Wichtige Beiträge wurden auch durch Chow et al. (1980) und Keener (1982) beigesteuert. Die Methode ist ausführlich beschrieben bei Lichtenberg und Lieberman (1983), bei Greenspan und Holmes (1983) Leven et al. (1988), und bei Steeb (1991).

Die Melnikov-Methode lässt sich anwenden auf periodisch angeregte Systeme der Form

$$\frac{d\mathbf{u}}{dt} = \mathbf{F}(\mathbf{u}) + \epsilon\,\mathbf{G}(\mathbf{u}, t) \tag{4.4.1}$$

mit $\mathbf{u} = (u_1, u_2) \in \mathbb{R}^2$, $t \in \mathbb{R}$. $\mathbf{F} = (F_1, F_2)$ und $\mathbf{G} = (G_1, G_2)$ seien zumindest zweimal stetig differenzierbar. $\mathbf{G}$ besitze bezüglich t die Periode T. Beispiele sind die Funktionen

$$G_1(\mathbf{u}, t) = 0, \qquad G_2(\mathbf{u}, t) = k\cos(\Omega t),$$

mit $T = 2\pi/\Omega$. Die Grösse ϵ ($0 \le \epsilon \ll 1$) ist der Störparameter. Es wird angenommen, dass das ungestörte System ($\epsilon = 0$) einen homoklinen Orbit $\mathbf{u}_0(t - t_0)$ zu einem Sattelpunkt $\mathbf{u}_0^*$ besitzt. Dann hat das gestörte System für genügend kleine ϵ einen eindeutigen hyperbolischen T-periodischen Orbit

$$\mathbf{p}_\epsilon(t, t_0) = \mathbf{u}_0^* + O(\epsilon).$$

Dies bedeutet, dass die zugehörige Poincaré-Abbildung einen hyperbolischen Fixpunkt

$$\mathbf{p}_\epsilon^* \equiv \mathbf{p}_\epsilon(t_0, t_0) = \mathbf{u}_0^* + O(\epsilon)$$

besitzt. Orbits $\mathbf{u}_\epsilon^s(t, t_0)$ bzw. $\mathbf{u}_\epsilon^u(t, t_0)$ auf der stabilen bzw. instabilen Mannigfaltigkeit von $\mathbf{p}_\epsilon(t, t_0)$ können dargestellt werden als

$$
\begin{aligned}
\mathbf{u}_\epsilon^s(t, t_0) &= \mathbf{u}_0(t - t_0) + \epsilon\, \mathbf{z}^s(t, t_0) + O(\epsilon^2) \quad \text{für} \quad t \in [t_0, \infty), \\
\mathbf{u}_\epsilon^u(t, t_0) &= \mathbf{u}_0(t - t_0) + \epsilon\, \mathbf{z}^u(t, t_0) + O(\epsilon^2) \quad \text{für} \quad t \in (-\infty, t_0].
\end{aligned}
\tag{4.4.2}
$$

Der Abstand der Mannigfaltigkeit $W^s(\mathbf{p}_\epsilon^*)$ und $W^u(\mathbf{p}_\epsilon^*)$ des gestörten System auf dem Querschnitt

$$
\Sigma(t_0) \supset W^u(\mathbf{p}_\epsilon^*),\ W^s(\mathbf{p}_\epsilon^*)
$$

am Punkt $\mathbf{u}_0(0)$ entlang dem Normalenvektor

$$
\mathbf{F}^\perp(\mathbf{u}_0(0)) = \begin{pmatrix} -F_2(\mathbf{u}_0(0)) \\ F_1(\mathbf{u}_0(0)) \end{pmatrix}
$$

auf $\mathbf{F}(\mathbf{u}_0(0))$ ist durch

$$
d(t_0) \equiv \frac{[\mathbf{u}_\epsilon^u(t_0, t_0) - \mathbf{u}_\epsilon^s(t_0, t_0)] \cdot \mathbf{F}^\perp(\mathbf{u}_0(0))}{||\mathbf{F}^\perp(\mathbf{u}_0(0))||}
$$

gegeben, wobei $|| \cdot ||$ die Euklidische Norm ist und $\cdot$ das Skalarprodukt bezeichnet. Ferner bezeichnen $\mathbf{u}_\epsilon^u(t_0, t_0)$ und $\mathbf{u}_\epsilon^s(t_0, t_0)$ die Schnittpunkte der gestörten Mannigfaltigkeiten mit der durch $\mathbf{F}^\perp(\mathbf{u}_0(0))$ bestimmten Geraden, die entlang den gestörten Mannigfaltigkeiten dem Fixpunkt $\mathbf{p}_\epsilon^*$ am nächsten liegen. Mit Hilfe des Keilprodukts

$$
\mathbf{F} \wedge \mathbf{u} := F_1 u_2 - F_2 u_1
$$

kann $d(t_0)$ geschrieben werden als

$$
d(t_0) = \frac{\mathbf{F}(\mathbf{u}_0(0)) \wedge [\mathbf{u}_\epsilon^u(t_0, t_0) - \mathbf{u}_\epsilon^s(t_0, t_0)]}{||\mathbf{F}(\mathbf{u}_0(0))||}.
$$

Damit folgt

$$
d(t_0) = \epsilon\, \frac{\mathbf{F}(\mathbf{u}_0(0)) \wedge [\mathbf{z}^u(t_0, t_0) - \mathbf{z}^s(t_0, t_0)]}{||\mathbf{F}(\mathbf{u}_0(0))||} + O(\epsilon^2).
$$

Die Korrekturen erster Ordnung $\mathbf{z}^u(t, t_0)$ und $\mathbf{z}^s(t, t_0)$ werden mit Hilfe der Ausgangsgleichung (4.4.1) bestimmt. Durch Einsetzen des Lösungsansatzes in (4.4.2) erhält man

$$
\frac{d}{dt}(\mathbf{u}_0 + \epsilon\, \mathbf{z}^s + O(\epsilon^2)) = \mathbf{F}(\mathbf{u}_0 + \epsilon\, \mathbf{z}^s + O(\epsilon^2)) + \epsilon\, \mathbf{G}(\mathbf{u}_0 + \epsilon\, \mathbf{z}^s + O(\epsilon^2), t)
$$

und somit

$$
\frac{d}{dt}(\mathbf{u}_0 + \epsilon\, \mathbf{z}^s + O(\epsilon^2)) = \mathbf{F}(\mathbf{u}_0) + \epsilon\, D\mathbf{F}(\mathbf{u}_0)\, \mathbf{z}^s + \epsilon\, \mathbf{G}(\mathbf{u}_0, t) + O(\epsilon^2).
$$

wobei die Störung erster Ordnung dem linearen System

$$\frac{d\mathbf{z}^s(t,t_0)}{dt} = D\mathbf{F}(\mathbf{u}_0(t-t_0))\,\mathbf{z}^s(t,t_0) + \mathbf{G}(\mathbf{u}_0(t-t_0),t) \quad \text{für} \quad t \geq t_0$$

genügt. Auf dieselbe Weise erhält man

$$\frac{d\mathbf{z}^u(t,t_0)}{dt} = D\mathbf{F}(\mathbf{u}_0(t-t_0))\,\mathbf{z}^u(t,t_0) + \mathbf{G}(\mathbf{u}_0(t-t_0),t) \quad \text{für} \quad t \leq t_0.$$

Mit Hilfe des Keilprodukt $\wedge$ kann man schreiben

$$\Delta^s(t,t_0) := \mathbf{F}(\mathbf{u}_0(t-t_0)) \wedge \mathbf{z}^s(t,t_0),$$

$$\Delta^u(t,t_0) := \mathbf{F}(\mathbf{u}_0(t-t_0)) \wedge \mathbf{z}^u(t,t_0).$$

Die Anwendung der Produktregel liefert einerseits die Differentialgleichung

$$\frac{d}{dt}(\Delta^u(t,t_0)) = \frac{d\mathbf{F}}{dt} \wedge \mathbf{z}^u + \mathbf{F} \wedge \frac{d\mathbf{z}^u}{dt}.$$

Daraus folgt

$$\frac{d\Delta^u}{dt} = ((D\mathbf{F})\mathbf{F}) \wedge \mathbf{z}^u + \mathbf{F} \wedge [D\mathbf{F}\,\mathbf{z}^u + \mathbf{G}(\mathbf{u}_0,t)],$$

oder

$$\frac{d\Delta^u}{dt} = \mathrm{Sp}D\mathbf{F}(\mathbf{u}_0(t-t_0))\,\Delta^u + \mathbf{F}(\mathbf{u}_0(t-t_0)) \wedge \mathbf{G}(\mathbf{u}_0(t-t_0),t).$$

Da

$$\lim_{t\to-\infty} \left\{ \Delta^u(t,t_0) \exp\left[\int_t^{t_0} \mathrm{Sp}\ D\mathbf{F}(\mathbf{u}_0(s-t_0))\ ds \right] \right\} = 0,$$

ergibt die Integration

$$\Delta^u(t_0,t_0) = \int_{-\infty}^{t_0} \mathbf{F}(\mathbf{u}_0(t-t_0)) \wedge \mathbf{G}(\mathbf{u}_0(t-t_0),t) \exp\left[-\int_0^{t-t_0} \mathrm{Sp}\,D\mathbf{F}(\mathbf{u}_0(s))\ ds \right] dt.$$

Auf dieselbe Weise erhält man andererseits

$$\Delta^s(t_0,t_0) = -\int_{t_0}^{\infty} \mathbf{F}(\mathbf{u}_0(t-t_0)) \wedge \mathbf{G}(\mathbf{u}(t-t_0),t) \exp\left[-\int_0^{t-t_0} \mathrm{Sp}\,D\mathbf{F}(\mathbf{u}_0(s))\ ds \right] dt,$$

wobei man benützt, dass gilt

$$\lim_{t\to\infty} \left\{ \Delta^s(t,t_0) \exp\left[\int_t^{t_0} \mathrm{Sp}\,D\mathbf{F}(\mathbf{u}_0(s-t_0))\ ds \right] \right\} = 0.$$

Definition 4.13. Die Differenzfunktion

$$M(t_0) := \Delta^u(t_0, t_0) - \Delta^s(t_0, t_0)$$

wird *Melnikov-Funktion* genannt.

Mit den Ausdrücken für Δ^u und Δ^s folgt

$$M(t_0) = \int_{-\infty}^{\infty} \mathbf{F}(\mathbf{u}_0(t - t_0)) \wedge \mathbf{G}(\mathbf{u}_0(t - t_0), t) \exp\left[-\int_0^{t-t_0} \mathrm{Sp}\, D\mathbf{F}(\mathbf{u}_0(s))\, ds\right] dt.$$

Somit gilt

$$d(t_0) = \frac{\epsilon M(t_0)}{\|\mathbf{F}(\mathbf{u}_0(0))\|} + O(\epsilon^2),$$

woraus ersichtlich wird, dass die Melnikov-Funktion eine erste Approximation für den Abstand zwischen der stabilen und instabilen Mannigfaltigkeit von $\mathbf{p}_\epsilon^*$ darstellt.

Bemerkung I. Ist das ungestörte System ein Hamilton-System, dann vereinfacht sich wegen $\mathrm{Sp}\, D\mathbf{F}(\mathbf{u}_0(t)) \equiv 0$ die Melnikov-Funktion zu

$$M(t_0) = \int_{-\infty}^{\infty} \mathbf{F}(\mathbf{u}_0(t - t_0)) \wedge \mathbf{G}(\mathbf{u}_0(t - t_0), t)\, dt.$$

Bemerkung II. Wenn die Melnikov-Funktion M einfache Nullstellen t_i besitzt, also

$$\frac{dM}{dt_0}(t_i) \neq 0$$

gilt, dann schneiden sich die Mannigfaltigkeiten $W^s(\mathbf{p}_\epsilon^*)$ und $W^u(\mathbf{p}_\epsilon^*)$ für genügend kleine $\epsilon > 0$ transversal. Wenn M jedoch keine Nullstelle besitzt, dann gilt

$$W^s(\mathbf{p}_\epsilon^*) \cap W^u(\mathbf{p}_\epsilon^*) = \emptyset,$$

was heisst, dass es keine homoklinen Punkte gibt.

Falls ϵ genügend klein ist, kann man also durch Diskussion der Melnikov-Funktion und ihrer Parameterabhängigkeit letztlich entscheiden, ob das gestörte System chaotische Lösungen besitzt. Die Melnikov-Funktion macht aber keine Aussage darüber, ob die Bewegung permanent oder transient chaotisch ist und wie klein ϵ bei einem konkreten System wirklich sein muss. Wenn die Funktion M aber für irgend ein t_0 das Vorzeichen wechselt, so lässt sich hieraus für ein kleines ϵ näherungsweise angeben, wo chaotisches Verhalten einsetzt.

Beispiel 74. Mit Hilfe der Melnikov-Funktion wollen wir das System

$$\frac{du_1}{dt} = u_2, \qquad \frac{du_2}{dt} = -bu_1 - cu_1^3 + \epsilon\,(\bar{k}\cos\Omega t - \bar{a}u_2)$$

untersuchen. Somit ist

$$F_1(u_1, u_2) = u_2, \qquad F_2(u_1, u_2) = -bu_1 - cu_1^3,$$
$$G_1(u_1, u_2, t) = 0, \qquad G_2(u_1, u_2, t) = \epsilon\,(k\cos(\Omega t) - au_2). \qquad \square$$

Für $\epsilon = 0$ hat das System einen hyperbolischen Fixpunkt $(0,0)$ und einen homoklinen Orbit. Für die Melnikov-Funktion folgt

$$M(t_0) = \frac{4a(-b)^{3/2}}{3c} + k\Omega\pi \left(\frac{2}{c}\right)^{1/2} \frac{\sin(\Omega t_0)}{\cosh\left(\frac{\Omega\pi}{2(-b)^{1/2}}\right)}.$$

Der Vorzeichenwechsel von M erscheint bei

$$k_c = \frac{4a(-b)^{3/2}}{3\Omega\pi(2c)^{1/2}} \cosh\left(\frac{\Omega\pi}{2(-b)^{1/2}}\right).$$

Sei $a = 1$, $b = -10$, $c = 100$ und $\Omega = 3.5$. Aus diesen Werten ergibt sich $k_c = 0.79$.

Aufgabe 55. Man untersuche das System

$$\frac{du_1}{dt} = u_2, \qquad \frac{du_2}{dt} = -\sin u_1 + \epsilon(a - bu_2)$$

mit der Melinkov-Methode. Man zeige zunächst, dass eine Lösung des ungestörten Systems

$$\frac{du_1}{dt} = u_2, \qquad \frac{du_2}{dt} = -\sin u_1$$

gegeben ist durch

$$(u_1(t), u_2(t)) = (\pm 2\arctan(\sinh t), \pm 2\operatorname{sech} t).$$

Die Lösung verläuft zwischen den beiden Fixpunkten $(-\pi, 0)$ und $(\pi, 0)$. Hinweis: Die Melnikov-Funktion ist gegeben durch

$$M(t_0) = \pm 2a\pi - 8b.$$

Aufgabe 56. Man untersuche das System

$$\frac{du_1}{dt} = u_2, \qquad \frac{du_2}{dt} = -\sin u_1 + \epsilon(a\cos\Omega t - bu_2) \qquad a > 0,\, b > 0$$

mit der Melinkov-Methode. Man zeige zunächst, dass eine Lösung des ungestörten Systems

$$\frac{du_1}{dt} = u_2, \qquad \frac{du_2}{dt} = -\sin u_1$$

gegeben ist durch

$$(u_1(t), u_2(t)) = (\pm 2\arctan(\sinh t), \pm\operatorname{sech} t).$$

Die Lösung verläuft zwischen den beiden Fixpunkten $(-\pi, 0)$ und $(\pi, 0)$. Hinweis: Die Melnikov-Funktion ist gegeben durch

$$M(t_0) = \frac{1}{\Omega}\left(\pm\frac{2a\pi\Omega\cos\Omega t_0}{\cosh\pi\Omega/2} - 8b\right).$$

4.5 Kopplung von Grenzzyklussystemen: Frequenzeinfang

Man unterscheidet in diesem Zusammenhang zwischen starker und schwacher Kopplung von Grenzzyklussystemen. Schwache Kopplung führt zur Frequenzein-rastung (phase-locking), welche global beschrieben wird durch Arnold-Zungen. Übergänge zwischen Zungen finden durch Tangentenbifurkationen statt. Starke Kopplung führt in der bekannten Weise zu Periodenverdopplung und Chaos.

Das Verständnis des Kopplungsverhaltens von Grenzzyklen wird durch eine unserer fundamentalen Abbildungen geliefert, die Kreisabbildung. Um den Zusammenhang zwischen ihr und gekoppelten Grenzzyklen herzuleiten, genügt es, den gedämpften gekickten Rotator (Schuster 1984) zu betrachten. Der Kick, den dieser Rotator periodisch erhält, stammt von einem zweiten, ebenfalls periodischen, Rotator, an den der erste Rotator gekoppelt ist. Die Gleichungen, die diesem System zu Grunde liegen, sind

$$\frac{d^2\Theta}{dt^2} + c\frac{d\Theta}{dt} = \sum_{n=0}^{\infty}(M_0 - K_0\sin(2\pi\Theta(t)))\,\delta(t - nT).$$

Hierbei ist c die Dämpfungskonstante, M_0 ein konstanter Drehimpuls, welcher für die Drehung verantwortlich ist, und $\sin(2\pi\Theta(t))$ ein externer Drehimpuls, welcher die Bewegung zu diskreten Zeiten $\{nT\}$ stört. Die obige Gleichung wird auf ein zweidimensionales Gleichungssystem erster Ordnung transformiert:

$$\frac{d}{dt}x = y, \quad \frac{d}{dt}y = -cy + \sum_{n=0}^{\infty}(M_0 - K_0\sin(2\pi\Theta(t))\,\delta(t - nT).$$

Diese Gleichung kann zwischen zwei Pulsen integriert werden. Im Interval $nT - \epsilon \leq t \leq (n+1)T - \epsilon$ erhält man die Lösung

$$
\begin{aligned}
x(t) &= x(nT) + \frac{1 - e^{-ct}}{c}(y(nT) + M_0 - K_0\sin(2\pi x(nT))),\\
y(t) &= e^{-ct}\,(y(nT) + M_0 - K_0\sin(2\pi x(nT))).
\end{aligned}
$$

Wenn wir $y_n := y(nT)$ setzen (dies entspricht einem Poincaré-Schnitt), so erhalten wir das zweidimensionale diskrete System

$$
\begin{aligned}
x_{n+1} &= x_n + \frac{1 - e^{-cT}}{c}(y_n + M_0 - K_0\sin(2\pi x_n)) \quad \text{Mod } 1,\\
y(t) &= e^{-cT}\,(y_n + M_0 - K_0\sin(2\pi x_n)).
\end{aligned}
$$

Über die Ersetzungen

$$x_n =: \Theta_n, \qquad \frac{e^{cT} - 1}{c}\,y_n =: r_n + \Omega,$$

$$M_0 =: c\Omega, \qquad \frac{1 - e^{-cT}}{c}K_0 =: \frac{K}{2\pi}, \qquad e^{-cT} =: b,$$

erhalten wir die zweidimensionale Kreisabbildung

$$
\begin{aligned}
\Theta_{n+1} &= \Theta_n + \Omega - \frac{K}{2\pi}\sin(2\pi\Theta_n) + br_n \quad \text{Mod } 1,\\
r_{n+1} &= br_n - \frac{K}{2\pi}\sin(2\pi\Theta_n).
\end{aligned}
$$

Für $|b| < 1$ ist diese Abbildung dissipativ. Wie die Nomenklatur andeutet, kann man (r_n, Θ_n) als Polarkoordinaten ansehen. K beschreibt die Kopplungsstärke. Die Stärke des nichtlinearen Beitrags und b bestimmen die Dämpfung des Systems. Ist die Dämpfung gross, so nähert man sich der eindimensionalen Abbildung

$$\Theta_{n+1} = \Theta_n + \Omega - \frac{K}{2\pi}\sin(2\pi\Theta_n) \quad \text{Mod } 1.$$

Es ist unmittelbar klar, dass die Gleichung für $K = 0$,

$$\Theta_{n+1} = \Theta_n + \Omega \quad \text{Mod } 1,$$

den ungekoppelten Rotator (oder Oszillator) beschreibt. Er zeigt periodisches Verhalten für $\Omega \in \mathbb{Q}$ und quasiperiodisches Verhalten für $\Omega \in \mathbb{I}$, wobei wir mit $\mathbb{I}$ die

Menge der Irrationalzahlen bezeichnen. Da es überabzählbar viele Irrationalzahlen gegenüber abzählbar unendlich vielen Rationalzahlen gibt, ist periodisches Verhalten bei ungekoppelten Oszillatoren ungenerisch (oder, anders gesagt, vom Lebesgue-Mass 0). Im quasiperiodischen Fall überstreichen die Bahnen den unterliegenden Phasenraum, den eindimensionalen Torus $\mathbb{T}$, dicht. Wesentlich dafür ist, dass die Fixpunkte der ins Einheitsintervall reduzierten Abbildung ausnahmslos nur marginal stabil sind.

Schaltet man nun die nichtlineare Kopplung ein, so moduliert sich dem Graphen eine Nichtlinearität auf, von einer Stärke, die durch K bestimmt ist. Schneidet jetzt der Graph die Diagonale im Einheitsquadrat, so erhalten wir einen Fixpunkt. Er ist stabil, wenn die Ableitung f' an dieser Stelle die Bedingung $|f'| < 1$ erfüllt. Die additive Grösse Ω hat darauf einen starken Einfluss, da sie den Graphen vertikal verschiebt. Bei der Kopplung zweier Oszillatoren drückt Ω ihr Frequenzverhältnis aus. Dies sieht man wie folgt: Die Windungszahl einer Abbildung auf dem Torus ist definiert als

$$W := \lim_{n \to \infty} \frac{f^n(\Theta) - \Theta}{n}.$$

Im linearen Fall des ungekoppelten Oszillators entspricht dies der mittleren Vorwärtsbewegung auf dem Torus pro Iteration. Bei gekoppelten Oszillatoren erhalten wir bei Vielfachen der individuellen Windungszahlen (und ebenso bei rationalen Verhältnissen) zwei Fixpunkte, von denen einer stabil sein wird. Wegen der angenommenen Differenzierbarkeit der Abbildung wird er dies in einem ganzen $K \times \Omega$-Intervall sein. Diese Tatsachen beschreiben genügend genau das Phänomen der Frequenzeinrastung, welches schon Christian Huygens in einem Brief von 1665 an seinen Vater beschrieben hat. Er teilt ihm darin mit, wie er von seinem Bett aus beobachtete, wie – frei übersetzt – 'zwei Schiffsuhren ihre gegenseitige Sympathie ausdrückten, indem sie ihre Frequenzen aufeinander abstimmten'.

Man findet dass für $K = 1$, die Intervalle konstanter Windungszahlen das ganze Einheitsintervall überdecken. Für höhere Kopplungsstärken findet man nichtergodisches Verhalten; auf welchen Attraktor man zuläuft, hängt von der Anfangsbedingung ab (man hat zwei parabelähnliche Graphenteile, kann aber bei verschiedenen Periodizitäten landen). Die Erhöhung der Nichtlinearität, ausgedrückt in wachsendem K, führt zu Periodenverdoppelung und schliesslich zu Chaos.

Die folgenden Bilder zeigen dieses Phänomen anhand zweier gekoppelter biologischer Neuronen, wovon das eine Neuron ein Pyramidenneuron ist. K ist hier ein biologischer Parameter, der die Kopplungsstärke beschreibt (synaptische Effizienz, maximal zulässige Stärke auf 1 skaliert). Diese biologische Skalierung unterscheidet sich von der üblicheren Skalierung, die $K = 1$ mit dem Verlust der Invertibilität der Abbildung verbindet. Die horizontalen Schnitte im zweiten Bild zeigen die Richtung an, längs derer das Feuerverhalten im biologischen Experiment und im Modell als übereinstimmend gezeigt wurden (Stoop et al. 2000). Man durchwandert die Arnoldstrukturen längs des Schnittes S, wenn man die Kopplungsstärke

beim betreffenden K festhält, die Frequenz des einen Neurons (und damit Ω) aber
ändert. Im dritten Bild wird anhand der gemessenen Phasen, bei denen das beobachtete Neuron gestört wird, die sich ändernde Periodizität nachgewiesen (Mo-
delldaten, basierend auf gemessenem experimentellen Antwortverhalten). Dieses
Antwortverhalten lässt sich auch direkt experimentell mit biologischen Neuronen,
welche miteinander gekoppelt sind, reproduzieren. Die Tatsache, dass ihre Kopplung dem Arnold-Zungen Paradigma folgt, beweist, dass mit konstantem Strom
angetriebene biologische Neuronen sich tatsächlich auf Grenzzykluslösungen befinden.

Der Graph der inhibitorischen Interaktionsabbildung wird in Kapitel 8 im
Zusammenhang mit Chaoskontrolle vorgestellt.

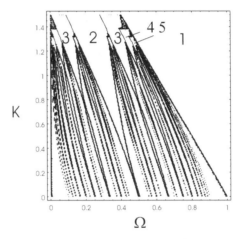

Abbildung 4.7: Arnold-Zungen für die Interaktion von zwei exzitatorisch gekoppelten Neuronen. Die Zahlen zeigen die beobachteten Periodizitäten an.

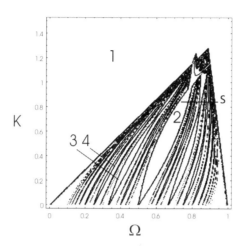

Abbildung 4.8: Arnold-Zungen für die Interaktion von zwei inhibitorisch gekoppelten Neuronen. Die Zahlen zeigen wiederum die erhaltenen Periodizitäten an.

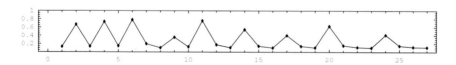

Abbildung 4.9: Gemessene Phasen, in denen gefeuert wird. Von links nach rechts: Perioden 2, 3, 4. Das gekoppelte System ist dabei längs des Schnittes S im obigen Bild verändert worden.

Kapitel 5

Wichtige dissipative Systeme

5.1 Mechanische Modelle

Mechanische Systeme, die auf anharmonische Systeme mit äusserer periodischer Störung führen, wurden von Kauderer (1958) und Popp (1982) untersucht. Beispiele – sie gehören zur Klasse der Zwangsschwingungen – sind Federsysteme mit nichtlinearen Federkennlinien, Pendelmotoren mit Unwucht, so genannte Durchschlagschwinger und Schwingungen von fest eingespannten Stäben (erster und zweiter Eulerfall). In den beiden letzten Fällen besitzen wir für die Beschreibung eine partielle Differentialgleichung. Durch einen Einmoden-Ansatz mit zeitabhängigem Koeffizient wird die partielle Differentialgleichung auf eine gewöhnliche Differentialgleichung reduziert.

Das getriebene Pendel

Das periodische Potential $U(u) = b \sin u$ wurde u.a. von Huberman et al. (1980) und Steeb und Kunick (1982b) untersucht. Für dieses Potential erhalten wir

$$\frac{d^2 u}{dt^2} + a \frac{du}{dt} + b \sin u = k \cos(\Omega t),$$

wobei $b > 0$. Als System erster Ordnung geschrieben lautet die Gleichung

$$\frac{du_1}{dt} = u_2,$$
$$\frac{du_2}{dt} = -a u_2 - b \sin u_1 + k \cos(\Omega t).$$

Wir betrachten wiederum das ungestörte System $a = 0$ und $k = 0$. In diesem Falle liegt ein autonomes System vor:

$$\frac{du_1}{dt} = u_2,$$
$$\frac{du_2}{dt} = -b \sin u_1.$$

Dies sind die bekannten Gleichungen des mathematischen Pendels. Das System hat eine Separatix. Sie trennt die Bewegung des Pendels im Potentialtopf von der Bewegung ausserhalb des Potentialtopfes (Überschlag des Pendels). Die zeitunabhängigen Lösungen (Fixpunkte) sind gegeben durch

$$(u_1^*, u_2^*) = (n\pi, 0),$$

mit $n \in \mathbb{Z}$. Dieses System kann aus der Hamilton-Funktion

$$H(u_1, u_2) = \frac{u_2^2}{2} - b \cos u_1$$

abgeleitet werden. Das Phasenportrait des ungestörten Systems ist gegeben durch

$$\frac{u_2^2}{2} - b \cos u_1 = C,$$

wobei die Konstante C durch die Anfangswerte festgelegt ist.

Wir wollen nun das gestörte System betrachten. Diese Gleichung kann wiederum nicht mehr explizit gelöst werden, sodass wir auf numerische Verfahren angewiesen sind. Mit der Melnikov-Methode können wir auch hier den Beginn des chaotischen Verhalten in Abhängigkeit von k abschätzen (Kautz und Macfarlane 1986). Für die numerischen Untersuchungen wird das System

$$\frac{du_1}{dt} = u_2,$$
$$\frac{du_2}{dt} = -au_2 - b \sin u_1 + k \cos u_3,$$
$$\frac{du_3}{dt} = \Omega,$$

verwendet. Zur Charakterisierung der Lösung dient der maximale eindimensionale Lyapunov-Exponent.

- *Fall* 1: Wir setzen $a = 0.2$, $b = 1$ und $\Omega = 0.8$. Die Amplitude der äusseren Störung soll im Bereich $0.8 \leq k \leq 1.5$ variieren. Für $k < 0.8$ tritt kein chaotisches Verhalten auf. Im Bereich $0.8 < k < 1.5$ finden wir chaotisches und nichtchaotisches Verhalten (Steeb und Kunick 1989). Falls der maximale eindimensionale Lyapunov-Exponent positiv ist (chaotisches Verhalten), zerfällt die Autokorrelationsfunktion.

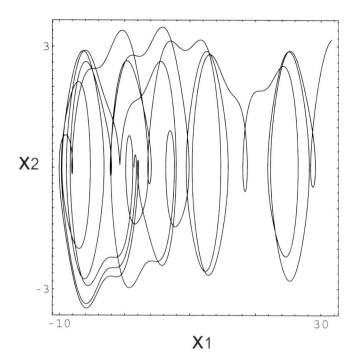

Abbildung 5.1: Das getriebene Pendel für $a = 0.2$, $b = 1$, $\Omega = 0.8$ zeigt bei $k = 1.5$ chaotisches Verhalten.

Listing 21. Getriebenes Pendel

```
1  a = 0.2; b = 1; Omega = 0.8; k = 1.5;x = {2^0.5, 0, 0};
2  f[x_] := {x[[2]], -a x[[2]] - b Sin[x[[1]]] + k Cos[x[[3]]],
3           Omega};
4  RK := Module[{y}, k1 = h *f[x]; k2 = h*f[x + k1/2];
5      k3 = h*f[x + k2/2]; k4 = h*f[x + k3];
6      y = x + 1/6*(k1 + 2*k2 + 2*k3 + k4); x = y; Return[x]];
7  TT = Table[RK, {i, 1, 50000}];
8  T = TT[[All, {1, 2}]];
9  ListPlot[T, Frame -> True, Axes -> None, AspectRatio -> 1,
10 PlotRange -> All]
```

- *Fall* 2: Wir setzen $a = 0.2$, $b = 1$ und $k = 1$ und variieren Ω im Bereich $0.01 \leq \Omega \leq 1$. In Abhängigkeit von Ω finden wir wiederum chaotisches und nichtchaotisches Verhalten (Steeb und Kunick 1989). Eine etwas erweiterte Gleichung, die bei der Beschreibung des Josephson-Effektes eine Rolle spielt (das so genannte *Stewart-McCumber Modell*) ist gegeben durch

$$\beta\frac{d^2\phi}{dt^2} + \frac{d\phi}{dt} + \sin\phi = i_0 + i_1\sin(\Omega_1 t),$$

wobei ϕ die Phase bezeichnet und β, i_0 und i_1 Konstanten sind (für mehr Details siehe Kautz und Macfarlane 1986 und Kao et al. 1986). Da i_0 einen dimensionslosen Strom bezeichnet, hat man in diesem Modell einen Gleichstromanteil, welcher als Verzweigungsparameter benützt werden kann. Entsprechende Experimente wurden von Davidson et al. (1986) durchgeführt, wobei sich zeigte, dass das Rauschen einen grossen Einfluss ausübt. □

Beckert et al. (1985) bestimmten das Verzweigungsverhalten eines getriebenen nichtlinearen Pendels der Modellgleichung

$$\Theta\frac{d^2\psi}{dt^2} + R\frac{d\psi}{dt} + A\psi + B\sin\psi = k\cos(\Omega t),$$

wobei ψ der Auslenkwinkel ist und Θ das Trägheitsmoment des Pendels bezeichnet. Die analogen Betrachtungen für das getriebene Kugelpendel wurden von Tritton (1986) ausgeführt. Experimente zu einem parametrisch getriebenen Pendel sind bei Leven et al. (1989) beschrieben. Die verwendete Modellgleichung lautet

$$\Theta\frac{d^2\psi}{d\tau^2} + b\frac{d\psi}{d\tau} + m\ell(g + a\Omega^2\cos(\Omega\tau))\sin\psi = 0,$$

wobei Θ das Trägheitsmoment, m die Masse und ℓ der Abstand des Schwerpunktes zur Drehachse ist. Das parametrisch getriebene Pendel wurde in der Form

$$\frac{d^2u}{dt^2} + a\frac{du}{dt} + (1 + k\cos(\Omega t))\sin u = 0$$

von Steeb 1992 behandelt.

Ausführlich ist der Fall des am einem Ende eingespannten elastischen Stabes aus magnetischem Material behandelt worden (Sommer et al. 1991). Ein Stab der Grösse $3mm \times 65\,mm \times 25\,\mu m$ aus amorphem $Fe_{81}B_{13.5}Si_{3.5}C_2$. wurde in z-Richtung orientiert und einem Magnetfeld mit oszillierendem Anteil $\mathbf{H} = (0, 0, H_{dc} + H_{ac}\sin(\Omega t))^T$ ausgesetzt. Mit einem photoelektrischen Sensor wurde die Auslenkung des Stabes aufgezeichnet. Ausgehend von der erhaltenen Zeitreihe wurde mit der Verzögerungs-Koordinaten Einbettungstechnik der Attraktor rekonstruiert und charakteristische Grössen ausgerechnet.

5.2 Hydrodynamische Modelle

5.2.1 Navier-Stokes Gleichungen

Auch aus den Navier-Stokes Gleichungen lassen sich autonome Systeme von gewöhnlichen Differentialgleichungen ableiten welche chaotisches Verhalten zeigen. Wir betrachten ein Modell, das von Boldrighini und Franceschini (1979) vorgeschlagen wurde; wir folgen in diesem Abschnitt dieser Arbeit. Es wird von den *Navier-Stokes Gleichungen* in folgender Form ausgegangen:

$$\frac{\partial \mathbf{u}}{\partial t} + (\mathbf{u} \cdot \nabla)\mathbf{u} = -\nabla p + \mathbf{f} + \nu \nabla^2 \mathbf{u}, \quad \text{div } \mathbf{u} = 0, \quad \int_{T^2} \mathbf{u} \, d\mathbf{x} = 0.$$

Die Gleichungen sind auf dem Torus

$$T^2 \equiv [0, 2\pi] \times [0, 2\pi]$$

definiert. $\mathbf{u}$ bezeichnet das Geschwindigkeitsfeld, p das Druckfeld, $\mathbf{f}$ ist eine periodische Volumenkraft und ν die Zähigkeit. Die zweite Gleichung (div $\mathbf{u} = 0$) besagt, dass wir eine inkompressible Flüssigkeit betrachten.

Das Geschwindigkeitsfeld $\mathbf{u}$ lässt sich wegen der periodischen Randbedingungen in eine Fourierreihe entwickeln,

$$\mathbf{u}(\mathbf{x}, t) = \sum_{\mathbf{k} \neq 0} \exp(i\mathbf{k} \cdot \mathbf{x}) \, u_{\mathbf{k}}(t) \, \frac{\mathbf{k}^{\perp}}{|\mathbf{k}|},$$

wobei der Wellenvektor $\mathbf{k} = (k_1, k_2)$ ganzzahlige Komponenten hat und $\mathbf{k}^{\perp} = (-k_2, k_1)$ ist. Da das Geschwindigkeitsfeld $\mathbf{u}$ reell ist, folgt für die komplexen zeitabhängigen Entwicklungskoeffizienten

$$u_{\mathbf{k}} = \bar{u}_{-\mathbf{k}}.$$

Das Druckfeld p und die periodische Volumenkraft $\mathbf{f}$ werden ebenfalls in Fourierreihen entwickelt. Man erhält so ein unendliches nichtlineares Gleichungssystem für die zeitabhängigen Entwicklungskoeffizienten $u_{\mathbf{k}}$, $p_{\mathbf{k}}$ und $f_{\mathbf{k}}$, wobei die Entwicklungskoeffizienten $p_{\mathbf{k}}$ durch die $u_{\mathbf{k}}$ bestimmt sind.

Boldrighini und Franceschini (1979) wählten die folgenden $\mathbf{k}$-Vektoren mit zugehörigen Entwicklungskoeffizienten $u_{\mathbf{k}}$ (Modenselektion):

$$\mathbf{k}_1 = \pm(1, 1), \quad \mathbf{k}_2 = \pm(3, 0), \quad \mathbf{k}_3 = \pm(2, -1), \quad \mathbf{k}_4 = \pm(1, 2), \quad \mathbf{k}_5 = \pm(2, 1).$$

Bei der äusseren periodischen Volumenkraft wird nur die Mode $+\mathbf{k}_3$ mitgenommen. Die restlichen Moden werden vernachlässigt. Sie setzten

$$u_1 = u_{\mathbf{k}_1}, \quad u_2 = -iu_{\mathbf{k}_2}, \quad u_3 = u_{\mathbf{k}_3}, \quad u_4 = iu_{\mathbf{k}_4}, \quad u_5 = u_{\mathbf{k}_5},$$

und erhielten nach Reskalierung für die reellen Grössen $u_1, \ldots, u_5$ das folgende autonome System von nichtlinearen gewöhnlichen Differentialgleichungen

$$\frac{du_1}{dt} = -2u_1 + 4u_2u_3 + 4u_4u_5,$$

$$\frac{du_2}{dt} = -9u_2 + 3u_1u_3,$$

$$\frac{du_3}{dt} = -5u_3 - 7u_1u_2 + r,$$

$$\frac{du_4}{dt} = -5u_4 - u_1u_5,$$

$$\frac{du_5}{dt} = -u_5 - 3u_1u_4.$$

Die Grösse r ist der Verzweigungsparameter. Für $0 \le r \le R_1 = 5\sqrt{3/2}$ gibt es nur eine zeitunabhängige Lösung, nämlich den Fixpunkt $u_1^* = u_2^* = u_4^* = u_5^* = 0$, $u_3^* = \frac{r}{5}$. Dieser Fixpunkt ist stabil für r hinreichend klein. Für $R_1 \le r \le R_2 = 80/9\sqrt{3/2}$ gibt es drei zeitunabhängige Lösungen, und für $r > R_2$ gibt es sieben zeitunabhängige Fixpunktlösungen.

Aufgabe 57. Man bestimme diese Fixpunkte und ihre Stabilität.

Die Computerrechnungen zeigen, dass der Übergang in den chaotischen Bereich über Periodenverdopplung bei $r \approx 28.8$ erfolgt.

5.2.2   Lorenz-Modell

Das Lorenz-Modell (Lorenz 1963, Sparrow 1982) ist das am besten erforschte kontinuierliche Modell mit chaotischem Verhalten. Das Lorenz-Modell hat seinen Ursprung in der Hydrodynamik, ergibt sich aber auch bei der Modellierung von Lasern.

Wir wollen zunächst das Lorenz-Modell aus dem *Rayleigh-Bénard-Problem* ableiten (Lord Rayleigh 1916, Saito 1983). Wir folgen in unserer Ableitung dem Artikel von Saito (1983). Dazu betrachten wir eine Flüssigkeit zwischen zwei parallelen Platten, die in der x-y-Ebene unendlich ausgedehnt sein soll. Die Platten sollen sich im Abstand H befinden. Die Flüssigkeit wird von unten aufgeheizt. Die Temperatur an der unteren Platte soll $T_0 + \Delta T$ betragen, die an der oberen Platte T_0. Das Verhalten des Systems hängt von der Temperaturdifferenz ΔT ab. Die Grösse ΔT wird als Bifurkationsparameter gewählt.

Sei **u** das Geschwindigkeitsfeld, T das Temperaturfeld, ρ das Dichtefeld und p das Druckfeld. Der thermische Ausdehnungskoeffizient sei α, die Erdbeschleunigung g. Die Dichte der Flüssigkeit bei T_0 sei ρ_0. Wenn sich die Flüssigkeit nicht bewegt (d.h. $\mathbf{u} = 0$), haben wir Temperatur-Diffusion als konduktiven Zustand, mit nach oben linear abnehmendem Temperaturfeld. Es gilt

$$
\begin{aligned}
T_s(z) &= T_0 + \Delta T - \left(\frac{z}{H}\right)\Delta T, \\
\rho_s(z) &= \rho_0(1 - \alpha(T_s(z) - T_0)), \\
\nabla p_s(z) &= -\rho_s(z)g\,\mathbf{z},
\end{aligned}
$$

wobei ρ_s die Dichte im lokalen Gleichgewicht bezeichnet und p_s den Druck im lokalen Gleichgewicht. $\mathbf{z}$ ist der Normalenvektor in z-Richtung.

Im nicht-konduktiven Zustand (dieser entsteht, wenn sich die Temperatur genügend erhöht hat) bildet sich eine Rollen-Strömung mit dem Geschwindigkeitsfeld $\mathbf{u}$. Die Temperatur weicht vom konduktiven Wert ab, weshalb man einen neuen Parameter einführt:

$$
\theta(x, y, z, t) := T(x, y, z, t) - T_s(z).
$$

In der *Boussinesq-Näherung* lauten die hydrodynamischen Gleichungen

- Impulserhaltung: $\partial\mathbf{u}/\partial t + (\mathbf{u}\cdot\nabla)\,\mathbf{u} = \alpha\theta g\,\mathbf{z} - 1/\rho_0\nabla\delta p + \nu\nabla^2\mathbf{u}$,

- Energieerhaltung: $\partial\theta/\partial t + (\mathbf{u}\cdot\nabla)\,\theta = \kappa\nabla^2\theta - u_z\Delta T/H$,

- Inkompressibilität: $\nabla\mathbf{u} = 0$,

wobei $\mathbf{u} = (u_x, u_y, u_z)^T$. Ferner ist δp die Druckabweichung vom konduktiven Zustand, ν die kinematische Viskosität, κ die thermische Diffusionskonstante und ∇^2 der Laplace-Operator. Lorenz (1963) betrachtete nur Strömungsmuster homogen in y-Richtung ($u_y = 0$), da oberhalb der kritischen Rayleigh-Zahl diese Moden als erste auftreten. Somit kann die *Stromfunktion* ψ eingeführt werden, als

$$
u_x = -\frac{\partial\psi}{\partial z}, \qquad u_z = \frac{\partial\psi}{\partial x}.
$$

Lorenz benützte die freien Randbedingungen

$$
\theta(0) = \theta(H) = \psi(0) = \psi(H) = \nabla^2\psi(0) = \nabla^2\psi(H) = 0.
$$

Dies ist der mathematisch einfachste Fall. Man kann dann das Temperaturfeld θ und die Stromfunktion ψ entwickeln, gemäss

$$
\theta(x, z, t) = \sum_{j=1}^{\infty}\sin(j\pi z)\,\theta_j(x, t),
$$

$$
\psi(x, z, t) = \sum_{j=1}^{\infty}\sin(j\pi z)\,\psi_j(x, t).
$$

Saltzmann (1962) hatte eine numerische Analyse mit 64 Moden durchgeführt und fand, dass nur 3 Moden relative grosse Amplituden haben. Motiviert durch Saltzmann wählte Lorenz drei Moden aus:

$$\psi(x, z, t) \;=\; \frac{\sqrt{2}(1+a^2)\kappa}{a} X(t) \sin\left(\frac{\pi a x}{H}\right) \sin\left(\frac{\pi z}{H}\right),$$

$$\theta(x, z, t) \;=\; \frac{\Delta T R_c}{R_a \pi} \left[\sqrt{2}\, Y(t) \cos\left(\frac{\pi a x}{H}\right) \sin\left(\frac{\pi z}{H}\right) - Z(t) \sin\left(\frac{2\pi z}{H}\right)\right].$$

Dabei ist R_a die (dimensionslose) Rayleigh-Zahl

$$R_a = \frac{\alpha g H^3 \Delta T}{\kappa \nu},$$

mit dem kritischen Wert

$$R_c = \frac{\pi^4 (1+a^2)^3}{a^2}.$$

X, Y und Z sind die langsam variierende Amplituden der gewählten drei Moden. Die X-Mode repräsentiert das Strömungsmuster, die Y-Mode die Temperatur-Zellen und die Z-Mode die Temperaturschichtung. Setzen wir die Stromfunktion ψ in u_x, u_z, und $u_y = 0$ ein, füttern diese Ausdrücke sodann zusammen mit θ in die Boussinesq-Näherung ein und reskalieren die Zeit gemäss $t \rightarrow t\pi^2(1+a^2)\kappa/H^2$, so ergibt sich das Lorenz-Modell

$$\frac{dX}{dt} \;=\; \sigma(Y - X),$$

$$\frac{dY}{dt} \;=\; -XZ + rX - Y,$$

$$\frac{dZ}{dt} \;=\; XY - bZ.$$

Dabei ist $\sigma = \mu/\kappa$ die Prandtl-Zahl, $r = R_a/R_c$ die relative Rayleigh-Zahl, und $b = 4/(1+a^2)$ eine Konstante zwischen 0 und 4.

Weiter gehende Untersuchungen scheinen zu zeigen, dass die von Lorenz benutzten ersten drei Moden die einzigen mit einer relativ grossen Amplitude sind, und dass die Berücksichtigung weiterer Moden die Ergebnisse nicht wesentlich verändert. Die Fixpunkte sind die Lösungen der Gleichung

$$X^{*3} - b(r-1)X^* = 0,$$

mit $Y^* = X^*$, $Z^* = X^{*2}/b$. Für $r < 1$ ergibt sich nur die Lösung

$$X^* = Y^* = Z^* = 0,$$

entsprechend dem konduktiven Zustand. Für $r > 1$ gibt es zwei weitere Fixpunkte

$$X^* = Y^* = \pm\sqrt{b(r-1)}, \qquad Z^* = r-1,$$

entsprechend dem konvektiven Zustand stationärer Rollen. Durch Linearisierung des Lorenz-Modells um den konduktiven Zustand herum erhält man die charakteristische Gleichung

$$(\lambda - b)\left(\lambda^2 + (\sigma + 1)\lambda + \sigma(1 - r)\right) \equiv (\lambda + b)(\lambda - \lambda_1)(\lambda - \lambda_2) = 0.$$

Da die Summe der zwei Eigenwerte $\lambda_1 + \lambda_2 = -(\sigma+1)$ immer negativ ist, kann nur einer positiv werden, wenn das Produkt $\lambda_1\lambda_2 = \sigma(1 - r)$ negativ ist. Das heisst, für $r < 1$ sind λ_1 und λ_2 negativ und der konduktive Zustand ist stabil. Für $r > 1$ wird ein Eigenwert positiv und der konduktive Zustand wird instabil. Linearisiert man um den konvektiven Zustand, so erhält man die charakteristische Gleichung

$$\lambda^3 + (\sigma + b + 1)\lambda^2 + b(r + \sigma)\lambda + 2\sigma b(r - 1) = 0.$$

Bei $r = 1$ findet man drei reelle Eigenwerte 0, $-b$, $-(1 + \sigma)$. Wenn r grösser wird gibt es zunächst drei negative reelle Eigenwerte. Bei einem Wert r_1 entarten die Eigenwerte λ_2 und λ_3. Für $r > r_1$ gibt es einen negativen reellen Eigenwert λ_1 und zwei komplex konjugierte Eigenwerte. Bei $r = r_c$ wird der Realteil gleich null, und für $r > r_c$ wird der konvektive Zustand instabil, wegen des positiven Realteils der Eigenwerte λ_2 und λ_3.

Aufgabe 58. Man zeige, dass r_c bestimmt ist durch

$$r_c = \frac{\sigma(\sigma + b + 3)}{\sigma - b - 1}.$$

Wird $r > r_c$ gewählt, so kommen wir in den chaotischen Bereich.

Aufgabe 59. Man zeige, dass die Trajektorien im Phasenraum (X, Y, Z) begrenzt sind. Hinweis: Man betrachte die Zeitentwicklung von

$$R^2 := X^2 + Y^2 + (Z - r - \sigma)^2,$$

d.h. wir betrachten eine Kugel mit Radius R und Zentrum $(0, 0, r + \sigma)$. Die Zeitentwicklung ist gegeben durch

$$R\,\frac{dR}{dt} = -\sigma X^2 - Y^2 - b\left(Z - \frac{r + \sigma}{2}\right)^2 + \frac{1}{4}b\,(r + \sigma)^2.$$

Das Lorenz-Modell wurde insbesondere für die Parameterwerte

$$b = 8/3, \quad \sigma = 10, \quad r = 28$$

numerisch untersucht. Fast alle Trajektorien werden hier von einem seltsamen Attraktor angezogen. Der maximale eindimensionale Lyapunov-Exponent ist positiv. Die Autokorrelationsfunktionen C_{XX}, C_{YY}, C_{ZZ} zerfallen. Die Kapazität ist nicht-ganzzahlig; man findet numerisch $K = 2.06$.

Der Attraktor hat für diese Parameterwerte eine "Zwei-Blatt-Struktur". Diese beiden Blätter B^+ und B^- sind für kleine Z zu einem "Blatt" B zusammengeklebt. B^+ hat positive X-Werte und B^- negative, und jedes Blatt hat ein Loch um den konvektiven Zustand C_+ oder C_-, da diese instabil sind für $r > r_c$ und keine Orbits anziehen. Auf diesen (fremdartigen) Attraktor laufen Phasenpunkte folgendermassen: Wenn der Punkt auf Blatt B^+ in der Nähe von C_+ gestartet ist, läuft die Trajektorie mehrmals um C_+ herum, aber irgendwann überquert die Trajektorie die Separatrix zum Blatt B^- und läuft dann i.A. mehrmals um C^- herum. Dann wechselt die Trajektorie wieder auf Blatt B^+. Dieses Hin und Her erfolgt ganz unregelmässig (eben chaotisch), obwohl das Lorenz-Modell deterministisch ist. Wenn der untere Teil (kleine Z) aus nur einem Blatt gebildet würde, so müssten die zwei Blätter B^+ und B^- an einer Linie zusammengeheftet sein. Somit würden dort aus zwei Trajektorien im Phasenraum eine einzige, und bei Zeitumkehr wäre die Bewegung nicht eindeutig. Das heisst, es gibt auch im unteren Teil des Attraktors zwei Blätter. Durch Kontinuität werden beide Blätter B^+ und B^- verdoppelt, insgesamt gibt es dann im oberen Teil vier Blätter. Zur Vermeidung von Schnitten müssen diese Blätter auch noch in Streifen zerlegt werden. Somit findet man schliesslich, dass der Attraktor unendlich viele Schichten von Blättern enthält (Cantor-Menge). Diese komplizierte Struktur ist ein Beispiel eines fremdartigen Attraktors ("strange attractor"). Der Attraktor hat eine höhere Fraktal-Dimension (Kapazität) als eine Fläche ($K = 2$), aber weniger als ein Volumen ($K = 3$). Solche gebrochenzahligen Kapazitäten sind allgemein charakteristisch für chaotische dynamische Systeme.

Bemerkung I. Sei $\sigma = 16$, $b = 4$ und $r = 40$. Für die drei eindimensionalen Lyapunov-Exponenten findet man an diesen Parameterwerten aus numerischen Untersuchungen

$$\lambda_1^I = 1.37, \qquad \lambda_2^I = 0, \qquad \lambda_3^I = -22.37.$$

Man beachte, dass

$$\lambda_1^I + \lambda_2^I + \lambda_3^I = \operatorname{div} \mathbf{V} = -\sigma - b - 1 = 21.$$

Die *Kaplan-Yorke Dimension* als Annäherung an die Kapazität wird damit zu

$$K = 2 + \frac{\lambda_1}{|\lambda_3|} = 2.06\ldots.$$

Aufgabe 60. Man zeige, dass

$$X(t) = Y(t) = 0, \qquad Z(t) = Z_0 \, e^{-bt}$$

eine exakte Lösung des Lorenz-Modells ist, und man studiere ihre Stabilität.

Das Lorenz-Modell zeigt für gewisse Werte von r den Feigenbaum-Übergang. Im Bereich $166 \leq r \leq 167$ zeigt das Lorenz-Modell für $b = 8/3$ und $\sigma = 10$ Intermittenz (Manneville und Pomeau 1979). Der Ruelle-Takens-Newhouse Übergang findet beim Lorenz-Modell nicht statt.

Lorenz (1963) diskutierte die zeitliche Entwicklung des Modells für die Werte $\sigma = 10$, $b = 8/3$ und $r = 28$, indem er die Bahnpunkte untersuchte, in denen Z ein lokales Maximum hat, und numerisch die Werte z_τ, $\tau = 0, 1, 2, \ldots$ bestimmte. Trägt man z_{i+1} gegen z_i, $\forall i$ auf, so erhält man den Graphen der (*Lorenz-Abbildung*, siehe 3.4) Man kann sie benutzen, um die symbolische Dynamik des Lorenz-Systems zu studieren.

Bemerkung II. Obwohl das Lorenz-System historisch das bekannteste chaotische System darstellt, ist das ebenfalls früher vorgestellte chaotische Rössler-System das generischere. Das Lorenz-System baut auf der Existenz eines heteroklinen Orbits auf, einer Erscheinung, die nicht-typisch ist.

5.3   Elektrodynamische Modelle

5.3.1   Elektronische Schwingkreise

Der am besten untersuchte nichtlineare Schwingkreis in Zusammenhang mit chaotischem Verhalten ist der *Reihen-RCL Schwingkreis*, der von einer Sinusspannung getrieben wird. Dabei ist R der (lineare) Widerstand, C die nichtlineare Kapazität und L die (lineare) Induktivität des Schwingkreises. Die Bewegungsgleichung ist somit gegeben durch

$$L \frac{d^2 Q}{dt^2} + R \frac{dQ}{dt} + V_c = V_0 + V_1 \sin(\Omega t), \tag{5.3}$$

wobei V_c die Spannung ist, die über der nichtlinearen Kapazität liegt. Die nichtlineare Kapazität kann durch eine Si-Varaktordiode realisiert werden, wobei die Sperrschichtkapazität spannungsabhängig ist (Möschwitzer 1975). Die Spannung, die über der Varaktordiode liegt, wird mit Hilfe eines Oszilloskops und Frequenzanalysators untersucht. Die äussere treibende Spannung kann auch einen Gleichspannungsanteil V_0 enthalten.

Linsay (1981) war der erste, der anhand von (5.3) das chaotische Verhalten eines getriebenen anharmonischen Oszillators untersuchte. Er nahm an, dass die Varaktordiode beschrieben wird durch

$$C(V) = \frac{C_0}{(1 + V/\phi)^\gamma},\qquad(5.4)$$

mit $C_0 = 81.8$ pF, $\phi = 0.6$ V und $\gamma = 0.44$. Die anderen Werte des Schwingkreises sind $R = 180\ \Omega$ und $L = 100\ \mu H$. Für kleine Werte von V_1 (V_0 ist null gesetzt) verhält sich der Schwingkreis wie ein linearer RCL-Kreis mit einer Resonanzfrequenz $f = 1.78$ MHz. Nichtlineares Verhalten tritt – bei festgehaltenem f – bei anwachsender Spannung V_1 auf. Subharmonische Periodenverdopplungen zeigen sich bei der Steigerung der angelegten Spannung um 3.2, 0.72 und 0.16 V. Eine weitere Steigerung der treibenden Spannung liefert zunächst Rauschen mit starker Verstärkung bei $f/4$, $f/2$ und $3f/4$, aber auch bei $f/12$. Die Subharmonische bei $f/2$ wird durch das Verhalten des Nachweissystems hervorgerufen. Danach treten ungerade Subharmonische (zunächst $nf/5$ und dann $nf/3$, $n = 1, 2, \ldots$) abwechselnd mit Rauschen auf, bis der Schwingkreis nur noch chaotisches Verhalten zeigt. Vier Periodenverdopplungen können gemessen werden. Die weiteren Verzweigungen liegen so dicht zusammen, dass eine Messung nicht mehr möglich ist. Das nichtlineare Verhalten verschwindet, wenn der nichtlineare Kondensator durch einen einfachen 80 pF Kondensator ersetzt wird.

Testa et al. (1982a) finden mit einer anderen Varaktordiode qualitativ dasselbe Verhalten. Die Nichtlinearität hat die Form (5.4) mit $C_0 \approx 300$ pF, $\phi = 0.6$ V und $\gamma = 0.55$. Unter Vorwärtsspannung verhält sich die Varaktordiode wie eine normal leitende Diode. In einem Kommentar zur Arbeit von Testa et al. (1982a) betonte Hunt (1982), dass eine andere Eigenschaft der Diode für die Nichtlinearität verantwortlich ist, nämlich die Umkehrerholzeit. Die ist die Zeit, die die Minoritätsladungsträger brauchen, um zu rekombinieren. In ihrer Antwort beschrieben Testa et al. (1982b) die verschiedenen Effekte, die zur Nichtlinearität der Diode beitragen.

Ein Schwingkreis, bei dem die Nichtlinearität (und somit das chaotische Verhalten) durch die Erholzeit gegeben ist, wurde ebenfalls durch Hunt (1982) beschrieben. Weitere Untersuchungen von nichtlinearen RCL-Schwingkreisen wurden von Cascais et al. (1983), Jeffries und Perez (1983), Brorson et al. (1983), Ikezi et al. (1983) und Hunt und Rollins (1984) vorgenommen. Octavio et al. (1986) untersuchten einen nichtlinearen RCL-Schwingkreis mit einer Leistungsdiode. Sie fanden eine starke Abweichung vom Feigenbaumübergang, da das zu Grunde gelegte Modell die Form

$$f(x_{t+1}) = a \left(1 - \left|\frac{x_t - b}{1 - b}\right|^z\right)$$

hat, wobei gilt: $z = z_1$ wenn $x_t < x_{t\,\mathrm{max}}$, und $z = z_2$ wenn $x_t > x_{t\,\mathrm{max}}$. b bestimmt die Position des Maximums in $f(x_{t+1})$ und somit die Asymmetrie.

Intermittenz in einem nichtlinearen RCL-Schwingkreis wurde von Jeffries und Perez (1982) gefunden. Rollins und Hunt (1982) beschreiben den nichtlinearen RCL-Schwingkreis mit einem Modell, bei dem die Abhängigkeit der Kapazität C von V vernachlässigt wird. Das Modell gründet auf der allgemeinen Lösung im Bereich, in dem die Diode leitend ist, und der allgemeinen Lösung, wo sie nicht-leitend ist. Die beiden Lösungen werden über die Randbedingungen aneinander angepasst.

Neben RCL-Schwingkreisen wurde eine weitere grosse Klasse von elektronischen Schwingkreisen mit chaotischem Verhalten untersucht. Shinriki et al. (1981) und Freire et al. (1984) untersuchten einen autonomen elektronischen Schwingkreis. Autonom bedeutet in diesem Zusammenhang, dass der Schwingkreis nicht von aussen getrieben wird. Das Modell für dieses System ist gegeben durch

$$
\begin{aligned}
C_0 \frac{dv_1}{dt} &= -G_1 v_1 + a_1 v_1 - a_3 v_1^3 + b_1(v_2 - v_1) + b_3(v_2 - v_1)^3, \\
C \frac{dv_2}{dt} &= -i_L - G_2 v_2 - b_1(v_2 - v_1) - b_3(v_2 - v_1^3), \\
L \frac{di_L}{dt} &= v_2,
\end{aligned}
$$

wobei a_1, b_1, a_3 und b_3 Konstanten sind, mit denen die Nichtlinearität angepasst wird. In Abhängigkeit von den beiden Widerständen G_1 und G_2 finden die Autoren stabile Fixpunkte, periodisches Verhalten und chaotisches Verhalten.

Der Schwingkreis einer periodisch getriebenen Neonglühbirne wurde von Kennedy und Chua (1986) untersucht. Dieser Schwingkreis wurde bereits von Van der Pol und Van der Mark (1927) betrachtet, ohne allerdings auf Chaos einzugehen. Im Modell wird die Strom-Spannungscharakteristik angenommen als

$$
v(i) = 29.9925 + 5.0005\,i - 6|i - 7.5| + 1.0005|i - 15|,
$$

wobei die Spannung v in Volt und der Strom in μA gemessen wird. Ein Schwingkreis, mit zwei Dioden (1N 2858) und zwei Induktivitäten gekoppelt über einen Widerstand, wurde von Su et al. (1987) zur Messung der Fraktaldimension untersucht. Belmonte et al. (1988) untersuchten dieselbe Fragestellung mit demselben Schwingkreis, aber mit einer etwas anderen Diode. Van Exter und Lagendijk (1983) studierten eine getriebene (periodisch gekickte) Neon-Glühlampe. Zhong und Ayrom (1985) untersuchten den einfachsten chaotischen autonomen Schwingkreis, welcher von Chua vorgeschlagen worden war. Der Schwingkreis besteht aus zwei linearen Kapazitäten, einer linearen Induktivität, und einem nichtlinearen Widerstand, der durch eine stückweise lineare (5 Bereiche) Strom-Spannungscharakteristik gegeben ist. Ein elektrischer Serienschwingkreis als Modell für den Toda-Oszillator wurde von Lauterborn und Meyer-Ilse (1986) untersucht, wobei eine Diode des Typs BB109G verwendet wurde. Die Modell-Gleichung ergibt sich zu

$$
L \frac{d^2 Q}{dt^2} + R \frac{dQ}{dt} + U_0\, e^{\left(\frac{Q}{C_0 U_0} - 1\right)} = k \cos(\Omega t).
$$

Ein chaotischer Oszillograph wurde von Levinson (1993) realisiert, durch einen in der x-y-Ebene betriebenen Oszillographen, kombiniert mit einer Photodiode und einem Signalgenerator.

Auch Hyperchaos kann mit elektronischen Schwingkreisen erhalten werden. Der im nächsten Abschnitt diskutierte Analogkreis für die gekoppelte logistische Gleichung kann Hyperchaos zeigen. Matsumoto et al. (1986) geben einen Schwingkreis an, der zu einem Modell von vier gewöhnlichen Differentialgleichungen erster Ordnung führt, in dem die Nichtlinearität durch eine stückweise lineare Funktion beschrieben wird. Dieser Schwingkreis zeigt hyperchaotisches Verhalten: Für einen gewissen Parameterbereich findet man, dass die beiden ersten eindimensionalen Lyapunov-Exponenten positiv sind.

5.3.2 Analogrechner

Mishina et al. (1985) konstruierten einen Analogrechner für die Simulation der gekoppelten logistischen Gleichung in der Form

$$x_{t+1} = 1 - ax_t^2 - b(x_t - y_t),$$
$$y_{t+1} = 1 - ay_t^2 - b(y_t - x_t).$$

Die Zustandsgrössen sind durch Spannungen realisiert. Der Schwingkreis besteht aus je einem Block pro Gleichung. Dabei wird die Ausgangsspannung x_t des X-Blockes in den Y-Block eingespeist und die Ausgangsspannung des Y-Blockes wird in den X-Block eingespeist. Die Grössen x_t^2 und y_t^2 werden durch Analogmultiplizierer erhalten. Die übrigen Operationen (Addition, Subtraktion) werden durch Operationsverstärker ausgeführt.

Für die logistische Gleichung in der Form $x_{t+1} = rx_t(1 - x_t)$ gibt Briggs (1987) einen Analogschwingkreis an. Die Zustandsgrösse x_t wird dargestellt durch eine Spannung

$$v(t) = x_t \cdot 10 \, \text{V},$$

und das Produkt wird durch zwei Analogmultiplizierer durchgeführt. Die resultierende Spannung wird gespeichert, bevor sie für die nächste Iteration zurückgeführt wird. Zwei Speicherkreise sind dazu notwendig. Während das neue Resultat im ersten Speicher abgelegt wird, hält der zweite das Resultat der vorhergehenden Iteration bereit. Der Verzweigungsparameter r wird durch ein Potentiometer realisiert.

Ein Analogrechner zur Beschreibung der Gleichung

$$\frac{d^2\phi}{d\tau^2} + \beta^{-1/2}\frac{d\phi}{d\tau} + \sin\phi = \rho\sin(\Omega\tau)$$

wurde von Kao et al. (1986) beschrieben.

5.3.3 Rikitake-Zweischeiben-Dynamo

Ein grobes Modell zur Beschreibung des Erdmagnetfeldes ist der so genannte Zweischeiben-Dynamo von Rikitake (Cook und Roberts 1970). Wir folgen in unserer Darstellung dieser Arbeit. Das Modell besteht in seiner einfachsten Form aus zwei gleichen gekoppelten reibungsfreien Scheibendynamos, zwischen denen die Energie hin und her oszilliert. Jeder Scheibendynamo wird durch das konstante Drehmoment G angetrieben, der die ohmschen Verluste in den Wicklungen der Scheiben ausgleicht. Die Scheiben des Modells sind zwei grossen Wirbeln im Erdinnern nachempfunden, wobei die Wirbel sich nacheinander anregen, wie bei einem Herzenberg-Dynamo. Die drehenden Wirbel werden dabei mit den Drehmomenten verglichen. Behält man für das Modell die Widerstandsverluste und vernachlässigt die Reibungskräfte, so führt dies dazu, dass die Reibungsverluste die Zähigkeitsverluste der Strömung im Erdinnern überwiegen. Obgleich es die Wirbel im Erdinnern und die Effekte der Corioliskraft berücksichtigt, ist das Modell insgesamt grob, da es die Alvén- und Diffusionszeit vernachlässigt. Im Vergleich mit den erdgeschichtlichen Epochen, in denen die Polarität des Magnetfeldes konstant blieb, sind diese Systemzeiten zu klein.

Die Bewegungsgleichungen für die Ströme I_1 und I_2 und die Winkelgeschwindigkeiten Ω_1 und Ω_2 lauten

$$
\begin{aligned}
L\frac{dI_1}{dt} + RI_1 &= M\Omega_1 I_2, \\
L\frac{dI_2}{dt} + RI_2 &= M\Omega_2 I_1, \\
\Theta\frac{d\Omega_1}{dt} &= G - MI_1 I_2, \\
\Theta\frac{d\Omega_2}{dt} &= G - MI_1 I_2,
\end{aligned}
$$

wobei L die Selbstinduktivität und R den Widerstand im Stromkreis darstellen. M ist die Gegeninduktivität zwischen den Stromkreisen des Dynamos. Θ ist das Trägheitsmoment des Dynamos um seine Achse und G das mechanische Drehmoment.

Aufgabe 61. Man zeige: Für das obige System gilt

$$
\frac{d}{dt}(\Omega_1 - \Omega_2) = 0 \,.
$$

Für die Differenz der Winkelgeschwindigkeiten gilt somit

$$
\Omega_1 - \Omega_2 = C^* \,,
$$

wobei C^* eine Konstante ist. Die Fixpunkte des obigen Gleichungssystems sind

$$\Omega_1^* = K^2 \left(\frac{R}{M}\right), \quad \Omega_2^* = K^{-2} \left(\frac{R}{M}\right),$$

$$I_1^* = \pm K \left(\frac{G}{M}\right)^{1/2}, \quad I_2^* = \pm K^{-1} \left(\frac{G}{M}\right)^{1/2},$$

wobei K eine Konstante ist.

Mit Hilfe der Konstanten R, M, G, Θ und L lassen sich eine mechanische Zeitkonstante τ_m und eine elektromagnetische Zeitkonstante τ_e angeben. Die mechanische Zeitkonstante ist

$$\tau_m = \frac{\Theta R}{GM}.$$

Dies ist die Zeit, die benötigt wird, um die Scheiben bis zur typischen Winkelgeschwindigkeit R/M vom Gleichgewichtszustand unter der Wirkung von G zu beschleunigen. Die elektromagnetische Zeitkonstante τ_e ist durch die elektromagnetischen Konstanten R und L gegeben als

$$\tau_e = \frac{L}{R}.$$

Der Quotient, der sich aus den Zeitkonstanten τ_m und τ_e ergibt, ist das Verhältnis von gespeicherter mechanischer zu gespeicherter elektromagnetischer Energie,

$$\mu^2 = \frac{\tau_m}{\tau_e} = \frac{\Theta R^2}{GLM}.$$

Die Ströme und die Winkelgeschwindigkeiten werden wie folgt skaliert:

$$I_j(t) = \left(\frac{G}{M}\right)^{1/2} X_j(t), \qquad \Omega_j(t) = \left(\frac{GL}{\Theta M}\right)^{1/2} Y_j(t),$$

wobei $j = 1, 2$ ist. Wir benützen $Y_1 - Y_2 =: A$ und reskalieren t durch die Ersetzung $t \to t/(\tau_e \tau_m)^{\frac{1}{2}}$. Damit erhalten wir

$$\frac{dX_1}{dt} = -\mu X_1 + Y_1 X_2,$$
$$\frac{dX_2}{dt} = -\mu X_2 + (Y_1 - A) X_1,$$
$$\frac{dY_1}{dt} = 1 - X_1 X_2.$$

Aufgabe 62. Man zeige, dass die Fixpunkte dieses Systems gegeben sind durch

$$X_1^* = \pm K, \qquad X_2^* = \pm K^{-1}, \qquad Y_1^* = \mu K^2, \qquad Y_2^* = \mu K^{-2},$$

wobei gilt $A = \mu(K^2 - K^{-2})$, und man untersuche die Stabilität dieser Fixpunkte.

Aufgabe 63. Man zeige, dass man für $\mu = 0$ und $A = 0$ die Gleichungen exakt lösen kann.

Setzt man $\mathbf{V} := (X_1, X_2, Y_1)^T$, so wird div $\mathbf{V} = -2\mu$. Das Phasenvolumen verkleinert sich also mit der Rate $\mathcal{V}_0 \exp(-2\mu t)$. Aus numerischen Untersuchungen erhält man folgende Aussagen: Für die Parameterwerte $A = 2$ und $\mu = 1$ zeigt das System chaotisches Verhalten. Der maximale eindimensionale Lyapunov-Exponent ist gegeben durch $\lambda^l = 0.14$. Die Autokorrelationsfunktionen zerfallen für diese Parameterwerte. Die Grenzmenge (Attraktor) zeigt eine komplizierte Cantor-artige Struktur. Die Kapazität des Attraktors ist nicht-ganzzahlig und liegt wie beim Lorenz-Modell im Bereich zwischen 2 und 3.

Aufgabe 64. Man zeige, dass für die Startwerte

$$X_{10} = X_{20} = 0, \quad Y_0 = \text{beliebig},$$

die speziellen Lösungen

$$X_1(t) = X_2(t) = 0, \quad Y(t) = t + Y_0,$$

folgen. Man zeige: diese Lösungen sind instabil.

Aufgabe 65. Man zeige für den Fall $A = 0$ und μ beliebig, dass das explizit zeitabhängige erste Integral

$$I(X_1, X_2, Y, t) = \left(X_1^2 - X_2^2\right) e^{2\mu t}$$

existiert. In diesem Fall kann kein chaotisches Verhalten auftreten (Steeb 1982).

5.4 Ein chemisches Modell

Ein Ratengleichungsmodell aus der Chemie, das chaotisches Verhalten zeigt, ist der so genannte *Oregonator*. Es wurde von Field und Noyes (1974) zur Beschreibung der *Belousov-Zhabotinskii Reaktion* vorgeschlagen. Neben dem Oregonator wurden für die Modellierung der Belousov-Zhabotinskii Reaktion noch eine ganze Reihe weiterer Modelle entwickelt. Der Oregonator ist davon eines der einfachsten Modelle, da er mit einem autonomen System von drei Differentialgleichungen erster Ordnung auskommt. Die Reaktionsgleichungen dieses Modells lauten

$$A + Y \xrightarrow{k_1} X + P,$$

$$X + Y \xrightarrow{k_2} 2P,$$

$$A + X \xrightarrow{k_3} 2X + 2Z,$$

$$2X \xrightarrow{k_4} A + P,$$

$$B + Z \xrightarrow{k_5} hY + Q,$$

wobei $A = BrO_3^-$, B eine organische Komponente (z.B. Malonsäure), $P = HOBr$, $Q =$ Oxidationsprodukte, $X = HBrO_2$, $Y = Br^-$, $Z = Ce^{4+}$ ausdrückt. Die Grösse h gibt die Zahl der Bromid-Ionen an, die pro Ce-Ion erzeugt und bei der Oxidation von organischen Komponenten verbraucht werden. Dies ist ein auto-katalytisches System und zeigt oszillierendes Verhalten. Experimentell beobachtet man für eine offenes System bei geeigneter Zusammensetzung der Reaktionskom-ponenten irreguläre Oszillationen der Ce^{4+}-Konzentrationen. Die Oszillationen werden durch Farbumschläge angezeigt.

Die Ratenkonstanten wurden von Field und Noyes (1974) abgeschätzt (siehe auch Tyson 1978). Nach einer Reskalierung ergeben sich die kinetischen Gleichun-gen zu

$$\epsilon \frac{dx}{dt} = \mu y - xy + x(1 - z) - rx^2,$$

$$\epsilon' \frac{dy}{dt} = -\mu y - xy + fz,$$

$$\frac{dz}{dt} = x(1 - z) - z.$$

Dabei bezeichnen T, bzw. $t = k_5 BT$ die Zeit, und x, y und z die dimensionslosen Grössen

$$x = \frac{2k_3 n_A X}{k_5 n_B}, \qquad y = \frac{k_2 Y}{k_3 n_A n_C}, \qquad z = \frac{Z}{C},$$

wobei C für die summierte Konzentration von Ce^{3+} und Ce^{4+} gesetzt wurde. Die Parameterwerte sind definiert durch

$$\epsilon = \frac{k_5 B}{k_3 AC}, \quad \epsilon' = \frac{2k_3 A}{k_2}, \quad \mu = \frac{2k_1 k_3 A^2}{k_2 k_5 B}, \quad r = \frac{k_4 k_5 B}{(k_3 A)^2 C}, \quad f = 2h.$$

Mit den Konzentrationen von A, B, C ($10^{-2}M$, $10^{-2}M$, $10^{-3}M$) ergeben sich für die Konstanten folgende Grössenordnungen:

$$\epsilon' \approx 5.10^{-6} \ll \epsilon \sim 10^{-3} \ll 1, \quad \mu \sim 2.10^{-5} \ll r, \quad f \sim 1.$$

Man beachte, dass gilt: $x \geq 0$, $y \geq 0$, $z \geq 0$.

Aufgabe 66. Man zeige, dass der Fixpunkt $\{x^* = 0, y^* = 0, z^* = 0\}$ instabil ist.

Aufgabe 67. Man zeige, dass der Oregonator den Fixpunkt

$$z^* = \frac{x^*}{1 + x^*}, \qquad y^* = \frac{f z^*}{x^* + \mu}, \qquad r x^{*3} + r(1+\mu) x^{*2} + (f-1+r\mu) - \mu(f+1) = 0,$$

besitzt. Man untersuche die Stabilität dieses Fixpunktes.

Numerische Studien des Oregonators ergeben, dass das System chaotisches Verhalten zeigen kann (Tyson 1978). Das chaotische Verhalten der Belousov-Zhabotinskii-Reaktion ist auch ausführlich bei Bergé et al. (1987) beschrieben.

Bemerkung I. Das obige Reaktionssystem bezieht sich auf ein geschlossenes Reaktionsgefäss. Um die Oszillationen aufrecht zu erhalten, müssen die verbrauchten Reaktionsstoffe entfernt und neue zugeführt werden.

Kapitel 6

Hamiltonsche Systeme

6.1 Erste Integrale und chaotisches Verhalten

Chaotisches Verhalten eines dynamischen Systems $d\mathbf{u}/dt = \mathbf{V}(\mathbf{u})$ kann ausgeschlossen werden, wenn es eine hinreichend grosse Zahl von *ersten Integralen* (*Konstanten der Bewegung*) gibt. Im Falle $n = 3$ genügt die Existenz *eines* ersten Integrals, um chaotisches Verhalten auszuschliessen. Bei konservativen Hamilton-Systemen ist die Hamilton-Funktion H selbst ein erstes Integral. Sei $H : \mathbb{R}^4 \to \mathbb{R}$, und es existiere neben der Hamilton-Funktion noch ein weiteres erstes Integral I ($I : \mathbb{R}^4 \to \mathbb{R}$). Dann ist chaotisches Verhalten ausgeschlossen.

Wir wollen im Folgenden die Begriffe *erstes Integral* und *zeitabhängiges erstes Integral* einführen (Arnold 1978). Sei $\mathcal{U}$ eine offene Teilmenge des $\mathbb{R}^n$, $\mathbf{V}$ ein differenzierbares Vektorfeld auf dem Gebiet $\mathcal{U}$ und $I : \mathcal{U} \to \mathbb{R}$ eine differenzierbare Funktion.

Definition 6.1. Eine Funktion I heisst *erstes Integral* von

$$\frac{d\mathbf{u}}{dt} = \mathbf{V}(\mathbf{u}), \qquad \mathbf{u} \in \mathcal{U},$$

wenn ihre Lie-Ableitung längs des *Vektorfeldes* $\mathbf{V}$ verschwindet:

$$L_{\mathbf{V}} I \equiv \mathbf{V}(I) = 0\,.$$

Dabei ist

$$\mathbf{V} := V_1(\mathbf{u})\frac{\partial}{\partial u_1} + \ldots + V_n(\mathbf{u})\frac{\partial}{\partial u_n}\,,$$

und entsprechend

$$\mathbf{V}(I) := V_1(\mathbf{u})\frac{\partial I}{\partial u_1} + \ldots + V_n(\mathbf{u})\frac{\partial I}{\partial u_n}\,.$$

Bemerkung I. $L_{\mathbf{V}} I = 0$ kann auch geschrieben werden als $dI/dt = 0$, da ja gilt

$$\frac{dI}{dt} = \frac{\partial I}{\partial u_1}\frac{du_1}{dt} + \ldots + \frac{\partial I}{\partial u_n}\frac{du_n}{dt}.$$

Beispiel 75. Ist

$$\frac{du_1}{dt} = u_2 u_3, \qquad \frac{du_2}{dt} = u_1 u_3, \qquad \frac{du_3}{dt} = u_1 u_2,$$

so sind

$$I_1(\mathbf{u}) = u_1^2 - u_2^2, \qquad I_2(\mathbf{u}) = u_1^2 - u_3^2$$

erste Integrale mit $\mathcal{U} = \mathbb{R}^3$. Die Konstanten der Bewegung sind somit

$$u_1^2 - u_2^2 = C_1, \qquad u_1^2 - u_3^2 = C_2$$

wobei C_1 und C_2 zwei reelle Konstanten sind. Diese Konstanten sind bestimmt durch die Anfangswerte u_{10}, u_{20} und u_{30}. Es kann deshalb geschrieben werden: $C_1 = u_{10}^2 - u_{20}^2$ und $C_2 = u_{10}^2 - u_{30}^2$, woraus sich ergibt, dass die Trajektorie auf den Schnitt dieser beiden Flächen fällt.   □

Bemerkung II. Manchmal werden die ersten Integrale auch globale erste Integrale genannt, um sie von den lokalen ersten Integralen, welche wir noch diskutieren werden, zu unterscheiden.

In dynamischen Systemen treten auch (explizit) zeitabhängige erste Integrale für autonome Systeme auf. Diese spielen bei dissipativen Systemen eine Rolle. Unter einem dissipativen System verstehen wir wiederum eine System mit div $\mathbf{V} \leq 0$. Zur Definition des zeitabhängigen ersten Integrals erweitern wir das autonome System $d\mathbf{u}/dt = \mathbf{V}(\mathbf{u})$ auf

$$\frac{d\mathbf{u}}{d\epsilon} = \mathbf{V}(\mathbf{u}), \qquad \frac{dt}{d\epsilon} = 1,$$

mit $t(\epsilon = 0) = 0$. Im Folgenden sei $\mathcal{U} = \mathbb{R}^n$.

Definition 6.2. Eine Funktion $I : \mathbb{R} \times \mathcal{U} \to \mathbb{R}$ heisst *zeitabhängiges erstes Integral* des autonomen Systems $d\mathbf{u}/dt = \mathbf{V}(\mathbf{u})$, wenn gilt:

$$L_{\mathbf{W}} I = 0.$$

Dabei ist $\mathbf{W}$ das auf dem Gebiet $\mathbb{R} \times \mathcal{U}$ definierte Vektorfeld

$$\mathbf{W} := \mathbf{V} + \frac{\partial}{\partial t}.$$

Bemerkung III. Die Bedingung $L_{\mathbf{W}}I = 0$ kann auch als $dI/dt = 0$ geschrieben werden.

Beispiel 76. Für das autonome System erster Ordnung

$$\frac{du_1}{dt} = cu_1 + c_{23}u_2u_3,$$

$$\frac{du_2}{dt} = cu_2 + c_{13}u_1u_3,$$

$$\frac{du_3}{dt} = cu_3 + c_{12}u_1u_2,$$

mit $c, c_{12}, c_{23}, c_{13} \in \mathbb{R}$, findet man als (explizit) zeitabhängige erste Integrale

$$I_1(\mathbf{u}, t) = \frac{1}{2}(c_{13}u_1^2 - c_{23}u_2^2) \, e^{-2ct},$$

$$I_2(\mathbf{u}, t) = \frac{1}{2}(c_{12}u_1^2 - c_{23}u_3^2) \, e^{-2ct}.$$

$\square$

Beispiel 77. Gegeben der gedämpfte anharmonische Oszillator

$$\frac{du_1}{dt} = u_2,$$

$$\frac{du_2}{dt} = -c_1u_2 - c_2u_1 + u_1^3,$$

mit Konstanten $c_1 \neq 0$ und c_2. Wenn die Bedingung $2c_1^2 = 9c_2$ erfüllt ist, ergibt sich das explizit zeitabhängige erste Integral

$$I(\mathbf{u}, t) = \left((u_2 + \frac{c_1 u_1}{3})^2 + \frac{1}{2}u_1^4 \right) e^{\frac{4c_1 t}{3}}.$$

$\square$

Beispiel 78. Für das Lorenz-System gibt es erste Integrale, die von den Verzweigungsparametern σ, b und r abhängen. Mit Hilfe des von Steeb (1982) eingeführten Ansatzes für explizit zeitabhängige erste Integrale

$$I(x, y, z, t) = \left(\sum_{k+l+m \leq N} c_{klm} x^k y^l z^m \right) e^{ct}, \qquad c \in \mathbb{R},$$

und der Carleman-Linearisierung (Kowalski und Steeb 1991) fand Kuś (1983) bis $N = 4$ alle ersten Integrale. Dabei sind c und c_{klm} reelle Konstanten die durch die Bedingung $dI/dt = 0$ bestimmt sind. Die Integrale lauten:

(1) $b = 2\sigma$, r beliebig :
$$I(x, y, z, t) = (x^2 - 2\sigma z)\, e^{2\sigma t},$$

(2) $b = 0$, $\sigma = \frac{1}{3}$, r beliebig :
$$I(x, y, z, t) = \left(-r x^2 + \tfrac{1}{3} y^2 + \tfrac{2}{3} xy + x^2 z - \tfrac{3}{4} x^4\right) e^{\frac{4t}{3}},$$

(3) $b = 1$, $r = 0$, σ beliebig :
$$I(x, y, z, t) = (y^2 + z^2)\, e^{2t},$$

(4) $b = 4$, $\sigma = 1$, r beliebig :
$$I(x, y, z, t) = \left(4(1 - r)z + r\, x^2 + y^2 - 2xy + x^2 z - \tfrac{1}{4} x^4\right) e^{4t},$$

(5) $b = 1$, $\sigma = 1$, r beliebig :
$$I(x, y, z, t) = (-r x^2 + y^2 + z^2)\, e^{2t},$$

(6) $b = 6\sigma - 2$, $r = 2\sigma - 1$, σ beliebig :
$$I(x, y, z, t) = \left(\tfrac{(2\sigma - 1)^2}{\sigma} x^2 + y^2 - (4\sigma - 2) xy + x^2 z - \tfrac{1}{4\sigma} x^4\right) e^{4\sigma t}.$$

Man kann sich davon überzeugen, dass für die oben angegebenen Werte von b, σ und r kein chaotisches Verhalten vorkommt. $\square$

Bemerkung IV. Für nichtautonome Systeme

$$\frac{d\mathbf{u}}{dt} = \mathbf{V}(\mathbf{u}, t),$$

mit $\mathbf{u} \in \mathcal{U}$ und $t \in \mathbb{R}$, kann man die obige Definition übernehmen, wenn man das nichtautonome System durch das autonome System

$$\frac{d\mathbf{u}}{d\epsilon} = \mathbf{V}(\mathbf{u}, t), \qquad \frac{dt}{d\epsilon} = 1$$

ersetzt.

Bemerkung V. Für die meisten dynamischen Systeme gibt es keine ersten Integrale.

Als Nächstes wollen wir nun den Begriff des *lokalen ersten Integrals* einführen (Arnold 1978).

Satz 23. Sei $\mathcal{U}$ eine offene Teilmenge des $\mathbb{R}^n$, $\mathbf{V}$ ein differenzierbares Vektorfeld auf $\mathcal{U}$ und $\mathbf{u}$ ein nichtsingulärer Punkt des Vektorfeldes ($\mathbf{V}(\mathbf{u}) \neq \mathbf{0}$). Dann existiert eine Umgebung $\mathcal{U}_1$ des Punktes $\mathbf{u} \in \mathcal{U}$ ($\mathcal{U}_1 \subseteq \mathcal{U}$) derart, dass das autonome System $d\mathbf{u}/dt = \mathbf{V}(\mathbf{u})$ genau $n - 1$ funktional unabhängige erste Integrale $I_1, \ldots, I_{n-1}$ in $\mathcal{U}_1$ besitzt und jedes andere erste Integral eine Funktion von $I_1, \ldots, I_{n-1}$ in $\mathcal{U}_1$ ist.

Definition 6.3. Die im obigen Satz eingeführten ersten Integrale werden *lokale erste Integrale* genannt.

Bemerkung VI. Für das dynamische System

$$\frac{du_1}{dt} = 1, \qquad \frac{du_2}{dt} = \ldots = \frac{du_n}{dt} = 0$$

sind die Koordinaten $u_2, \ldots, u_n$ selbst genau $n-1$ funktional unabhängige erste Integrale.

Aufgabe 68. Man zeige, dass das System

$$\frac{du_1}{dt} = u_1(1 + au_2 + bu_3), \qquad \frac{du_2}{dt} = u_2(1 - au_1 + cu_3), \qquad \frac{du_3}{dt} = u_3(1 - bu_1 - cu_2)$$

das erste Integral $I(\mathbf{u}, t) = (u_1 + u_2 + u_3)\, e^{-t}$ besitzt, wobei a, b und c Konstanten sind. Gibt es weitere erste Integrale?

6.2 Hamilton-Systeme

Wir betrachten konservative Hamilton-Systeme der Form

$$H(\mathbf{p}, \mathbf{q}) = \frac{1}{2} \sum_{j=1}^{N} \frac{p_j^2}{m_j} + U(\mathbf{q}), \tag{8.1}$$

wobei das Potential U eine beliebig oft differenzierbare Funktion sein soll. N ist die Zahl der Freiheitsgrade. Die *Hamiltonschen Bewegungsgleichungen* lauten damit

$$\frac{dp_j}{dt} = -\frac{\partial U}{\partial q_j}, \qquad \frac{dq_j}{dt} = \frac{p_j}{m_j}. \tag{8.2}$$

Es folgt daraus

$$\frac{d^2 q_j}{dt^2} = -\frac{1}{m_j} \frac{\partial U}{\partial q_j},$$

mit $j = 1, 2, \ldots, N$. Durch die Form des Potentials U ist das dynamisches Verhalten festgelegt. Damit chaotisches Verhalten auftritt muss notwendigerweise $N \geq 2$ sein.

Bemerkung I. Im allgemeinen Fall ist der Phasenraum $\Gamma = \mathbb{R}^{6N}$, wobei N die Zahl der Teilchen bezeichnet und

$$\mathbf{p} \equiv (p_{11}, p_{12}, p_{13}, p_{21}, \ldots, p_{N3}),$$

$$\mathbf{q} \equiv (q_{11}, q_{12}, q_{13}, q_{21}, \ldots, q_{N3}).$$

Der kinetische Anteil der Hamilton-Funktion ist gegeben durch

$$H_{kin} = \sum_{k=1}^{N} \sum_{j=1}^{3} \frac{p_{kj}^2}{2m_k}.$$

Bemerkung II. In der Literatur werden auch explizit zeitabhängige Hamilton-Systeme diskutiert, wie beispielsweise der gekickte Oszillator in einer Dimension (Schuster 1984, siehe auch Abschnitt 4.5)

$$H(p, q, t) = \frac{p^2}{2m} + kV(q) \sum_{n} \delta(t - nT), \qquad n \in \mathbb{Z},$$

wobei T eine positive Konstante ist. Solche Systeme werden wir im Folgenden nicht betrachten.

Ist ein Hamilton-System gegeben, so untersucht man zunächst, ob das System integrabel ist, also, ob genügend erste Integrale existieren, um das System durch Quadratur zu lösen. Für den oben beschriebenen Fall ist die Hamilton-Funktion H selbst ein erstes Integral. Die Trajektorien bewegen sich auf der *Energiehyperfläche*

$$H(\mathbf{p}, \mathbf{q}) = E,$$

wobei E durch die Startwerte festgelegt ist. Die integrablen Systeme bilden die Ausnahme. Ist das System integrabel, so kann chaotisches Verhalten ausgeschlossen werden. Die meisten Hamilton-Systeme sind nicht integrabel. Nicht integrabel bedeutet für $(N > 1)$, dass ausser der Hamilton-Funktion nicht genügend weitere erste Integrale existieren, um das System durch Quadratur zu lösen. Weiter unten betrachten wir das berühmte Hénon-Heiles Modell, welches in der Astronomie eine Rolle spielt. Dieses ist ein System mit zwei Freiheitsgraden. Es zeigt, wenn die durch die Startwerte festgelegte Energie genügend hoch ist, chaotisches Verhalten. Wir werden dabei die Frage diskutieren, ob aus lokaler Instabilität auf globale Instabilität geschlossen werden kann. Ein besonders wichtiges dynamisches System in der Physik ist der Kreisel. Dieses System anschliessend betrachtet. Zuletzt geben wir noch einen Überblick über weitere Systeme mit chaotischem Verhalten.

6.3 Integrable Hamilton-Systeme

Für konservative Hamiltonsche Systeme definieren wir den Begriff *integrabel* folgendermassen:

Definition 6.4. Sei $\mathcal{U} = \mathbb{R}^{2N}$ oder eine offene Teilmenge des $\mathbb{R}^{2N}$ und H eine Hamilton-Funktion ($H : \mathcal{U} \to \mathbb{R}$). Es gelte ($m_1 = m_2 = \ldots = m_N$). Die *Hamiltonschen Bewegungsgleichungen* sind gegeben durch

$$\frac{dq_k}{dt} = \frac{\partial H}{\partial p_k}, \qquad \frac{dp_k}{dt} = -\frac{\partial H}{\partial q_k}, \qquad k = 1, 2, \ldots, N,$$

wobei $\mathbf{q} = (q_1, \ldots, q_N)$, $\mathbf{p} = (p_1, \ldots, p_N)$ die Koordinaten im Phasenraum $\mathbb{R}^{2N}$ oder einer offenen Teilmenge $\mathcal{U}$ des $\mathbb{R}^{2N}$ sind.

Die Hamilton-Funktion H definiert das Vektorfeld

$$\mathbf{V}_H := \sum_{k=1}^{N} \left(\frac{\partial H}{\partial p_k} \cdot \frac{\partial}{\partial q_k} - \frac{\partial H}{\partial q_k} \cdot \frac{\partial}{\partial p_k} \right).$$

Definition 6.5. Für jede differenzierbare Funktion f ($f : U \to \mathbb{R}$) findet man

$$\mathbf{V}_H f := \sum_{k=1}^{N} \left(\frac{\partial H}{\partial p_k} \cdot \frac{\partial f}{\partial q_k} - \frac{\partial H}{\partial q_k} \cdot \frac{\partial f}{\partial p_k} \right) \equiv \{H, f\},$$

wobei $\{\cdot, \cdot\}$ die *Poisson-Klammer* ist. Das Volumenelement

$$\Omega := dq_1 \wedge \ldots \wedge dq_N \wedge dp_1 \wedge \ldots \wedge dp_N$$

bleibt invariant unter dem Fluss, der durch die Hamilton-Funktion gegeben ist, also

$$L_{\mathbf{V}_H} \Omega = 0.$$

Dabei ist wiederum $L_{\mathbf{V}_H}$ die *Lie-Ableitung* und $\wedge$ das Grassmann-Produkt.

Bemerkung I. Es gilt:

$$\begin{array}{ccc}
\text{für } \alpha, \beta \text{ von demselben Grad:} & L_{\mathbf{V}}(\alpha + \beta) & \equiv & L_{\mathbf{V}}\alpha + L_{\mathbf{V}}\beta, \\
\text{die Produktregel:} & L_{\mathbf{V}}(\alpha \wedge \beta) & \equiv & (L_{\mathbf{V}}\alpha) \wedge \beta + \alpha \wedge (L_{\mathbf{V}}\beta),
\end{array}$$

wobei α und β zwei Differentialformen sind und $\mathbf{V}$ ein Vektorfeld bezeichnet (Steeb 1978).

Definition 6.6. Ein Hamilton-System, definiert in einer offenen Teilmenge $\mathcal{U} \subset \mathbb{R}^{2N}$, heisst *vollständig integrabel*, wenn N erste Integrale $I_1, \ldots, I_N$ existieren, die in *Involution* sind und linear unabhängige Gradienten haben. Das heisst, in $\mathcal{U}$ gilt:

$$\begin{array}{ll}
\text{(i)} & \{H, I_j\} = 0, \\
\text{(ii)} & \{I_k, I_j\} = 0, \\
\text{(iii)} & dI_1, \ldots, dI_N \quad \text{sind linear unabhängig}.
\end{array}$$

Eines der ersten Integrale ist die Hamilton-Funktion H. Man setzt $I_N = H$ oder $I_1 = H$.

Beispiel 79. Sei $H : \mathbb{R}^{2N} \to \mathbb{R}$ gegeben durch

$$H(\mathbf{p}, \mathbf{q}) = \frac{1}{2} \sum_{k=1}^{N} (p_k^2 + \omega^2 q_k^2).$$

Die ersten Integrale sind gegeben durch $I_k(\mathbf{p}, \mathbf{q}) = p_k^2 + q_k^2$, mit $k = 1, 2, \ldots, N$. $\square$

Beispiel 80. Sei $H : \mathbb{R}^{2N} \to \mathbb{R}$ gegeben durch

$$H(\mathbf{p}, \mathbf{q}) = h(\mathbf{p}).$$

Die Hamilton-Funktion H hängt nicht von $\mathbf{q}$ ab. Die ersten Integrale sind gegeben durch $I_k(\mathbf{p}, \mathbf{q}) = p_k$, mit $k = 1, 2, \ldots, N$. $\square$

Beispiel 81. Sei $H : \mathbb{R}^4 \to \mathbb{R}$ gegeben durch

$$H(\mathbf{p}, \mathbf{q}) = \frac{1}{2}(p_1^2 + p_2^2) + e^{q_2 - q_1}.$$

Die Bewegungsgleichungen lauten

$$\frac{dq_1}{dt} = p_1,$$
$$\frac{dq_2}{dt} = p_2,$$
$$\frac{dp_1}{dt} = e^{q_2 - q_1},$$
$$\frac{dp_2}{dt} = -e^{q_2 - q_1}.$$

Die ersten Integrale sind gegeben durch $I(\mathbf{p}, \mathbf{q}) = p_1 + p_2$ und H. Mit den Grössen

$$a := \frac{1}{2} e^{(q_2 - q_1)/2}, \qquad b_1 := \frac{1}{2} p_1, \qquad b_2 := \frac{1}{2} p_2$$

folgt $da/dt = a(b_2 - b_1)$, $db_1/dt = 2a^2$, $db_2/dt = -2a^2$. Die ersten Integrale für dieses System sind also gegeben durch

$$I_1(a, \mathbf{b}) = b_1 + b_2, \qquad I_2(a, \mathbf{b}) = 2a^2 + b_1^2 + b_2^2. \qquad \square$$

Definition 6.7. Das zuletzt diskutierte System kann auch in der Form

$$\frac{dL}{dt} = [B, L](t) \equiv B(t)L(t) - L(t)B(t)$$

geschrieben werden (die so genannte *Lax-Darstellung*, Steeb 1990). Die Grössen B und L sind 2×2-Matrizen (ein so genanntes *Lax-Paar*) und haben im vorliegenden Fall die Form

$$B = \begin{pmatrix} 0 & a \\ -a & 0 \end{pmatrix}, \qquad L = \begin{pmatrix} b_1 & a \\ a & b_2 \end{pmatrix}.$$

Bemerkung II. Die ersten Integrale sind damit gegeben durch

$$I_1(a, \mathbf{b}) = \mathrm{Sp}\,(L) = b_1 + b_2, \qquad I_2(a, \mathbf{b}) = \mathrm{Sp}\,(L^2) = 2a^2 + b_1^2 + b_2^2.$$

Bemerkung III. Ein dynamisches System $d\mathbf{u}/dt = \mathbf{V}(\mathbf{u})$ kann im Allgemeinen nicht in Lax-Darstellung geschrieben werden.

Bemerkung IV. Kann ein dynamisches System $d\mathbf{u}/dt = \mathbf{V}(\mathbf{u})$ in Lax-Darstellung geschrieben werden, so folgt, dass $\mathrm{Sp}\,(L^k)$, $k = 1, 2, \ldots, N$, erste Integrale sind. Für $k = 1$ kann man dies leicht einsehen, da $\mathrm{Sp}\,(BL) = \mathrm{Sp}\,(LB)$ ist: Es folgt $\mathrm{Sp}\,[B, L] = 0$, und daraus $d(\mathrm{Sp}\,L)/dt = 0$.

Bemerkung V. Es gilt: $dL^2/dt = L(dL/dt) + (dL/dt)L$.

Bemerkung VI. Im Allgemeinen gilt: $L(dL/dt) \neq (dL/dt)L$.

Bemerkung VII. Die Lösung der Gleichung $dL/dt = [B, L](t)$ ist gegeben durch

$$L(t) = e^{tB} L e^{-tB},$$

wobei $L = L(t = 0)$ ist. Vom mathematischen Standpunkt aus entspricht dies der Lösung der *Heisenbergschen Bewegungsgleichung* in der Quantenmechanik,

$$i\hbar \frac{d\hat{A}(t)}{dt} = [\hat{A}(t), \hat{H}] \equiv [\hat{A}, \hat{H}](t),$$

mit

$$\hat{A}(t) = e^{i\hat{H}t/\hbar} \hat{A} e^{-i\hat{H}t/\hbar}.$$

Dabei ist $\hat{A} = \hat{A}(t = 0)$ ein quantenmechanischer Operator, der eine Observable repräsentiert, und $\hat{H}$ ist der Hamilton-Operator des Systems, der nicht explizit von der Zeit abhängt.

Beispiel 82. Olshanetsky und Perelomov (1981, 1983) geben einen Überblick über die nichttrivialen vollständig integrierbaren Hamilton-Systeme: Das Potential habe die Form

$$U(\mathbf{q}) = g^2 \sum_{j<k}^{N} V(q_j - q_k),$$

wobei g eine Konstante ist, und alle Massen seien gleich:

$$m_1 = m_2 = \ldots = m_N = 1.$$

Dann ist ein durch

$$V(s) \in \{s^{-2},\ \sinh^{-2} s,\ \sin^{-2} s,\ \wp(s),\ s^{-2} + \omega^2 s^2,\ e^s\}$$

gegebenes dynamische System integrabel. $\wp$ bezeichnet dabei die Weierstrass'sche elliptische Funktion (Davis 1956). □

Bemerkung VIII. Es ist klar, dass die vollständig integrierbaren Systeme nicht-chaotisch sind. Die oben genannten Systeme können chaotisches Verhalten zeigen, wenn die Massen $m_1, m_2, \ldots, m_N$ ungleich sind.

Der *Satz von Liouville* besagt, dass ein Hamilton-System mit N Freiheitsgraden sich auf N-dimensionalen Tori quasiperiodisch bewegt und durch Quadraturen, also durch analytische Schritte wie das Berechnen von Integralen usw., lösbar ist, falls es N funktionell unabhängige Konstanten der Bewegung I_i in Involution gibt. Das heisst, für sie gilt: $[I_i, I_j] = 0, \forall\, i, j = 1, 2, \ldots, N$. Geometrisch gesehen sind I_i und I_j in Involution, wenn die zugehörigen Flüsse $\Phi_t^{I_i}$ und $\Phi_t^{I_j}$ vertauschbar sind, also

$$\Phi_t^{I_i} \circ \Phi_t^{I_j} = \Phi_t^{I_j} \circ \Phi_t^{I_i}$$

gilt. Die genaue Formulierung dieser Form des Satzes von Liouville (Arnold 1979) lautet:

Satz 24. Sei Γ eine $2N$-dimensionale differenzierbare Mannigfaltigkeit mit einer nicht-entarteten, geschlossenen Differentialform zweiter Ordnung ω auf Γ (Γ ist symplektisch), und seien $I_1, \ldots, I_N$ in Involution stehende Funktionen auf Γ für alle $i, j \in \{1, 2, \ldots, N\}$. Sei dann für festes $\mathbf{c} = (c_1, \ldots, c_n) \in \mathbb{R}^n$

$$M_{\mathbf{c}} = \{(\mathbf{q}, \mathbf{p}) \in \Gamma : I_i(\mathbf{q}, \mathbf{p}) = c_i,\ i = 1, 2, \ldots, N\}.$$

Für jedes $\mathbf{u} \in M_{\mathbf{c}}$ seien die Vektoren

$$\nabla I_1(\mathbf{u}),\ \nabla I_2(\mathbf{u}),\ \ldots,\ \nabla I_N(\mathbf{u}),$$

wobei ∇ den Gradientenoperator bedeutet, linear unabhängig (diese Bedingung umschreibt die Eigenschaft der funktionellen Unabhängigkeit). Dann gilt:

1. Für fast alle $\mathbf{c} \in \mathbb{R}^N$ definiert $M_{\mathbf{c}}$ eine differenzierbare Mannigfaltigkeit, welche invariant ist unter dem durch die Hamilton-Funktion $H = I_1$ definierten Fluss Φ_t.

2. Ist $M_{\mathbf{c}}$ zusätzlich kompakt und zusammenhängend, dann gibt es einen Diffeomorphismus $\mathbf{g} : M_{\mathbf{c}} \to \mathbb{T}^N$, wobei

$$\mathbb{T}^N := \{(\varphi_1, \ldots, \varphi_N) \in \mathbb{R}^N/(\mathbb{Z}2\pi)\}$$

   der N-dimensionale Torus ist.

3. Der Hamiltonsche Fluss beschreibt eine quasiperiodische Bewegung auf $M_{\mathbf{c}}$: In Winkelvariablen $\varphi = (\varphi_1, \varphi_2, \ldots, \varphi_N)$ haben wir

$$\frac{d\varphi}{dt} = \mathbf{w}, \qquad \mathbf{w} = \mathbf{w}(\mathbf{c}) = (w_1(\mathbf{c}), \ldots, w_N(\mathbf{c})),$$

   für ein gewisses $\mathbf{w} : \mathbb{R}^N \to \mathbb{R}^N$, das von $\mathbf{c}$ abhängt.

4. Die Hamiltonschen Bewegungsgleichungen können damit durch Quadraturen gelöst werden.

Der Phasenraum Γ zerfällt im vorliegenden Fall demnach in invariante N-dimensionale Tori $\mathbb{T}^N$. Ein Punkt von $\mathbb{T}^N$ wird durch N Winkelkoordinaten $\varphi = (\varphi_1, \varphi_2, \ldots, \varphi_N)$, $0 \leq \varphi_i \leq 2\pi$, $\forall\ i$, bestimmt. Seine Bewegung wird durch Gleichungen

$$\frac{d\varphi_i}{dt} = w_i(\mathbf{c}), \qquad i = 1, 2, \ldots, N.$$

beschrieben. Dies bedeutet: Jede Koordinate ändert sich gleichförmig, mit konstanter Geschwindigkeit auf einem Kreis herumlaufend. Die Lösung dieser Gleichungen lautet

$$\varphi_i(t) = \varphi_i(0) + w_i(\mathbf{c})\, t.$$

Da φ_i und $\varphi_i + 2\pi$ die i-te Koordinate des gleichen Punktes auf $\mathbb{T}^N$ beschreiben, ist die Bewegung in allen φ_i periodisch, und wir können die w_i mit Frequenzen gleichsetzen. Im Allgemeinen werden sich diese für verschiedene i unterscheiden. Die vollständige Bahn kann man sich als eine schraubenförmige Windung um den N-Torus vorstellen, die nicht notwendig geschlossen, also periodisch, zu sein braucht. Unter geeigneten Voraussetzungen liegt sie sogar dicht auf dem Torus. Eine solche Bewegung heisst *quasiperiodisch*.

Auf $M_{\mathbf{c}}$ wählt man nun die Winkelvariablen $(\varphi_1, \varphi_2, \ldots, \varphi_N)$ als neue Koordinaten und erhält 1., 2., 3. des obigen Satzes. Wegen der linearen Unabhängigkeit der ∇I_i können wir $(\varphi_1, \varphi_2, \ldots, \varphi_N, I_1, I_2, \ldots, I_N)$ als neue Koordinaten im Phasenraum Γ einführen. Dieser neue Satz von Koordinaten kann jedoch aus dem alten $(q_1, q_2, \ldots, q_N, p_1, p_2, \ldots p_N)$ im Allgemeinen nicht durch eine *kanonische*

Koordinatentransformation gewonnen werden. Dabei bezeichnen wir als kanonisch jede Transformation, die die nichtentartete Zweiform ω invariant lässt. In lokalen Koordinaten bedeutet dies

$$\sum_{i=1}^{N} dp_i \wedge dq_i = \sum_{i=1}^{N} dp_i' \wedge dq_i'.$$

Man findet leicht Variablen, welche als einen Satz neuer Impulsvariablen verwendet werden können, die so genannten *Wirkungsvariablen*.

Definition 6.8. Wirkungsvariable sind definiert durch

$$P_i = \int_{\gamma_i} \mathbf{p}\, d\mathbf{q}, \qquad i = 1, 2, \ldots, N,$$

wobei γ_i, $i = 1, 2, \ldots, N$, die N elementaren, nicht ineinander stetig transformierbaren, geschlossenen Kurven auf dem N-Torus $\mathbb{T}^N$ sind.

Die Variablen P_i sind natürlich Funktionen der alten Variablen I_i. Die Hamilton-Funktion lässt sich dann als Funktion der $\{P_i\}$ darstellen, $H = H(\mathbf{P})$, die zusammen mit den Winkelvariablen $\{\varphi_i\}$ einen neuen Satz kanonischer Koordinaten

$$(\tilde{\mathbf{q}}, \tilde{\mathbf{p}}) = (\varphi_1, \ldots, \varphi_N, P_1, \ldots, P_N)$$

bildet. Die Hamiltonschen Bewegungsgleichungen in den Koordinaten (φ_i, P_i) lauten somit

$$\frac{dP_i}{dt} = \frac{\partial H(\mathbf{P})}{\partial \varphi_i} = 0, \qquad \frac{d\varphi_i}{dt} = -\frac{\partial H(\mathbf{P})}{\partial P_i} = w_i(\mathbf{P}), \qquad i = 1, 2, \ldots, N.$$

Als Lösungen erhält man

$$P_i(t) = c_i, \qquad \varphi_i(t) = \varphi_i(0) + w_i(\mathbf{c})t.$$

Nun lassen sich aber die ursprünglichen Koordinaten $(q_1, q_2, \ldots, q_N, p_1, p_2, \ldots, p_N)$ mittels einer kanonischen Transformation als Funktionen der Wirkungs-Winkelvariablen darstellen

$$q_i = q_i(\varphi_i, \ldots, \varphi_N, P_1, \ldots, P_N), \qquad p_i = p_i(\varphi_1, \ldots, \varphi_N, P_1, \ldots, P_N).$$

Damit sind dann die q_i, p_i in der Tat periodische Funktionen in alle $\{\varphi_i\}$. Mit Hilfe der obigen Gleichung und $\varphi = (\varphi_1, \ldots, \varphi_N)^{\mathrm{T}}$ erhält man für die Bewegung in den ursprünglichen Koordinaten $(\mathbf{q}, \mathbf{p})$:

$$q_i(t) = q_i(\varphi(0) + \mathbf{w}(\mathbf{c})t, \mathbf{c}),$$

$$p_i(t) = p_i(\varphi(0) + \mathbf{w}(\mathbf{c})t, \mathbf{c}).$$

Dies besagt aber, dass die Bewegung im Allgemeinen quasiperiodisch verläuft. Die Verwendung von Wirkungs-Winkelvariablen ist vielfach sehr vorteilhaft. Man kann beispielsweise die Frequenzen quasiperiodischer Bewegungen bestimmen, ohne eine vollständige Lösung für die Bewegung des Systems suchen zu müssen. Wenn man weiss, dass die Bewegung des Systems von dieser Art ist, so kann man die Frequenzen berechnen, indem man die Wirkungsvariablen bestimmt und die Energie mittels der $\{P_i\}$ darstellt. Die Ableitungen von H nach den P_i ergeben dann direkt die entsprechenden Frequenzen.

Da der Phasenraum integrierbarer Systeme in invariante N-dimensionale Tori zerfällt, kann eine Bahn auf der $(2N - 1)$-dimensionalen Energieschale

$$\Gamma_E = \{(\mathbf{q}, \mathbf{p}) \in \Gamma : H(\mathbf{q}, \mathbf{p}) = E\}$$

nicht jedem Punkt dieser Schale beliebig nahe kommen, sobald $N > 1$ ist. Damit sind integrierbare Systeme der Dimension ≥ 2 sicher nicht ergodisch im folgenden Sinn:

Definition 6.9. Ein dynamisches System (Γ, Φ) heisst bezüglich eines invarianten Masses μ ergodisch, falls die einzigen Mengen, die von Φ_t invariant gelassen werden, entweder volles oder verschwindendes μ-Mass besitzen. Das heisst, aus

$$\mu(\Phi_t A) = \mu(A) \quad \text{soll folgen}: \quad \mu(A) = 0 \text{ oder } \mu(A) = 1.$$

Die Ergodizität ist aber ein wesentlicher Punkt in der Begründung der Statistischen Mechanik für ein solches System. Man hoffte zeigen zu können, dass leicht gestörte integrierbare Systeme ergodisch sind. Man untersuchte dazu Systeme, deren Hamilton-Funktion in den Wirkungs-Winkelvariablen die folgende Gestalt hat:

$$H(\mathbf{P}, \varphi) = H_0(\mathbf{P}) + \epsilon H_1(\mathbf{P}, \varphi).$$

wobei H_0 die Hamilton-Funktion des ungestörten integrierbaren Systems und ϵH_1 eine kleine Störung ist, welche 2π-periodisch in $\varphi = (\varphi_1, \ldots, \varphi_N)$ sein soll. Für Systeme, bei denen H_0 *nicht-entartet* ist, d.h. für welche gilt:

$$\det \left| \frac{\partial \mathbf{w}}{\partial \mathbf{P}} \right| = \det \left| \frac{\partial^2 H_0}{\partial \mathbf{P}^2} \right| \neq 0$$

(dann sind die Frequenzen des ungestörten Systems eindeutig durch die $\{P_i\}$ bestimmt), konnten Kolmogorov, Arnold und Moser eine wichtige Aussage beweisen, die als das *KAM-Theorem* (Arnold 1979) bekannt ist:

Satz 25. Bei hinreichend kleiner Störung eines integrierbaren Hamiltonschen Systems, das heisst für hinreichend kleine ϵ, bleiben fast alle invarianten Tori erhalten, obgleich sie im Allgemeinen leicht deformiert werden. Diese invarianten Tori schöpfen im Limes $\epsilon \to 0$ einen immer grösser werdenden Anteil des Phasenraums aus.

Damit enthält aber auch der Phasenraum des gestörten Systems invariante Tori, auf denen die Bahnen quasiperiodisch verlaufen, und die einen nicht verschwindenden Anteil des gesamten Raumes ausmachen. Somit sind aber auch solche leicht gestörten integrierbaren Systeme nicht ergodisch. Es ist bekannt, dass einige der invarianten Tori aufbrechen und zwischen den verbleibenden invarianten Tori Lücken, so genannte Instabilitätszonen, hinterlassen. Besitzt das System nur zwei Freiheitsgrade, so ist der Phasenraum 4-dimensional und die Energieschale dementsprechend 3-dimensional. Damit zerlegen die invarianten 2-dimensionalen Tori die Energieschale in ein Inneres und ein Äusseres: eine Trajektorie, die in einer Instabilitätszone zwischen zwei Tori startet, bleibt für immer zwischen diesen Tori und entfernt sich somit nicht wesentlich von ihrem Anfangspunkt. In Systemen mit mehreren Freiheitsgraden sind die Lücken hingegen miteinander verbunden, und die Orbits können sich von ihren Anfangswerten weit fortbewegen. Das genaue Verhalten dieser "instabilen" Orbits ist noch nicht richtig verstanden, man erwartet aber, dass es sehr kompliziert sein kann. So ergibt sich beispielsweise das Phänomen der Arnold-Diffusion, welches wieder zu einer Art Ergodizität führen kann.

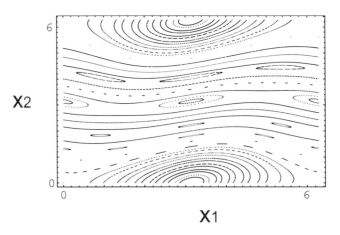

Abbildung 6.1: Kleine nichtlineare Störung eines Hamiltonsystems (Standard-Abbildung). Die invarianten Tori bleiben erhalten (Nichtlinearität $k = 0.5$).

In den folgenden Abschnitten werden Hamilton-Systeme betrachtet, die chaotisches Verhalten zeigen.

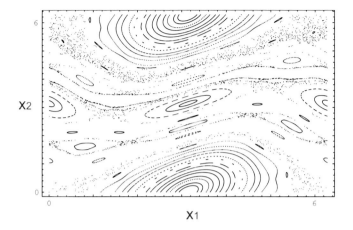

Abbildung 6.2: Erst bei starken nichtlineare Störungen brechen die Tori auf (ab $k \approx 0.97$) und es ist Diffusion möglich (Bild: $k = 1$).

Aufgabe 69. Sei $H = H_0 + H_1$ gegeben durch

$$
\begin{aligned}
H_0(\mathbf{p}, \mathbf{q}) &= \frac{1}{2}\,(p_1^2 + p_2^2) + \frac{1}{2}\,\omega^2(q_1^2 + q_2^2), \\
H_1(\mathbf{p}, \mathbf{q}) &= \frac{1}{2}\,c^2 q_1^2 q_2^2.
\end{aligned}
$$

Man führe erst die Variablen J_i und ϕ_i gemäss

$$
\begin{aligned}
q_i &:= (2J_i/\omega)^{1/2} \sin(\phi_i), \\
p_i &:= (2J_i/\omega)^{1/2} \cos(\phi_i),
\end{aligned}
$$

ein, und danach die Variablen j_i und ψ_i gemäss

$$
j_1 := J_1 + J_2, \quad j_2 := J_1 - J_2, \quad \psi_1 := \frac{1}{2}\,(\phi_1 + \phi_2), \quad \psi_2 := \frac{1}{2}\,(\phi_1 - \phi_2).
$$

Ist die Hamilton-Funktion in diesen Variablen entartet?

6.4 Hénon-Heiles Modell

Um die Bewegung von galaktischen Clustern im Universum zu beschreiben, benutzten Hénon und Heiles (1964) ein Modell von zwei über kubische Koordinatenterme gekoppelten Oszillatoren.

Beispiel 83. Die entsprechende Hamilton-Funktion ($H : \mathbb{R}^4 \to \mathbb{R}$) lautet

$$H(\mathbf{p}, \mathbf{q}) = \frac{1}{2}\left(p_1^2 + q_1^2 + p_2^2 + q_2^2\right) + q_1^2 q_2 - \frac{1}{3}q_2^3\,.$$

Daraus ergeben sich die Bewegungsgleichungen

$$\frac{dp_1}{dt} = -q_1 - 2q_1 q_2,$$

$$\frac{dp_2}{dt} = -q_2 - q_1^2 + q_2^2,$$

$$\frac{dq_1}{dt} = p_1,$$

$$\frac{dq_2}{dt} = p_2.$$ □

Die Hamilton-Funktion H ist ein erstes Integral, und man kann zeigen, dass es kein weiteres erstes Integral gibt (Leach 1981). Sind die Startwerte $(q_{10}, q_{20}, p_{10}, p_{20})$ vorgegeben, dann ist die Gesamtenergie $E = H(q_{10}, q_{20}, p_{10}, p_{20})$ festgelegt, und die Trajektoren bewegen sich auf der Hyperfläche

$$H(\mathbf{p}, \mathbf{q}) = E\,.$$

Das Verhalten des dynamischen Systems hängt von E ab. Dies bedeutet, dass die Gesamtenergie E als Verzweigungsparameter aufgefasst werden kann. Für kleine E findet man, dass das dynamische System sich regulär verhält. Für grosse E ergibt sich chaotisches Verhalten. Die Bewegungsgleichungen wurden von vielen Autoren untersucht (Hénon und Heiles 1964, Galgani et al. 1981).

Im Folgenden erläutern wir einige numerische Ergebnisse. Diese lassen sich am geeignetsten mit Hilfe der Poincaré-Abbildung darstellen. Die Trajektorien liegen auf der 3-dimensionalen Hyperfläche $H(\mathbf{p}, \mathbf{q}) = E$ des 4-dimensionalen Phasenraumes. Wir betrachten nun die Durchstosspunkte der Orbits mit der (q_2, p_2)-Ebene für $q_1 = 0$ und $p_2 > 0$. Die Einschränkung führt dazu, dass alle Durchstosspunkte innerhalb einer vorgegebenen Randkurve liegen, die von der vorgegebenen Gesamtenergie E abhängt. Diese Randkurve lässt sich mit Hilfe der Hamilton-Funktion ermitteln, wenn $q_1 = p_1 = 0$ gesetzt wird.

Für $E = 1/12$ ergeben sich geschlossene Orbits. Jeder zu ihnen gehörende Punkt liegt auf einer regulären geschlossenen Kurve. In diesem Fall sind die chaotischen Bänder sehr klein. Die Anzahl der Punkte auf diesen Kurven wächst mit der zugrunde gelegten Integrationszeit. Für die Energie $E = 1/6$ erscheint die Bewegung fast vollständig irregulär (chaotisch).

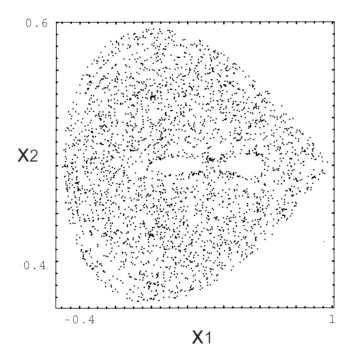

Abbildung 6.3: Die Poincaré-Abbildung des Hénon-Heiles Modells für $E = 1/6$ zeigt chaotisches Verhalten an.

Listing 22. Poincaré-Abbildung des Hénon-Heiles Modells

```
1   h=0.001;
2   x={0,0,0,0};y=x;Energy=1/6;
3   x[[2]] = 0; x[[4]] = 0; x[[3]] = 0.1;
4   x[[1]] = (2*Energy - x[[3]]*x[[3]])^0.5;
5   f[x_]:={ x[[3]],
6     x[[4]],-x[[1]]-2*x[[1]]*x[[2]],-x[[2]]-x[[1]]*x[[1]]+x[[2]]*x[[2]]}
7   fb[x_]:={ 1,
8     x[[4]]/x[[3]],(-x[[1]]-2*x[[1]]*x[[2]])/
9       x[[3]],(-x[[2]]-x[[1]]*x[[1]]+x[[2]]*x[[2]])/x[[3]]};
10  RKpoin := Module[{hh},
11    Do[k1 = h *f[x]; k2 = h*f[x + k1/2]; k3 = h*f[x + k2/2];
12      k4 = h*f[x + k3]; y = x + 1/6*(k1 + 2*k2 + 2*k3 + k4);
13      If[(*x[[1]] > 0 &&*) iii > 1,
14        If[y[[1]]*x[[1]] < 0, x = y; hh = -x[[1]];
15          k1 = hh *fb[x]; k2 = hh*fb[x + k1/2]; k3 = hh*fb[x + k2/2];
```

```
16        k4 = hh*fb[x + k3]; y = x + 1/6*(k1 + 2*k2 + 2*k3 + k4);
17        x = y;(*Print[x, iii];*) Return[x]]];
18        x = y, {iii, 1, 1000000}];
19   Return[x]];
20 TT = Table[RKpoin, {i, 1, 5000}];
21 T=TT[[All,{2,4}]];
22 ListPlot[T, Frame->True, Axes->None, AspectRatio->1, PlotRange->All]
```

6.5   Lokale Instabilitäten

Bei der Hénon-Heiles Hamilton-Funktion haben wir gesehen, dass für die Energie $E_c \simeq 1/12$ ein Übergang vom regulären zum chaotischen Verhalten erfolgt. Es stellt sich die Frage, ob es möglich ist, diesen kritischen Energiewert E_c zu berechnen. Verschiedene Methoden sind in der Literatur diskutiert worden. Eine kritische Übersicht über diese Methoden findet man bei Eckhardt et al. (1986). Die Methoden sind a) die der lokalen Krümmung, b) das Toda-Brumer Kriterium, c) der Mori-Projektion Formalismus.

Wir betrachten hier das *Toda-Brumer Kriterium* (Toda 1974, Brumer und Duff 1976, Enz et al. 1975) und folgen in unserer Darstellung Eckhardt et al. (1986). Mit seiner Hilfe ist es möglich, für eine ganze Klasse von Hamilton-Systemen den Energiewert E_c, bei dem eine lokale Instabilität beginnt, näherungsweise zu bestimmen. Es gibt jedoch eine Reihe von Beispielen, bei denen es versagt, da es kein hinreichendes Kriterium für globale Instabilität liefert. Eine kritische Diskussion dieses Sachverhalts findet findet sich bei Tabor (1981).

Definition 6.10. Das *Toda-Brumer Kriterium*: Wir betrachten ein Hamilton-System

$$H(\mathbf{p}, \mathbf{q}) = \sum_{j=1}^{N} \frac{p_j^2}{2} + U(\mathbf{q}).$$

Die Eigenwerte der symmetrischen $N \times N$-Matrix

$$\left(-\frac{\partial^2 U}{\partial q_j \partial q_k} \right)$$

seien bestimmt. Es gibt eine Region lokaler exponentieller Instabilität in der Umgebung irgendeines Punktes im Phasenraum, wenn wenigstens einer der Eigenwerte positiv ist. Man beachte dabei, dass die Eigenwerte von der Zeit t abhängen.

Man kann dieses Kriterium wie folgt verstehen. Die Bewegungsgleichungen lauten

$$\frac{d^2 q_k}{dt^2} = -\frac{\partial U}{\partial q_k}, \qquad m_1 = \ldots = m_N = 1,$$

mit $k = 1, 2, \ldots, N$. Seien $(q_1^{(1)}(t), \ldots, q_N^{(1)}(t))$ und $(q_1^{(2)}(t), \ldots, q_N^{(2)}(t))$ zwei benachbarte Punkte im Phasenraum. Wir bilden die Differenzen $\Delta q_k := q_k^{(2)} - q_k^{(1)}$. Daraus folgt

$$\frac{d^2(\Delta q_k)}{dt^2} = -\sum_{j=1}^{N} \left(\frac{\partial^2 U}{\partial q_k \partial q_j} \right) \Delta q_j .$$

Diese Gleichung kann als Variationsgleichung aufgefasst werden.

Beispiel 84. Als Beispiel wollen wir nun das Toda-Brumer Kriterium auf die Hénon-Heiles Hamilton-Funktion anwenden. Das Potential U ist gegeben durch

$$U(\mathbf{q}) = \frac{q_1^2}{2} + \frac{q_2^2}{2} + q_1^2 q_2 - \frac{1}{3} q_2^3 .$$

Daraus folgt die Matrix

$$\left(\frac{\partial^2 U}{\partial q_j \partial q_k} \right) = \left(\begin{array}{cc} 2q_2 + 1 & 2q_1 \\ 2q_1 & -2q_2 + 1 \end{array} \right) .$$

Die Eigenwerte sind $\lambda_\pm = 1 \pm 2(q_1^2 + q_2^2)^{1/2}$. Das bedeutet, dass für $2(q_1^2 + q_2^2)^{1/2} \geq 1$ eine lokale Instabilität eintritt. Die Gesamtenergie ist gegeben durch

$$E = \frac{1}{2} (p_1^2 + p_2^2 + q_1^2 + q_2^2) + q_1^2 q_2 - \frac{1}{3} q_2^3 .$$

Wir setzen nun $p_1 = p_2 = q_1 = 0$. Aus

$$2(q_1^2 + q_2^2)^{1/2} = 1$$

folgt $q_2 = 1/2$. Eingesetzt in die Gesamtenergie E ergibt sich $E_c = 1/12$. □

Beispiel 85. Wir betrachten die Hamilton-Funktion (Pullen und Edmonds 1981)

$$H(\mathbf{p}, \mathbf{q}) = \frac{1}{2} (p_1^2 + p_2^2 + q_1^2 + q_2^2) + a\, q_1^2 q_2^2 .$$

Für sie hat das Potential U die Form

$$U(\mathbf{q}) = \frac{1}{2} (q_1^2 + q_2^2) + a\, q_1^2 q_2^2 .$$

Die Eigenwerte der Matrix $(\partial^2 U/\partial q_j \partial q_k)$ sind

$$\lambda_\pm = 1 + a\,(q_1^2 + q_2^2) \pm \left[(1 + a\,(q_1^2 + q_2^2))^2 + 12a^2\,q_1^2 q_2^2 - 2a\,(q_1^2 + q_2^2) - 1\right]^{1/2}.$$

Der Eigenwert λ_- wird negativ für $12\,a^2\,q_1^2 q_2^2 - 2a\,(q_1^2 + q_2^2) - 1 > 0$. Um den kritischen Wert E_c zu finden, müssen wir $q_1^2 = q_2^2 = q_c^2$ setzen. Aus

$$q_c^4 - \frac{1}{3a}\,q_c^2 - \frac{1}{12a^2} = 0$$

folgt $q_c(a) = (2a)^{-1/2}$. Damit ist E_c gegeben durch $E_c(a) = 3/(4a)$. $\Box$

6.6   Weitere chaotische Hamilton-Systeme

Neben den bisher behandelten Hamilton-Systemen mit zwei Freiheitsgraden wurden in der Literatur auch noch weitere Systeme der Form

$$H(\mathbf{p}, \mathbf{q}) = \frac{1}{2}\left(\frac{p_1^2}{m_1} + \frac{p_2^2}{m_2}\right) + U(q_1, q_2)$$

behandelt. In diesem Abschnitt geben wir dazu einen Überblick.

Beispiel 86. Die Hamilton-Funktion

$$H(\mathbf{p}, \mathbf{q}) = \frac{1}{2}\,(p_1^2 + p_2^2) + \frac{1 - \alpha}{12}\,(q_1^4 + q_2^4) + \frac{1}{2}\,q_1^2 q_2^2$$

wurde von Carnegie und Percival (1984), Steeb und Louw (1986) und Steeb et al. (1986b) behandelt. Für $\alpha = 0$ ist das System vollständig integrabel. In diesem Fall ist das zweite erste Integral gegeben durch

$$I(\mathbf{p}, \mathbf{q}) = 3\,p_1 p_2 + q_1 q_2\,(q_1^2 + q_2^2).$$

Mit $\alpha \to 1$ wird das System mehr und mehr chaotisch. Für $\alpha = 1$ spielt das System in der Yang-Mills Theorie eine Rolle (Savvidy 1984). In diesem Fall besteht der Phasenraum fast vollständig aus einer stochastischen Region. Es existiert jedoch ein kleines Gebiet, welches nicht-chaotisch ist (Dahlqvist und Russberg 1990). Die Ableitung dieser Hamilton-Funktion für $\alpha = 1$ aus der Yang-Mills Theorie finden wir z.B. in Steeb (1990). $\Box$

Beispiel 87. Die Hamilton-Funktion in zylindrischen Koordinaten (z, ρ) gegeben durch

$$H(\mathbf{p}, \mathbf{q}) = p_\rho^2 + p_z^2 + \frac{l_z^2}{\rho^2} + \frac{1}{4}\,\gamma^2 \rho^2 - \frac{2}{\sqrt{\rho^2 + z^2}}$$

beschreibt das Wasserstoffatom in einem konstanten Magnetfeld, welches parallel zu der z Achse liegt. Dieses System zeigt einen Übergang von regulärem zu chaotischem Verhalten (Robnik 1981, Harada und Hasegawa 1983, Wintgen und Friedrich 1987). □

Beispiel 88. Die Hamilton-Funktion

$$H(\mathbf{p}, \mathbf{q}) = \frac{1}{2}\left(p_1^2 + p_2^2 + Aq_1^2 + Bq_2^2\right) + \frac{1}{4}\left(q_1^4 + \sigma q_2^4\right) + \frac{\rho}{2}\, q_1^2 q_2^2$$

wurde von Bountis et al. (1982) untersucht. Für die Fälle $A = B$, $\sigma = \rho = 1$ und $A = B$, $\sigma = 1$, $\rho = 3$ ist das System vollständig integrabel (Existenz eines zweiten ersten Integrals). Für andere Werte kann chaotisches Verhalten auftreten. □

Beispiel 89. Chaos in einem hexagonalen Potential

$$H(\mathbf{p}, \mathbf{q}) = \frac{1}{2}\left(p_1^2 + p_2^2\right) + \sum_{j=1}^{3} \cos\left(q_1 \cos\left(\frac{2\pi j}{3}\right) + q_2 \sin\left(\frac{2\pi j}{3}\right)\right)$$

wurde von Zaslavskii et al. (1989) durch Berechnung des maximalen eindimensionalen Lyapunov-Exponenten nachgewiesen. □

Beispiel 90. Die Hamilton-Funktion

$$H(\mathbf{x}, \mathbf{y}) = \frac{1}{\pi} \sum_{j \neq k} \Gamma_j \Gamma_k \ln((x_j - x_k)^2 + (y_j - y_k)^2),$$

wobei

$$\Gamma_j \frac{dx_j}{dt} = -\frac{\partial H}{\partial y_j}, \qquad \Gamma_j \frac{dy_j}{dt} = \frac{\partial H}{\partial x_j}, \quad j = 1, 2, \ldots, N,$$

stammt aus der Hydrodynamik und wurde von Aref und Pomphrey (1982) studiert. □

Beispiel 91. Die Hamilton-Funktion

$$H(\mathbf{p}, \mathbf{q}) = -[n^2(q_1, q_2) - p_1^2 - p_2^2]^{1/2}$$

spielt in der Optik eine grosse Rolle. Dabei ist $n(q_1, q_2)$ der Brechungsindex. Die Bewegungsgleichung des Lichtstrahles ist gegeben durch

$$\frac{dp_j}{dq_3} = -\frac{\partial H}{\partial q_j}, \qquad \frac{dq_j}{dq_3} = \frac{\partial H}{\partial p_j}, \qquad j = 1, 2,$$

wobei q_3 in Richtung der z-Achse die Zeit darstellt. Das Vektorfeld $(p_1, p_2, -H)$ ist das Tangenten-Vektorfeld längs des Lichtstrahles. Abdullaev und Zaslaskii haben dieses System 1983 studiert. $\square$

Beispiel 92. Die schwingende Atwoodsche Maschine. wird beschrieben durch die Lagrange-Funktion

$$L(\dot{r}, \dot{\theta}, r, \theta) = \frac{1}{2}(1 + \mu)\,\dot{r}^2 + \frac{1}{2}r^2\dot{\theta}^2 - r(\mu - \cos\theta).$$

Das System wurde von 1985 von Tufillaro untersucht. Für das Massenverhältnis $\mu = 3$ ist das System vollständig integrabel. Für andere Massenverhältnisse kann chaotisches Verhalten gefunden werden. $\square$

Aufgabe 70. Man leite aus der obigen Lagrange-Funktion die Hamilton-Funktion ab. Man finde für den Fall $\mu = 3$ das zur Hamilton-Funktion zusätzliche erste Integral.

Auch bei Hamilton-Systemen kann der Übergang in den chaotischen Bereich über fortgesetzte Periodenverdopplungen erfolgen. Für eine Klasse von Systemen findet man numerisch

$$\lim \frac{h_k - h_{k-1}}{h_{k+1} - h_k} = \delta = 8.7210972\ldots,$$

wobei h_k die Energie ist, bei der Periodenverdopplungen auftreten. Auch für das konservative Hénon-Modell

$$x_{t+1} = by_t + 1 - ax_t^2, \qquad y_{t+1} = x_t, \qquad b = \pm 1,$$

erhält man aus numerischen Untersuchungen dieselbe Zahl (Bountis 1981).

Wie weit die Universalität dieser Zahl reicht, ist nicht klar. Contopoulos (1981) studierte das Hamilton-System

$$H(\mathbf{p}, \mathbf{q}) = \frac{1}{2}(p_1^2 + p_2^2 + q_1^2 + q_2^2) + q_1^2 q_2.$$

Er fand numerisch den Wert $\delta = 9.22\ldots$.

In der folgenden Tabelle, siehe Hamilton und Brumer (1981), sind einige Hamilton-Systeme zusammengestellt. E_c ist die Energie, bei der sich das Lösungsverhalten des dynamischen Systems ändert. Für Energiewerte $E < E_c$ erhalten wir reguläres und für $E > E_c$ irreguläres Lösungsverhalten. Für das Toda-Modell mit gleicher Masse (c) tritt für alle Energiewerte E kein chaotisches Verhalten auf, was durch $E_c = \infty$ angezeigt ist. Dieses System ist integrabel (siehe Abschnitt 6.3). Man beachte aber, dass beim Toda-System mit ungleichen Massen (d) chaotisches Verhalten auftritt. Die Werte für E_c sind entweder numerisch oder mit Hilfe des Toda-Brumer Kriteriums ermittelt.

Tabelle (nach Hamilton und Brumer 1981)

	Name	m_1	m_2	$U(q_1, q_2)$	E_c
a)	Barbanis	1	1	$0.05\,(q_1^2 + q_2^2) - 0.1\,q_1^2 q_2$	0.0078
b)	Hénon-Heiles	1	1	$0.5\,(q_1^2 + q_2^2) + q_1^2 q_2 - q_2^3/3$	0.083
c)	Toda, $m_i = m$	1	1	$e^{-q_2} + e^{q_2 - q_1} + e^{q_1} - 3$	∞
d)	Toda, $m_i \neq m_j$	0.54	1	$e^{-q_2} + e^{q_2 - q_1} + e^{q_1} - 3$	4
e)	Thiele-Wilson	$\frac{4}{11}$	$\frac{4}{3}$	$\left(1 - e^{(q_1 - q_2)/2}\right)^2 + \left(1 - e^{-(q_1 + q_2)/2}\right)^2$	0.51
f)	Pullen-Edmonds	1	1	$0.5\,(q_1^2 + q_2^2) + aq_1^2 q_2^2$	$0.75a$

Hamilton-Syteme mit drei Freiheitsgraden sind bisher wenig untersucht worden. Es kann bei diesen Systemen Arnold-Diffusion auftreten (Steeb 1991).

Beispiel 93. Die Hamilton-Funktion

$$H(\mathbf{p}, \mathbf{q}) = \frac{1}{2} \sum_{n=1}^{3} \omega_n (p_n^2 + q_n^2) + q_1^2 q_2 + q_1 q_3,$$

mit $\omega_n = \sqrt{n}$ ist, wurde von Contopoulos et al. (1978) und Pettini und Vulpiani (1984) untersucht. Für $E = 0.09$ findet man mit Hilfe numerischer Integration in Abhängigkeit von den Startwerten drei Bereiche: (i) $\lambda_1 > 0$ und $\lambda_2 > 0$ (Hyperchaos); (ii) $\lambda_1 > 0$ und $\lambda_2 = 0$ (Chaos); (iii) $\lambda_1 = 0$ (reguläres Verhalten). □

Bemerkung I. Für ein konservatives Hamilton-System liegen die Lyapunov-Exponenten symmetrisch bezüglich null. Dies heisst: In einem hyperchaotischem Hamilton-System mit $N = 3$ haben wir zwei positive eindimensionale Exponenten; zwei eindimensionale Exponenten sind gleich null, und zwei eindimensionale

Exponenten sind negativ. Für ihre Summe gilt

$$\sum_{j=1}^{6} \lambda_j^l = 0,$$

da die Divergenz eines Hamilton-Vektorfeldes verschwindet.

Beispiel 94. Die Hamilton-Funktion

$$H(\mathbf{p}, \mathbf{q}) = \frac{1}{2} \sum_{j=1}^{3} p_j^2 + \frac{1}{2} (q_1^2 q_2^2 + q_2^2 q_3^2 + q_3^2 q_1^2)$$

wurde von Chirikov und Shepelyanskii (1981), Savvidy (1984) und Steeb et al. (1986a) betrachtet. Das System zeigt chaotisches Verhalten. Die numerischen Rechnungen zeigen, dass die meisten periodischen Orbits instabil sind. Das System ergibt sich aus der Yang-Mills Theorie (Steeb 1990).   □

Aufgabe 71. Man finde eine partikuläre Lösung des obigen Hamilton-Systems durch den Ansatz

$$q_1(t) = q_2(t) = q_3(t), \qquad p_1(t) = p_2(t) = p_3(t).$$

Man untersuche die Stabilität dieser Lösung.

Bemerkung II. Die Lösung kann in Jacobi-elliptischen Funktionen angegeben werden (siehe Davis 1956).

Beispiel 95. Die Stabilität der Hamilton-Funktion

$$H(\mathbf{p}, \mathbf{q}) = \frac{1}{2} (p_1^2 + p_2^2 + p_3^2) + \frac{1}{4} g^2 \eta^2 (q_1^2 + q_2^2 + q_3^2) + \frac{1}{2} g^2 (q_1^2 q_2^2 + q_1^2 q_3^2 + q_2^2 q_2^3),$$

mit Konstanten g^2 und η^2, wurde von Górski (1984) untersucht.   □

6.7 Rotation starrer Körper im Schwerefeld

Ein weiteres dynamisches System, bei dem sich die Bewegungsgleichungen mit chaotischem Lösungsverhalten von einer Hamilton-Funktion ableiten lassen, ist die Bewegung des starren Körpers im Schwerefeld (*Kreisel*). Dieses dynamische System wurde von Galgani et al. (1981) auf chaotisches Verhalten untersucht.

Wir geben zunächst die Bewegungsgleichungen (Hamel 1967, Goldstein 1963) mit Hilfe der Euler-Winkel (ϕ, χ, ψ) und der dazugehörigen Impulse (p_ϕ, p_χ, p_ψ). Dazu benötigen wir ein körperfestes und ein raumfestes Koordinatensystem. Das ruhende System sei durch (x, y, z) bezeichnet und das Koordinatensystem des bewegten starren Körpers durch (x', y', z'). Der Stern * zeigt den Bezug auf den Schwerpunkt an. Der Kreisel sei weder symmetrisch, noch sei eine besondere Lage des Schwerpunktes vorgeschrieben. Es können sogar beliebige Kräfte wirken, die nur ein Potential U haben sollen. Wir stellen zunächst die Lagrangeschen Gleichungen bei Benutzung der Eulerschen Winkel ϕ, χ, ψ auf. Für die Definition der Eulerschen Winkel verweisen wir auf die obige Literatur. Die kinetische Energie des Kreisels ist

$$T = \frac{1}{2}\left(Ap^2 + Bq^2 + Cr^2\right).$$

wobei (p, q, r) die drei Komponenten der Winkelgeschwindigkeit sind. Die grossen Buchstaben A, B, C bezeichnen die Hauptträgheitsmomente des starren Körpers. In diesem so genannten Euler-Poinsot Fall (keine äussere Störung) ist die Hamilton-Funktion durch den kinetischen Anteil bestimmt. Die gesamte kinetische Energie lässt sich auch durch die Drehimpulse und die Hauptträgheitsmomente wie folgt ausdrücken:

$$H_0(\Gamma_x, \Gamma_y, \Gamma_z) = \frac{1}{2}\left(\frac{\Gamma_x^2}{A} + \frac{\Gamma_y^2}{B} + \frac{\Gamma_z^2}{C}\right),$$

wobei Γ_x, Γ_y und Γ_z die Drehimpulse im körperfesten System darstellen. Da gilt

$$p = \dot{\chi}\cos\psi + \dot{\phi}\sin\psi\sin\chi, \quad q = -\dot{\chi}\sin\psi + \dot{\phi}\cos\psi\sin\chi, \quad r = \dot{\phi}\cos\chi + \dot{\psi},$$

folgt

$$p_\chi = \frac{\partial T}{\partial \dot{\chi}} = Ap\cos\chi - Bq\sin\psi,$$

$$p_\psi = \frac{\partial T}{\partial \dot{\psi}} = Cr,$$

$$p_\phi = \frac{\partial T}{\partial \dot{\phi}} = Ap\sin\psi\sin\chi + Bq\cos\psi\sin\chi + r\cos\chi,$$

und

$$\frac{\partial T}{\partial \chi} = Ap\dot{\phi}\sin\psi\cos\chi + Bq\dot{\phi}\cos\psi\cos\chi - Cr\dot{\phi}\sin\chi,$$

$$\frac{\partial T}{\partial \psi} = Ap(-\dot{\chi}\sin\psi + \dot{\phi}\cos\psi\sin\chi) + Bq(-\dot{\chi}\cos\psi + \dot{\phi}\sin\psi\sin\chi),$$

$$\frac{\partial T}{\partial \phi} = 0.$$

Das Potential für die Schwerkraft ist

$$U(x^*, y^*, z^*) = mgz^* = mg(x'^*\sin\psi\sin\chi + y'^*\cos\psi\sin\chi + z'^*\cos\chi).$$

wobei m die Masse des Kreisels und g die Erdbeschleunigung ist. Hieraus folgt

$$\frac{\partial U}{\partial \chi} = mg\,(x'^* \sin\psi\cos\chi + y'^* \cos\psi\cos\chi - z'^* \sin\chi),$$

$$\frac{\partial U}{\partial \psi} = mg\,(x'^* \cos\psi\sin\chi - y'^* \sin\psi\sin\chi),$$

$$\frac{\partial U}{\partial \phi} = 0.$$

Somit ist ϕ eine zyklische Koordinate. Es gilt

$$p_\phi \equiv Ap\sin\psi\sin\chi + Bq\cos\psi\sin\chi + Cr\cos\chi = N = \text{ const,}$$

was heisst, dass p_ϕ ein erstes Integral ist. Ausserdem ist die Energie $T + U = h$ eine Konstante der Bewegung. In einem späteren Kapitel werden wir die ersten Integrale genauer untersuchen.

Aufgabe 72. Man gebe die Lagrangeschen Gleichungen an!

Um die Hamiltonschen Gleichungen zu bilden, müssen wir die Gleichungen für p_χ, p_ϕ und p_ψ nach p, q, r auflösen. Wir erhalten

$$Ap = p_\chi \cos\psi + p_\phi \frac{\sin\phi}{\sin\chi} - p_\psi \frac{\cos\chi\sin\psi}{\sin\chi},$$

$$Bq = -p_\chi \sin\psi + p_\phi \frac{\cos\psi}{\sin\chi} - p_\psi \frac{\cos\chi\cos\psi}{\sin\chi},$$

$$Cr = p_\psi.$$

Somit hat die Hamilton-Funktion

$$H = \frac{1}{2}\,(Ap^2 + Bq^2 + Cr^2) + U$$

die Gestalt

$$H = \frac{1}{2A}\left(p_\chi \cos\psi + p_\phi \frac{\sin\psi}{\sin\chi} - p_\psi \frac{\cos\chi\sin\psi}{\sin\chi}\right)^2 +$$

$$+ \frac{1}{2B}\left(-p_\chi \sin\psi + p_\phi \frac{\cos\psi}{\sin\chi} - p_\psi \frac{\cos\chi\cos\psi}{\sin\chi}\right)^2 +$$

$$+ \frac{1}{2C}\,p_\psi^2 + mg\,(x'^* \sin\psi\sin\chi + y'^* \cos\psi\sin\chi + z'^* \cos\chi).$$

Da $p_\phi = N$ konstant ist und ϕ explizit nicht vorkommt, braucht man nur zwei Paare kanonischer Gleichungen aufzustellen

$$\frac{d\chi}{dt} = \frac{\partial H}{\partial p_\chi}, \qquad \frac{d\psi}{dt} = \frac{dH}{\partial p_\psi},$$

$$\frac{dp_\chi}{dt} = -\frac{\partial H}{\partial \chi}, \qquad \frac{dp_\psi}{dt} = -\frac{\partial H}{\partial \psi} :$$

Es liegt ein Problem vierter Ordnung vor.

Neben den Euler-Winkeln kann man auch die *De Prit-Variablen* benutzen. Die De Prit-Variablen können aus den Euler-Winkeln mittels einer kanonischen Transformation erhalten werden (De Prit 1967). Zur Beschreibung der De Prit-Variablen benötigen wir ein körperfestes und ein raumfestes Koordinatensystem (Galgani et al. (1980)). Der Euler-Poinsot Fall wird mit Hilfe der De Prit-Variablen auf ein dynamisches System mit einem Freiheitsgrad zurückgeführt (wie beim mathematischen Pendel). Seien $x^{*,\prime}$, $y^{*,\prime}$, $z^{*,\prime}$ die Koordinaten des Schwerpunktes im körperfesten System und z^* die Schwerpunktkoordinate im raumfesten System.

Beispiel 96. Ohne Einschränkung können wir den Schwerpunkt des starren Körpers auf die O-z-Achse legen. Wir setzen gleichzeitig $x^{*,\prime} = y^{*,\prime} = 0$. Die Grösse

$$\mu = mgz^*$$

ist nun der Verzweigungsparameter. Für $\mu = 0$ ($U = 0$) ist das System vollständig integrabel. Mit wachsendem μ wird das System mehr und mehr chaotisch (siehe Galgani et al. 1980). Für die Hauptträgheitsmomente wurden die Werte $A = 3$, $B = 2$, $C = 1$, und für die Energie $E = 50$ gesetzt. □

Kapitel 7

Fortsetzung ins Komplexe

Um die Jahrhundertwende haben Painlevé und andere das Lösungsverhalten von gewöhnlichen Differentialgleichungen im Komplexen untersucht (vergleiche dazu Ince 1956, Hille 1976, Davis 1962, Steeb und Euler 1988 und darin enthaltenen Referenzen). Zu Ehren Painlevé's wird das im Folgenden erklärte Lösungsverhalten von gewöhnlichen Differentialgleichungen im Komplexen unter *Painlevé-Eigenschaft* zusammengefasst.

Beispiel 97. Gegeben sei eine Differentialgleichung n-ter Ordnung

$$\frac{d^n w}{dz^n} = F\left(z, w, \ldots, \frac{d^{n-1} w}{dz^{n-1}}\right),$$

wobei F rational in $w, \ldots, d^{n-1}w/dz^{n-1}$ und analytisch in z sei (*erste Form*), oder ein System erster Ordnung ($j = 1, \ldots, n$),

$$\frac{dw_j}{dz} = F_j(w_1, \ldots, w_n),$$

wobei F_j rational in $w_1, \ldots, w_n$ sei (*zweite Form*). $\qquad\square$

Definition 7.1. Die obigen Differentialgleichungssysteme haben die *Painlevé-Eigenschaft*, wenn alle ihre Lösungen nur bewegliche Pole besitzen. Bewegliche wesentliche Singularitäten und bewegliche Verzweigungspunkte sind also nicht zugelassen.

Definition 7.2. *Feste Singularitäten* sind solche, deren Lage nicht von den Anfangswerten, die das Integral bestimmen, abhängen. Ihre Art und Position ist durch die
Gestalt der Differentialgleichung bereits fest vorgegeben oder zumindest kann ihre Position bestimmt werden, ohne dass die Lösung der Gleichung bekannt ist.
Demgegenüber hängt die Lage *beweglicher Singularitäten* von den Anfangswerten
ab.

Beispiel 98. Sei

$$\frac{dw}{dz} = -w^2.$$

Die allgemeine Lösung lautet

$$w(z) = \frac{1}{z - c},$$

wobei die komplexe Zahl c beliebig ist. Das heisst: c ist die Konstante der Integration. Somit kann jeder Punkt in der komplexen Ebene durch geeignete Vorgabe
von c zu einem Pol werden (ein beweglicher Pol). Man beachte, dass eine spezielle Lösung, welche nicht aus der allgemeinen Lösung folgt, gegeben ist durch
$w(z) = 0$. □

Beispiel 99. Sei $\frac{dw}{dz} = -\frac{w}{z}$. Die allgemeine Lösung lautet $w(z) = -\frac{c}{z}$. Das heisst:
$z = 0$ ist ein fester Pol. □

Beispiel 100. Sei $\frac{dw}{dz} = -w \ln^2 w$. Die allgemeine Lösung $w(z) = \exp\left(\frac{1}{z-c}\right)$ hat
eine bewegliche wesentliche Singularität bei $z = c$. □

Die Methoden zur Untersuchung ob ein System die Painlevé-Eigenschaft hat,
sind in der Literatur ausführlich beschrieben (Ince 1956, Davis 1962, Ablowitz et
al. 1980, Steeb und Euler 1988, Steeb 1993).

Beispiel 101. Für Differentialgleichungen zweiter Ordnung

$$\frac{d^2w}{dz^2} = F\left(z, w, \frac{dw}{dz}\right),$$

wo F rational in w und dw/dz, und analytisch in z ist, sind alle Gleichungen
klassifiziert worden (Ince 1956, Davis 1962). □

Eine notwendige Bedingung für die Painlevé-Eigenschaft wird im nächsten Abschnitt vorgestellt. Das Verfahren der so genannten singulären Punktanalyse ist einfach durchzuführen; man kann somit die notwendige Bedingung leicht überprüfen. Für eine hinreichende Bedingung verweisen wir auf die oben zitierte Literatur. Gewöhnliche Differentialgleichungen, die die Painlevé-Eigenschaft haben, spielen auch eine grosse Rolle für exakt lösbare Modelle in der statistischen Mechanik (Steeb und Euler 1988).

Bemerkung I. Die Painlevé-Eigenschaft kann auf partielle Differentialgleichungen erweitert werden. Hier wurde insbesondere der Zusammenhang mit Soliton-Gleichungen untersucht (siehe Steeb und Euler 1988 und darin angegebene Referenzen). Man kann die entsprechenden Bäcklund-Transformationen und Lax-Paare angeben.

Satz 26. Sei einen Differentialgleichung n-ter Ordnung der Form

$$\frac{d^n w}{dz^n} = F\left(z, w, \ldots, \frac{d^{n-1} w}{dz^{n-1}}\right),$$

gegeben, wobei die Funktion F rational in $w, \ldots, d^{n-1}w/dz^{n-1}$ und analytisch in z sei. Eine notwendige Bedingung, dass die Painlevé-Eigenschaft vorliegt, ist, dass es eine Laurentreihe

$$w(z) = (z - z_1)^k \sum_{j=0}^{\infty} a_j (z - z_1)^j$$

gibt, welche in einer Umgebung des Poles $z = z_1$ die allgemeine Lösung von der Differentialgleichung darzustellt. Das heisst, $(n-1)$ Entwicklungskoeffizienten müssen beliebig wählbar sein.

Bemerkung II. Es kann allerdings mehr als ein Lösungszweig auftreten. Für alle Zweige muss eine Darstellung durch eine Laurentreihe möglich sein. Diese anderen Lösungszweige haben meist weniger als $(n-1)$ freie Entwicklungskoeffizienten.

Beispiel 102. Als Beispiel betrachten wir das System

$$\frac{d^2 w}{dz^2} + 3w \frac{dw}{dz} + w^3 = 0.$$

Wir finden hier zwei Lösungszweige. $\qquad\qquad\qquad\qquad\qquad\qquad\qquad\qquad \square$

Bemerkung III. Bewegliche wesentliche Singularitäten können bei diesem Ansatz nicht ausgeschlossen werden.

Beispiel 103. Als Beispiel betrachten wir die Gleichung

$$\frac{d^2w}{dz^2} = \left(\frac{dw}{dz}\right)^2 \frac{2w-1}{w^2+1}.$$

Diese Gleichung hat die allgemeine Lösung $w(z) = \tan\ln(Az - B)$, wobei A und B die Kostanten der Integration sind. Das heisst: Wir haben bewegliche wesentliche Singularitäten. □

Bemerkung IV. Für gewisse Differentialgleichungen kann die Laurentreihe in eine Taylorreihe degenerieren.

Beispiel 104. Das System

$$\begin{aligned}
\frac{dw_1}{dz} &= w_1\,(w_1^2 - w_2^2), \\
\frac{dw_2}{dz} &= w_2\,(w_1^2 - w_2^2),
\end{aligned}$$

hat nur reguläre Punkte in der komplexen Ebene. □

Bemerkung V. Eine ganze Klasse von Differentialgleichungen, bei der F transzendent in den w_j ist, kann in eine Differentialgleichung der Form von Satz 26 transformiert werden.

Beispiel 105. Betrachten wir die Gleichung des Pendels im Komplexen

$$\frac{d^2w}{dz^2} + a\sin w = 0.$$

Mit der Transformation $v(z) = e^{iw(z)}$ und der Identität $\sin(w) \equiv (e^{iw} - e^{-iw})/(2i)$ folgt daraus die Gleichung

$$v\frac{d^2v}{dz^2} - \left(\frac{dv}{dz}\right)^2 + \frac{a}{2}\,(v^3 - v) = 0.$$

Diese Gleichung kann nun auf die notwendige Bedingung hin untersucht werden.
□

Das oben beschriebene Theorem für gewöhnliche Differentialgleichungen n-ter Ordnung kann auch auf Gleichungssysteme erweitert werden.

Satz 27. Eine notwendige Bedingung, dass ein Differentialgleichungssystem erster Ordnung

$$\frac{dw_k}{dz} = F_k(\mathbf{w})$$

(F rational in allen w_k, mit $k = 1, \ldots, n$) die Painlevé-Eigenschaft besitzt, ist, dass es Laurentreihen

$$w_k(z) = (z - z_1)^{n_k} \sum_{j=0}^{\infty} a_{k_j}(z - z_1)^j$$

gibt, die die allgemeine Lösung in einer Umgebung des Poles $z = z_1$ darstellen. Das heisst wiederum, dass die $(n - 1)$ Entwicklungskoeffizienten beliebig wählbar sein müssen.

7.1 Singuläre Punktanalyse

Die Untersuchung, ob die allgemeine Lösung durch eine Laurentreihe darstellbar ist, führt auf die singuläre Punktanalyse. Wir gehen vom Ansatz einer Laurentreihe aus und setzen diese in das Differentialgleichungssystem ein. Wir betrachten zunächst Differentialgleichungssysteme der Form von Satz 26.

- Zuerst bestimmt man das dominierende Verhalten. Das heisst, wir setzen

$$w(z) \propto a_0 (z - z_1)^k$$

in die Gleichung ein und bestimmen k und a_0, falls eine Lösung existiert. Ist k nicht ganzzahlig, so ist die Painlevé-Eigenschaft verletzt. Ist k ganzzahlig und $a_0 \neq 0$, so können wir zum nächsten Schritt übergehen. Beachte, dass auch mehrere k-Werte auftreten können, die dann alle ganzzahlig sein müssen.

- Im zweiten Schritt bestimmen wir in der Laurent-Entwicklung die Zahlen j, für die beliebig wählbare Entwicklungskoeffizienten a_j auftreten können. Dazu setzen wir in die Differentialgleichung, in der alle Terme, die nicht zum dominierenden Verhalten beitragen, weggelassen werden, den Ansatz

$$w(z) = a_0 (z - z_1)^k + b (z - z_1)^{k+r}$$

ein. Vernachlässigung von Termen der Ordnung $O(b^2)$ führt auf die Gleichung

$$Q(r) b = 0.$$

wobei $Q(r)$ ein Polynom in r vom Grad $\leq n$ ist. Die Wurzeln dieses Polynoms nennt man *Resonanzen*. Eine der Wurzeln hat immer den Wert -1. Sie zeigt die beliebige Wahl der Polposition an. Sind nicht alle Resonanzen ganzzahlig (das heisst, rational oder komplex), so ist die Painlevé-Eigenschaft verletzt. Ist eine Resonanz doppelt, dreifach, usw., so müssen logarithmische Terme eingeführt werden (logarithmische Psi-Reihe, Hille 1976) und die Painlevé-Eigenschaft ist verletzt. Solche Entwicklungen können bei Systemen mit chaotischem Verhalten auftreten.

- Im dritten Schritt bestimmen wir durch Einsetzen der Laurentreihe in die Differentialgleichung, ob $a_r = 0$ gilt, also, ob die Entwicklungskoeffizienten beliebig gewählt werden können. Ist $a_r \neq 0$, so müssen wir logarithmische Terme in die Entwicklung einführen und wir finden eine Entwicklung als logarithmische Psi-Reihe. Können nun alle a_r beliebig gewählt werden, so ist die notwendige Bedingung der Painlevé-Eigenschaft erfüllt, wenn es uns noch gelingt, die Konvergenz in der Umgebung des Poles zu zeigen.

Bei Systemen der Form von Satz 27 starten wir zur Bestimmung des dominierenden Verhaltens mit

$$w_j(z) \propto a_{j0}(z - z_1)^{k_j}$$

(Hille 1976). Die Bestimmung der Resonanzen geht vom Ansatz

$$w_j(z) = a_{j0}(z - z_1)^{k_j} + b_j(z - z_1)^{k_j + r}$$

aus, der in das Differentialgleichungssystem eingesetzt wird, in welcher die nichtdominierenden Terme weggelassen sind. Im Unterschied zu Gleichungen n-ter Ordnung der ersten Form kann bei Systemen der zweiten Form eine Resonanz, die doppelt vorkommt, nicht zu logarithmischen Psi-Reihen führen.

Beispiel 106. Als Beispiel betrachten wir die Gleichung

$$\frac{d^2 w}{dz^2} + 3w \frac{dw}{dz} + w^3 = 0.$$ □

Einsetzen des Ansatzes zur Bestimmung des dominierenden Verhaltens liefert die drei Gleichungen $k - 2 = 2k - 1$, $k - 2 = 2k - 1$ und $k - 2 = 3k$. Die einzige Lösung ist $k = -1$, und alle Terme sind dominant. Somit ist das dominierende Verhalten gegeben durch

$$w(z) = a_0(z - z_1)^{-1}.$$

Dies ist offenkundig eine spezielle Lösung der Gleichung. Einsetzen dieser speziellen Lösung in die Differentialgleichung ergibt die Bestimmungsgleichung für a_0. Man findet

$$a_0^3 - 3a_0^2 + 2a_0 = 0.$$

Die Lösung $a_0 = 0$ ist im Zusammenhang mit Laurentreihen nicht von Interesse. Aus der verbleibenden quadratischen Gleichung findet man die Lösungen $a_0 = 2$ und $a_0 = 1$. Das heisst, man hat zwei Zweige, für die nun die Resonanzen bestimmt werden müssen. Wir betrachten zunächst die Lösung $a_0 = 1$. Einsetzen des Ansatzes für die Resonanzen in Differentialgleichung und Vernachlässigung der Terme mit b^2 und b^3 ergibt die Bestimmungsgleichung für die Resonanzen:

$$[(-1 + r)(-2 + r) + 3(-1 + r) - 3 + 3] \, b = 0.$$

Die Lösung dieser quadratischen Gleichung führt auf die Resonanzen $r = \pm 1$. Einsetzen der Laurentreihe zeigt dann schliesslich, dass die notwendige Bedingung für die Painlevé-Eigenschaft erfüllt ist. Der zweite Zweig mit $a_0 = 2$ liefert die Resonanzen $r = \{-1, -2\}$. Hier kann man die Entwicklung

$$w(z) = 2(z - z_1)^{-1} \sum_{j=0}^{\infty} w_j (z - z_1)^{-j}$$

betrachten. $\qquad \Box$

7.2 Painlevé-Eigenschaft und Integrabilität

Wir wollen uns im Folgenden auf Systeme der *dritten Form*

$$\frac{du_j}{dt} = V_j(\mathbf{u}) \tag{7.2}$$

beschränken, wobei die V_j's rationale Funktionen in $u_j, j = 1, \ldots, n$ sind. Zur Untersuchung der Painlevé-Eigenschaft wird die Gleichung ins Komplexe fortgesetzt, das heisst

$$\frac{dw_j}{dz} = V_j(w_1, \ldots, w_n),$$

mit $z = t + i\tau$. Den Begriff des vollständigen integrierbaren Systems haben wir bereits für Hamilton-Systeme und für dissipative Systeme eingeführt. Die ersten Integrale enthalten natürlich auch noch die transzendenten ersten Integrale. Das folgende Beispiel zeigt, dass die transzendenten ersten Integrale ausgeschlossen werden müssen.

Beispiel 107. Sei

$$\begin{aligned}
\frac{du_1}{dt} &= -u_1 + u_1 u_2, \\
\frac{du_2}{dt} &= u_2 - u_1 u_2.
\end{aligned}$$

Dies ist ein so genanntes *Lotka-Volterra-Modell*. Das erste Integral ist gegeben durch

$$I(\mathbf{u}) = u_1 u_2 \, e^{-(u_1 + u_2)}.$$

Das System ist somit integrabel. Diese Gleichung, im Komplexen betrachtet, hat nicht die Painlevé-Eigenschaft. Man findet eine logarithmische Psi-Reihe (Hille 1976). Dies hängt damit zusammen, dass das erste Integral kein algebraisches erstes Integral ist.   □

Der Begriff der Integrabilität muss somit auf *algebraische Integrabilität* eingeschränkt werden. Der Begriff der algebraischen Integrabilität für Hamilton-Systeme wurde von van Morbeke und Adler, und von Yoshida eingeführt (Van Moerbeke 1988, Yoshida 1983a,b). Die algebraische Integrabilität besagt im Wesentlichen, dass die ersten Integrale I_j rationale Funktionen in $\mathbf{p}$ und $\mathbf{q}$ sind. Van Moerbeke und Yoshida haben den ersten Integralen noch weitere Bedingungen auferlegt, um einen Zusammenhang mit der singulären Punktanalyse zu finden. Diese zusätzlichen Bedingungen der beiden Autoren stimmen nicht überein. In der Definition von Yoshida (1983a,b) wird angenommen, dass die Hamilton-Funktion separierbar ist, in den gegebenen Koordinaten im Hamilton-Jacobi Sinne. Dies schränkt die Anwendungen sehr ein. Es gibt viele integrable Systeme, die erst nach einer Transformation separierbar sind (Van Moerbeke 1988). In der Definition von Adler und Van Moerbeke ist diese Einschränkung nicht auferlegt.

Dass weitere Bedingungen auferlegt werden müssen, zeigt das folgende Beispiel.

Beispiel 108. Sei

$$H(p,q) = \frac{1}{2}\,p^2 + \frac{1}{2}\,q^2 + \frac{1}{6}\,q^6.$$

Daraus folgt

$$\frac{d^2q}{dt^2} + q + q^5 = 0.$$

Das dominierende Verhalten ist gegeben durch $k = -1/2$, was zeigt, dass diese Gleichung die Painlevé-Eigenschaft nicht hat. In diesem Fall kann man das System auf die so genannte schwache Painlevé-Eigenschaft untersuchen, was in Steeb und Euler (1988) ausgeführt wird.   □

Um Aussagen über die algebraische Integrabilität zu bekommen hat Yoshida (1983a,b) hat die so genannten *Kowalevski-Exponenten* eingeführt. Sie sind wie folgt definiert:

Definition 7.3. Man geht von der Annahme aus, dass die Bewegungsgleichungen unter den Transformationen

$$z \to \alpha^{-1}z, \quad w_1 \to \alpha^{g_1}w_1, \ldots, w_n \to \alpha^{g_n}w_n$$

skaleninvariant seien. Jedes skaleninvariante System hat eine Lösung der Form

$$w_1(z) = c_1(z - z_1)^{-g_1}, \ldots, w_n(z) = c_n(z - z_1)^{-g_n},$$

wobei die Konstanten $c_1, c_2, \ldots c_n$ durch

$$V_j(c_1, \ldots, c_n) = -g_j c_j, \text{ mit } j = 1, \ldots, n,$$

bestimmt sind. Sei

$$K_{jk} := \frac{\partial V_j}{\partial w_k}(c_1, \ldots, c_n) + \delta_{jk} g_j.$$

Die Eigenwerte der $n \times n$ Matrix $K = (K_{jk})$ heissen zu Ehren von Sophie Kowalevski die *Kowalevski-Exponenten*.

Bemerkung I. Obwohl für die meisten Beispiele aus der Physik die Kowalevski-Exponenten und die Resonanzen übereinstimmen, gilt dies nicht im Allgemeinen.

Satz 28. Eine notwendige Bedingung, dass das skaleninvariante System (7.2) algebraisch integrabel ist, ist, dass alle Kowalevski-Exponenten rationale Zahlen sind.

Das folgende Beipiel zeigt, dass die Definition der algebraischen vollständigen Integrabilität von Yoshida (1983a,b) zu eng ist. Viele Beispiele können damit nicht erfasst werden.

Beispiel 109. Sei $H(\mathbf{p}, \mathbf{q}) = p_1(p_1^2 + \mu_1 q_1^2) + \epsilon q_1(p_2^2 + \mu_2 q_2^2)$, wobei μ_1, μ_2 und ϵ reelle Konstanten ungleich null sind. Die Bewegungsgleichungen sind gegeben durch

$$\begin{aligned}
\frac{dp_1}{dt} &= -2\mu_1 q_1 p_1 - \epsilon(p_2^2 + \mu_2 q_2^2), \\
\frac{dp_2}{dt} &= -2\epsilon\mu_2 q_1 q_2, \\
\frac{dq_1}{dt} &= 3p_1^2 + \mu_1 q_1^2, \\
\frac{dq_2}{dt} &= 2\epsilon q_1 p_2.
\end{aligned}$$

Wir betrachten nun die Gleichung im Komplexen, behalten aber die Notation bei. Das System ist skaleninvariant unter

$$t \to \alpha^{-1} t, \qquad q_j \to \alpha q_j, \qquad p_j \to \alpha p_j,$$

wobei $j = 1, 2$ ist. Als Lösung wählen wir

$$p_1(t) = 0, \qquad p_2(t) = 0, \qquad q_1(t) = -\frac{1}{\mu_1}(t - t_1)^{-1}, \qquad q_2(t) = 0.$$

Für diese Lösung ergeben sich die Kowalevski-Exponenten als $\{-1, 3, 1 \pm \frac{i}{\mu_1}(2\epsilon\sqrt{\mu_2})\}$. Das heisst: Ist $\mu_2 > 0$, so findet man ein Paar von komplexen Kowalevski-Exponenten. Ist $\mu_2 < 0$, so kann man irrationale Kowalevski-Exponenten finden. Auf der anderen Seite ist das zweite erste Integral dieses Systems gegeben durch $I(\mathbf{p}, \mathbf{q}) = p_2^2 + \mu_2 q_2^2$. Damit ist das System algebraisch vollständig integrabel, besitzt aber komplexe oder irrationale Kowalevski-Exponenten.   □

Die obige Hamilton-Funktion ist etwas künstlich. Für eine kleinere Klasse kann man die folgende Aussage machen (Yoshida 1988):

Beispiel 110. Sei

$$H(\mathbf{p}, \mathbf{q}) = \frac{1}{2}\sum_{j=1}^{N} p_j^2 + U(\mathbf{q})$$

eine Hamilton-Funktion mit N Freiheitsgraden. Man nimmt an, dass das Potential U eine homogene Funktion vom Grade k ist und dass k ganzzahlig ist, mit $k \neq -2, 0, 2$. Seien nun $\rho_1, \rho_2, \ldots, \rho_N$ die Kowalevski-Exponenten. Die Kowalevski-Exponenten haben die Eigenschaft

$$\rho_j + \rho_{N+j} = 2g + 1,$$

wobei $j = 1, \ldots, N$ und $g := 2/(k-2)$. Man kann immer die Annahme machen, dass $\rho_{2N} = 2g + 2$ und $\rho_N = -1$ ist. Sei

$$\Delta\rho_j := \rho_{N+j} - \rho_j$$

mit $j = 1, 2, \ldots, N$.   □

Dann gilt das folgende Theorem:

Satz 29. Sind die N Zahlen $\Delta\rho_1, \ldots, \Delta\rho_N$ rational unabhängig, dann hat die Hamilton-Funktion

$$H(\mathbf{p}, \mathbf{q}) = \frac{1}{2}\sum_{j=1}^{N} p_j^2 + U(\mathbf{q})$$

neben sich selber kein weiteres globales analytisches erstes Integral.

Beispiel 111. Wir betrachten den Fall $N = 2$ mit dem Potential

$$U(\mathbf{q}) = \frac{1}{2}\, q_1^2 q_2^2\,.$$

Somit ist $k = 4$ und $g = 1$. Die Kowalevski-Exponenten (die gleich den Resonanzen sind) sind gegeben durch

$$\rho_1 = \frac{3}{2} - \frac{1}{2}\sqrt{-7}, \quad \rho_2 = -1, \quad \rho_3 = \frac{3}{2} + \frac{1}{2}\sqrt{-7}, \quad \rho_4 = 4.$$

Daraus folgt

$$\Delta\rho_1 = \rho_3 - \rho_1 = \sqrt{-7}$$

und

$$\Delta\rho_2 = \rho_4 - \rho_2 = 5.$$

Es ist offenkundig, dass die beiden Zahlen 5 und $\sqrt{-7}$ rational unabhängig sind.
□

Bemerkung II. Van Moerbeke und Adler (siehe Van Moerbeke 1988) haben gezeigt, dass ein algebraisch vollständig integrables Hamilton-System die Painlevé Eigenschaft hat (wobei der algebraischen Integrabilität ihre eigene Begriffsbildung zugrunde gelegt wurde). Die Hamilton-Systeme, die Van Moerbeke (1988) betrachtet, sind gegeben durch

$$\frac{d\mathbf{u}}{dt} = J(\mathbf{u})\, \frac{\partial H}{\partial \mathbf{u}}\,,$$

wobei $\mathbf{u} = (u_1, u_2, \ldots, u_n)^T$. Dabei ist $J(\mathbf{u})$ eine schiefsymmetrische $n \times n$ Matrix mit Matrixelementen, die Polynome in $\mathbf{u}$ sind.

Beispiel 112. Das System

$$\begin{aligned}
\frac{du_1}{dt} &= (\lambda_3 - \lambda_2)\, u_2 u_3, \\
\frac{du_2}{dt} &= (\lambda_1 - \lambda_3)\, u_1 u_3, \\
\frac{du_3}{dt} &= (\lambda_2 - \lambda_1)\, u_1 u_2
\end{aligned}$$

ergibt sich aus

$$H(\mathbf{u}) = \frac{1}{2}\, (\lambda_1 u_1^2 + \lambda_2 u_2^2 + \lambda_3 u_3^2)$$

und

$$J(\mathbf{u}) = \begin{pmatrix} 0 & -u_3 & u_2, \\ u_3 & 0 & -u_1, \\ -u_2 & u_1 & 0 \end{pmatrix},$$

mit

$$\frac{\partial H}{\partial \mathbf{u}} = \begin{pmatrix} \lambda_1 u_1 \\ \lambda_2 u_2, \\ \lambda_3 u_3 \end{pmatrix}.$$

Die Hamilton-Systeme gegeben durch die Gleichungen

$$\frac{dq_j}{dt} = \frac{\partial H}{\partial p_j}, \qquad \frac{dp_j}{dt} = -\frac{\partial H}{\partial q_j}$$

sind Spezialfälle der Gleichung $d\mathbf{u}/dt = J(\mathbf{u})\partial H/\partial \mathbf{u}$. $\square$

Aufgabe 73. Man untersuche die Hamilton-Funktion

$$H(\mathbf{p}, \mathbf{q}) = \frac{1}{2}\left(p_1^2 + p_2^2 + p_2^3\right) + \frac{1}{2}\left(q_1^2 q_2^2 + q_1^2 q_3^2 + q_2^2 q_3^2\right)$$

mit dem Theorem von Yoshida.

Bemerkung III. Weitergehende Betrachtungen zum Thema wurden in Steeb (1994) gemacht, wo für ausgewählte Beispiele die Singularitätenstruktur in der komplexen Zeitebene explizit ermittelt wurde. Ebenso wird dort das Theorem von Ziglin diskutiert, welches ein Verfahren darstellt, herauszufinden, ob für ein analytisches Hamilton-System neben der Hamilton-Funktion selber noch weitere analytische Integrale existieren.

Biographieauszug

William Rowan Hamilton wurde in Dublin 1805 als Sohn eines Anwalts geboren. Er wurde von seinem Onkel, dem anglikanischen Priester und Linguisten James Hamilton, erzogen. Er erwies sich bald als Wunderkind: Im Alter von sieben Jahren hatte er bereits Hebräisch gelernt; vor dem 13. Geburtstag beherrschte er bereits zwölf Sprachen, darunter neben den klassischen und den modernen Sprachen Europas auch Persisch, Arabisch, Hindi, Sanskrit und Malaiisch. Bis zum Ende seines Lebens las er oft zur Entspannung persische und arabische Texte.

Hamilton war in mathematischer Hinsicht weitgehend Autodidakt. Der junge Hamilton war ein ausgezeichneter Kopfrechner und es machte ihm auch Spass, komplizierte Formeln bis auf viele Nachkommastellen auszurechnen. Im Alter von zwölf Jahren forderte er Zerah Colburn heraus, ein jugendliches Rechengenie, welches in Dublin auftrat, und zog sich akzeptabel aus der Affäre. Mit zehn Jahren las er die lateinische Ausgabe von Euklid; mit zwölf Jahren Newtons Arithmetica universalis, die Einführung in die moderne Analysis. Danach war das Studium der Principia dran. Mit siebzehn hatte er einen grossen Teil davon begriffen, und einige moderne Klassiker zur analytischen Geometrie und Differentialrechnung dazu.

Im siebzehnten Altersjahr bereitete sich Hamilton auf das Trinity College vor. Neben weiteren Klassikern des Jahrhunderts begann er auch mit dem Studium von Laplaces Himmelsmechanik. In einer von Laplaces Herleitungen entdeckte Hamilton einen wichtigen Fehler. Freunde schlugen ihm vor, seine Entdeckung dem Ersten Königlichen Astronomen, Brinkley, zu schicken. Dieser erkannte umgehend das grosse Talent des Jungen. Hamiltons Laufbahn am Trinity-College war beispiellos. Er war der erste in jedem Fach und in jeder Prüfung. Er zählte zu den wenigen, die sowohl in Griechisch als auch in Physik Bestnoten erreichten. Mit zweiundzwanzig Jahren bekam er 1827 die Berufung zum Professor der Dubliner Universität, als Nachfolger von Brinkley, noch bevor er sein Studium beendet hatte. Das Wahlgremium hatte den bescheidenen Hamilton zur Kandidatur auffordern müssen.

Als Forscher beschäftigte er sich anfangs vor allem mit geometrischer Optik. Er sagte voraus, dass in zweiachsigen Kristallen eine konische Refraktion des Lichtes möglich sei, was sich schliesslich experimentell bestätigen liess. Die in der Optik gewonnenen Methoden wandte er auf die analytische Mechanik an, wo er das "Hamiltonsche Prinzip" einführte, welches für die Himmelsmechanik von zentraler Bedeutung ist. Er zeigte, dass aus der Wellenoptik durch einen mathematischen Grenzübergang die – nur für kleine Wellenlängen gültige – geometrische Optik gewonnen werden kann. Sie war für Schrödinger der Ansatzpunkt, die volle Analogie zwischen Mechanik und Optik zu entwickeln, das heisst, eine der Wellenoptik entsprechende "Wellenmechanik" zu begründen.

1835 erhielt Hamilton als Sekretär der British Association for the Advancement of Sience den Ritterschlag. Grössere Ehren folgten schnell, darunter 1837 die Wahl zum Präsidenten der Royal Irish Academy und zum korrespondierenden Mitglied der Akademie von St. Petersburg. Hamilton starb 1865 in Dublin, kurz nach der Nachricht, dass man ihn als erstes auswärtiges Mitglied der National Academy of Sciences of the USA gewählt hatte.

Kapitel 8

Chaoskontrolle

8.1 Problemstellung

Bei chaotischen Bewegungen sind alle Trajektorien instabil. In der Chaoskontrolle geht es jetzt darum, diese über zusätzliche Kontrollstrukturen zu stabilisieren, das heisst, sie gegen äussere oder numerische Störungen unempfindlich zu machen. Im *Handbook of Chaos Control* finden wir im einführenden Artikel von Lai und Grebogi die folgende einleitende Passage:

> *Besides the occurrence of chaos in a large variety of natural processes, chaos may also occur because one may wish to design a physical, biological or chemical experiment, or to project an industrial plant to behave in a chaotic manner.*

Während sich dies zunächst etwas allgemein anhört, kann man sicherlich sagen, dass sich das Problem von inhärenten chaotischen Prozessen vor allem in Vielteilchensystemen (Biologie (Neuronen), Ökonomie, usw.) kaum umgehen lässt. Ausserdem ist es in der Tat denkbar, dass es unter Umständen einfacher sein kann, ein chaotisches System zu bauen, als eines, welches über einen äusseren Parameter in einem weiten Parameterbereich von Periode eins bis zum Chaos geht. Man könnte in diesem chaotischen System dennoch alle Perioden finden, nur dass sie instabil sind und man im Allgemeinen schlecht voraussagen kann, wo sie liegen. Sie zu finden und zu stabilisieren ist die Aufgabe der Chaoskontrolle. Ein sehr eindrückliches Beispiel ist die *Gait-Kontrolle* (Kontrolle des Bewegungszustandes) bei Lebewesen. Dabei soll je nach Umgebung beispielsweise von einem Trab- in einen Galopp-Bewegungszustand gewechselt werden. Es ist durchaus möglich, dass dies durch eine Art Chaoskontrolle eines unterliegenden chaotischen Systems geschieht. Der Vorteil hier ist, dass man nur richtig kontrollieren muss, den exakten Gait aber nicht festzulegen braucht. Dieses Beispiel zeigt aber auch, dass die Kontrolle, um nützlich zu sein, schnell erfolgen muss. Im Prinzip stellt Chaoskontrolle ein altes Kontrollproblem in neuem Licht dar.

Man muss sich vor Augen halten, dass Chaoskontrolle, welche besser Kontrolle auf instabilen Orbits genannt würde, auch in Systemzuständen, welche ohne Kontrolle stabil sind, funktioniert. Auch in diesem Fall gibt es instabile periodische Orbits. Ohne Kontrolle werden diese aber sehr schnell auf die stabile Bahn gezogen.

Man unterscheidet grob unter fünf Gruppen von Kontrollansätzen:

(1)   OGY-Methode der parametrischen Kontrolle

(2)   Methode der lokalen Stabilisierung

(3)   Delay-Koordinaten Kontrolle

(3)   Rückkopplungskontrolle

(4)   Limiter-Kontrolle (Begrenzungs-Kontrolle)

8.2   Parametrische Kontrolle

Diese Kontrollmethode wurde um 1990 von Ott, Grebogi und Yorke propagiert. Wir wollen sie zunächst in der Dimension eins am Beispiel der logistischen Parabel $f: x_{n+1} = a_0 x_n(x_n - 1)$ erklären. Dazu gehen wir von einem instabilen periodischen Orbit der Periode n, $\{x(1), x(2), \ldots, x(n)\}$, aus. Wegen der Instabilität der Bahnen werden wir nach n Iterationen statt bei $x(i)$ bei einem Punkt x_i landen. Wir haben

$$
\begin{aligned}
x_{i+1} - x(i+1) &\approx \left.\frac{\partial f}{\partial x}\right|_{x=x(i), a=a_0}(x_i - x(i)) + \left.\frac{\partial f}{\partial a}\right|_{x=x(i), a=a_0}\Delta a_i \\
&= a_0(1 - 2x(i))(x_i - x(i)) + x(i)(1 - x(i))\Delta a_i.
\end{aligned}
$$

Wir verlangen, dass x_{i+1} in der Nähe von $x(i+1)$ bleiben soll, also $|x(i+1) - x_{i+1}| = 0$ ist. Damit folgt aber

$$
\Delta a_i = a_0 \frac{(2x(i) - 1)(x_i - x(i))}{x(i)(1 - x(i))}.
$$

In höheren Dimensionen haben wir:

$$
\mathbf{x}_{i+1} = \mathbf{F}(\mathbf{x}_i, a),
$$

wobei a wiederum ein äusserer Parameter ist. Es gilt

$$
\begin{aligned}
\mathbf{x}_{i+1} - \mathbf{x}(i+1)(a_0) &\approx \mathbf{D_x F}(\mathbf{x}, a)|_{\mathbf{x}(i)(a_0), a_0}(\mathbf{x}_i - \mathbf{x}(i)(a_0)) \\
&\quad + \mathbf{D_a F}(\mathbf{x}, a)|_{\mathbf{x}(i)(a_0), a_0}(a - a_0).
\end{aligned}
$$

Hierbei erhalten wir vom ersten Beitrag eine $n \times n$-Matrix angewandt auf einen Vektor der Dimension n, und vom zweiten einen Vektor der Länge n. Wir gehen nun vom Ansatz

$$a - a_0 \approx -\mathbf{K}^T(\mathbf{x}_i - \mathbf{x}(i)(a_0))$$

aus. Die $1 \times n$ Matrix $\mathbf{K}^T$ soll dabei für unsere Zwecke so bestimmt werden, dass der Punkt $\mathbf{x}(i)(a)$ stabil wird. Dies heisst

$$
\begin{aligned}
(\mathbf{x}_{i+1} &- \mathbf{x}(i)(a_0)) \\
&= (\mathbf{D_x F}(\mathbf{x}, a)|_{\mathbf{x}(i)(a_0), a_0} - \mathbf{D}_a \mathbf{F}(\mathbf{x}, a)|_{\mathbf{x}(i)(a_0), a_0} \mathbf{K}^T)(\mathbf{x}_i - \mathbf{x}(i)(a_0)) \\
&=: \mathbf{J}(\mathbf{x}_i - \mathbf{x}(i)(a_0))
\end{aligned}
$$

soll asymptotisch stabil sein, was der Fall ist, falls alle Eigenwerte der $n \times n$ Matrix $\mathbf{J}$ von Betrag kleiner als eins sind.

Beispiel 113. Für die Hénon-Abbildung in der Form $\mathbf{F} : \{x, y\} \to \{a + by - x^2, x\}$ erhalten wir für den Orbit $\{x_1, y_1\}$ der Periode 1 $\quad \mathbf{D_x F} = \begin{pmatrix} -2x_1 & b \\ 1 & 0 \end{pmatrix}$, mit Eigenwerten $\mu_{s/u} = -x_1 \pm (b + x_1^2)^{1/2}$ und Eigenvektoren $\{\mu_{s/u}, 1\}$ und $\mathbf{D}_a \mathbf{F} = (1, 0)$. Die Kontroll-Matrix wird damit zu $\begin{pmatrix} -2x_1 - k_1 & b - k_2 \\ 1 & 0 \end{pmatrix}$. $\qquad \square$

Die Bestimmung von $\mathbf{K}$ so, dass alle Eigenwerte kleiner als eins werden, ist ein aus der Kontrolltheorie wohlbekanntes Verfahren (Polplatzierung genannt). Die OGY-Methode setzt die instabilen Eigenwerte der Matrix $\mathbf{K}^T$ zu null, während sie die stabilen unverändert lässt. Dies hat zur Folge, dass sich die Trajektorie dem Fixpunkt längs seiner stabilen Mannigfaltigkeit annähert, nachdem die Kontrolle aktiviert wurde. Im Prinzip sind auch andere Festsetzungen möglich.

Sei a_0 wieder der Parameterwert, an dem der Orbit stabilisiert werden soll. Dann gilt:

$$
\begin{aligned}
\mathbf{x}_{i+1} - \mathbf{x}(i+1)(a_0) &\approx \mathbf{DF}(\mathbf{x}(i)(a), a)(\mathbf{x}_i - \mathbf{x}(i)(a_0)) \\
&\approx \mathbf{D_x F}(\mathbf{x}(i))|_{\mathbf{x}(i) = \mathbf{x}(i)(a_0)}(\mathbf{x}_i - \mathbf{x}(i)(a_0)) \\
&\quad + \mathbf{D}_a \mathbf{D}_{\mathbf{x}(i)} \mathbf{F}(\mathbf{x}(i)(a), a)|_{a=a_0} \Delta a_i.
\end{aligned}
$$

Daraus folgt aber:

$$\mathbf{x}_{i+1} - \mathbf{x}(i+1)(a_0) \approx \mathbf{g} \Delta a_i + \mathbf{DF}(\mathbf{x}(i)(a_0))(\mathbf{x}_i - \mathbf{x}(i)(a_0) - \mathbf{g} \Delta a_i),$$

wo $\mathbf{g} = \frac{\partial \mathbf{x}(i)(a)}{\partial a}|_{a=a_0} \approx \frac{\mathbf{x}(i)(a) - \mathbf{x}(i)(a_0)}{\Delta a_i}$ ist. Sei die zu den Eigenvektoren $\{\mathbf{e}_1, \dots, \mathbf{e}_n\}$ kontravariante Vektorbasis mit $\{\mathbf{f}_i\}$, $i = 1, \dots, n$, bezeichnet $(\mathbf{f}_j \mathbf{e}_i = \delta_{ji})$. Dann gilt

$$\mathbf{D_x F}(\mathbf{x}(i)(a_0)) = \mu_u \mathbf{e}_u \mathbf{f}_u + \mu_s \mathbf{e}_s \mathbf{f}_s,$$

wobei $\mu_{u,s}$ die unstabilen/stabilen Eigenwerte bezeichnen. Wir erhalten daraus

$$\mathbf{f}_u(\mathbf{x}_{i+1} - \mathbf{x}(i)(a_0)) = 0,$$

was impliziert:

$$\mathbf{f}_u(\mathbf{g}\Delta a_i + \mathbf{DF}(\mathbf{x}(i)(a_0))(\mathbf{x}_i - \mathbf{x}(i)(a_0) - \mathbf{g}\Delta a_i) = 0.$$

Hieraus folgt

$$\mathbf{g}\Delta a_i \approx \mathbf{DF}(\mathbf{x}(i)(a_0))(\mathbf{x}_i - \mathbf{x}(i)(a_0)) - \mathbf{g}\Delta a_i),$$

was bedeutet, dass die parameterische Korrektur zum Zeitpunkt i als

$$\Delta a_i \approx \frac{\mathbf{D_x F}(\mathbf{x}(i)(a_0))(\mathbf{x}_i - \mathbf{x}(i)(a_0))}{\mathbf{g}(\mathbf{Id} - \mathbf{D_x F}(\mathbf{x}(i)(a_0)))},$$

oder mit stabilen/instabilen Mannigfaltigkeiten gesagt, als

$$\Delta a_i \approx \frac{\mathbf{f}_u \mu_u(\mathbf{x}_i - \mathbf{x}(i)(a_0))}{\mathbf{g}(1 - \mu_u)\mathbf{f}_u}$$

gewählt werden muss. Grundsätzlich muss man sagen, dass die vorgestellte Methode der Chaoskontrolle nur dann Sinn macht, wenn tatsächlich der Orbit in einer kleinen Umgebung des zu kontrollierenden Orbits gelandet ist, was unter Umständen eine beträchtliche Zeit dauern kann. Man versucht, diese Zeit mit Targeting-Verfahren (Zielverfahren) zu verkürzen.

Kontrollzeit: Die Zeit, die vergeht, bis man den Orbit kontrolliert hat, ist für Anwendungen eine interessante Grösse, welche als Kontrollzeit bezeichnet wird. In der Dimension $d = 1$ wird sie durch den Ansatz

$$\langle \tau \rangle \sim \delta^{-\gamma}$$

bestimmt, wobei $\gamma > 0$ der Skalierexponent ist. Aus

$$P(\varepsilon, x(i)) = \int_{x(i)-\varepsilon}^{x(i)+\varepsilon} \rho(x(i))dx \approx 2\varepsilon\rho(x(i)),$$

erhalten wir

$$\langle \tau \rangle = \frac{1}{p(\varepsilon)} \sim \varepsilon^{-1} = \delta^1,$$

woraus wir entnehmen, dass $\gamma = 1$ ist.

In höheren Dimensionen ist die Sache beträchtlich komplizierter. In $d = 2$ wird der Exponent zu (Lai und Grebogi (1998))

$$\gamma = 1 + \frac{\ln|\mu_u|}{2\ln(1/|\mu_s|)}.$$

Listing 23. Kontrollierte Hénon-Abbildung

```
1   a=2.1;b=-0.3;
2   Henon[{x_,y_}]:={a-x^2+b y,x};
3   Jacobi[{x_,y_}]={{D[Henon[{x,y}][[1]],x],D[Henon[{x,y}][[1]],y]},
4    {D[Henon[{x,y}][[2]],x],D[Henon[{x,y}][[2]],y]}};
5   p=Nest[Henon,{0.2,1.4},10001];
6   v=Eigenvectors[Jacobi[p]];
7   perio=5;Henonp[{x_,y_}]:=Nest[Henon,{x,y},perio];
8   Hencon[pp_] :=
9     Module[{xn, xn1, h, c, v, u, eiv, hh},
10     eiv = Eigenvalues[Jacobip[pp]]; h = Max[Abs[eiv]]; hh = 0;
11     If[h == eiv[[1]], hh = 1,]; If[h == -eiv[[1]], hh = -1,];
12     If[h == eiv[[2]], hh = 1,]; If[h == -eiv[[2]], hh = -1,];
13     Print["h=", h, " eiv=", eiv, " hh=", hh];
14     xn1= Henonp[pp];
15     c = ((xn1 - pp)/h)*hh;
16     (*  v = Eigenvectors[Jacobip[pp]][[2]];*)
17     xn = pp - c ;
18     Print["x=", pp, " xn=", xn, " h=", h, " c=", c];
19     Return[xn]]
```

8.3 Varianten der parametrischen Kontrolle

Wir kehren zur eindimensionalen Darstellung zurück. Sei ε der Fehler nachdem eine
Quasiperiode der Länge n durchlaufen sei. Dieser Fehler wird unter der erneuten
Zeitentwicklung von $t = n$ Zeitschritten auf

$$\varepsilon' = \varepsilon \prod_{i=1}^{n} |f'(x_i)|$$

vergrössert. Man kann also den Wert von x_i um

$$c = \frac{c'}{\prod_{i=1}^{n} |f'(x_i)|}$$

verkleinern, um den ursprünglichen Orbit zu stabilisieren. Möchte man ein höher-
dimensionales System kontrollieren, so kann man dies analog tun, muss aber wiederum in die Richtung der instabilen Mannigfaltigkeit korrigieren.

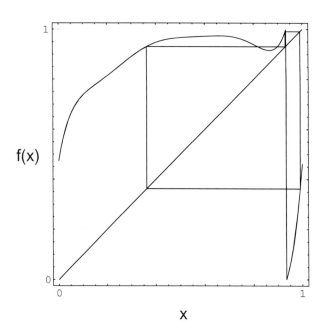

Abbildung 8.1: Stabilisierte Periode 3 im chaotischen Regime. System: inhibito-
rische Interaktion zwischen Pyramidenneuronen, chaotische Frequenzeinrastung.
Die numerische Funktion basiert auf gemessenen Phasenantwortkurven (Stoop,
Schindler, Bunimovich 2000).

Listing 24. Kontrollierte Neuronabbildung, Periode 3

```
 1  f[x_] := Mod[x + o - (0.986115480593817 - 4.68999548957753*x +
 2  49.50892515516324*x^2 - 247.7425851646342*x^3 +
 3    668.4931471006396*x^4 - 979.050342184131*x^5
 4    + 735.4280170792417*x^6 - 221.9348783929893*x^7), 1];
 5  g[x_] := x +
 6      o - (0.986115480593817 - 4.68999548957753*x
 7        + 49.50892515516324*x^2 - 247.7425851646342*x^3 +
 8        668.4931471006396*x^4 - 979.050342184131*x^5 +
 9        735.4280170792417*x^6 - 221.9348783929893*x^7);
10  perio = 3;
11  fcon[x_]:=Module[{xn,xn1},
12  b=Evaluate[g'[NestList[f, x, perio]]]; h = 1;
13    Do[h *= b[[i]],{i, 1, perio}]; xn1=Nest[f, x, perio];
14    c = (xn1 - x)/h; xn = x - c;
15    Return[xn]]
```

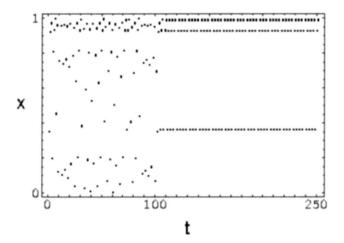

Abbildung 8.2: Stabilisierung der Periode 3 im chaotischen Bereich der oben erwähnten Neuronen-Interaktionsfunktion.

Die Methode der lokalen Stabilisierung ist eine weitere äquivalente Methode der parametrischen Kontrolle. Bei diesem Verfahren wird die Kontrolle durch die Veränderung der Steigung im Bahnpunkt dadurch erreicht, dass die y-Kathete im Steigungsdreieck um c erhöht wird.

8.4 Delay-Koordinaten Kontrolle

Dieses Verfahren eignet sich besonders für experimentelle Anwendungen. Bei der Delay-Koordinaten Kontrolle haben wir m-dimensionale Vektoren

$$\mathbf{x}(t) = (u(t), u(t - t_D), u(t - 2t_D), \ldots),$$

und die dynamische Abbildung ist von der Form

$$\mathbf{x}_{i+1} = \mathbf{G}(\mathbf{x}_i, a_i, a_{i-1}, \ldots, a_{i-r}).$$

Wir gehen wiederum vom Ansatz

$$(\mathbf{x}_{i+1} - \mathbf{x}(i)(a_0)) = (\mathbf{D}_\mathbf{x}\mathbf{G}(\mathbf{x}, a)|_{\mathbf{x}(i)(a_0), a_0} - \mathbf{D}_a\mathbf{G}(\mathbf{x}, a)|_{\mathbf{x}(i)(a_0), a_0}\mathbf{K}^T)(\mathbf{x}_i - \mathbf{x}(i)(a_0))$$

aus, der sich jetzt in der Form

$$(\mathbf{x}_{i+1} - \mathbf{x}(i)(a_0)) = \mathbf{A}(\mathbf{x}_i - \mathbf{x}(i)(a_0)) + \mathbf{B}_a(a(i) - a_0) + \mathbf{B}_b(a_{i-1} - a_0)$$

schreibt, mit den partiellen Ableitungen genommen bei $\mathbf{x}_i(a_0)$ und a_0, beziehungsweise. Die lineare Kontrolle

$$a_i - a_0 = -\mathbf{K}^T(\mathbf{x}_i - \mathbf{x}(i)(a_0)) - k(a_{i-1} - a_0),$$

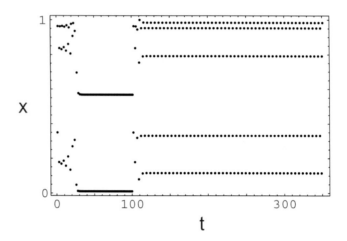

Abbildung 8.3: Stabilisierte Periode 5 im Regime der stabilen Periode 2 desselben Systems.

mit Kontrollparameter k, kann mit

$$\mathbf{y}_{i+1} = (\mathbf{x}_{i+1}, a_i)$$

einfacher geschrieben werden, nämlich als

$$\mathbf{y}_{i+1} - \mathbf{y}(i)(a_0) = (\mathcal{A} - \mathcal{B}\mathbf{K}^T)(\mathbf{y}_i - \mathbf{y}(i)(a_0)),$$

wobei $\mathcal{A} = (\{\mathbf{A}, \mathbf{B}_b\}, \{0, 0\})$, $\mathcal{B} = (\mathbf{B}_a, 1)$, und $\mathcal{K} = (\mathbf{K}, k)$ die Quantitäten im Produktraum bedeuten. Wiederum kann für diese Gleichung die Polplatzierungsmethode angewandt werden. Wie üblich kann die Matrix $\mathbf{A}$ durch eine numerische lineare Approximation gewonnen werden. Um die Vektoren $\mathbf{B}_a$ und $\mathbf{B}_b$ zu erhalten, muss im Experiment der Parameter a des Systems gestützt werden.

8.5 Rückkopplungskontrolle

In diesem Fall wird einem dynamischen System eine um den Parameter c abgeschwächte, im Allgemeinen skalare, Rückkopplung stammend vom Zeitpunkt $t - \tau$ zugegeben, was das System stabilisieren kann. Das Gesamtsystem (wir beschränken uns in der Darstellung auf ein eindimensionales Grundsystem) kann damit als

$$f(x, c): \quad x_{i+1} = \tilde{f}(x_i) + cx_{i-\tau}$$

geschrieben werden. Das Verfahren hängt entsprechend von den zwei Parametern c und τ ab. Die Variationsgleichung ergibt sich zu

$$\frac{dv}{dt} = D_x f(x(t), 0)\, v(t) + cD_c f(x(t), 0)\, Dg(x(t))\, (v(t) - v(t - \tau)),$$

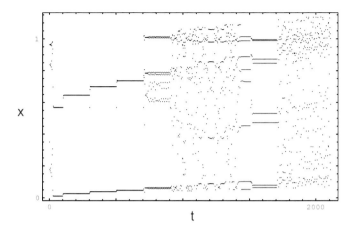

Abbildung 8.4: Delay-Koordinaten Kontrolle (System: neuronale Interaktion).

wobei $g(t)$ die im Allgemeinen skalare Messung zum Zeitpunkt t beschreibt. Um die Grenzen der Stabilisierung zu ergründen, muss man Floquet-Theorie heranziehen, was wir hier aber nicht tun werden.

Listing 25. Rückkopplungskontrolle, Neuronabbildung

```
perio = 22; xanf = 0.3682632865868; nanz = 100;
x = Nest[f, xanf, nanz];
Tabelle = NestList[f, x, perio]; eps = 0.004;
eps = epsanf = 0.000005; del = 0.02; nanz = 1000; JJ =
  NestList[f, 0.35, 100];
Do[ eps = eps + del; perio = 3; x = Nest[f, x, nanz];
    Tabelle = NestList[f, x, perio];
    J[i] = NestList[fff, x, 200], {i, 1, 10}];
Do[JJ = Join[JJ, J[i]], {i, 1, 10}];
ListPlot[JJ, Frame -> True, PlotRange -> All];
fff[x_] := Module[{xn}, xn = f[x];
    Do[Tabelle[[i]] = Tabelle[[i + 1]], {i, 1, perio - 1}];
    Tabelle[[perio]] = xn; xn = xn + eps Abs[xn - Tabelle[[2]]];
Return[xn]];
```

8.6   Limiterkontrolle

Ein Begrenzer (*limiter*) besteht aus einer Einschränkung des Systems, welche verhindert, dass der dem System im Prinzip zur Verfügung stehende Phasenraum voll

ausgeschöpft wird. Wenn Teile des Phasenraums verboten werden, sind natürlich
auch gewisse periodische Orbits verboten. Das Interessante daran ist aber, dass
durch die Wirkung der Begrenzung verbleibende Orbits stabilisiert werden können.
Am einfachsten lässt sich dies durch eine Last implementieren, welche dem System
angehängt wird. Ein einfaches Beispiel, welches die Grundprinzipien erklärt, ist die
oben abgesägte (einfachheitshalber: symmetrische) Zeltabbildung. Wir erhalten
damit einen inflexiblen (also: einen harten) Begrenzer. Die Zeltabbildung selber
ist chaotisch und ergodisch. Wenn wir sie oben horizontal abschneiden, wird jeder
Orbit einmal auf dem flachen Dach landen, wodurch der Orbit super-stabilisiert
wird (mit dem Lyapunov-Exponenten $\lambda = -\infty$).

Listing 26. Limiterkontrolle, voll entwickelte Parabel

```
1  s = 0.5; a = 4; ff[x_]:={s,x};
2  g[x_] := Module[{xx}, xx := a x (1 - x); If[xx >= s, xx = s];
3  Return[xx]];
4  B = Table[Thread[ff[Union[NestList[g, Nest[g, 0.175475, 1000],
5      20]]]], {s, 0.9, 1, 0.0001}];
6  ListPlot[Flatten[B, 1], Frame -> True]
```

Als Funktion der Höhe des Abschneidens (sie wird als Kontrollparameter benutzt) erhalten wir ein Bifurkationsdiagramm, welches durch Wagner und Stoop
(2002) vollständig analysiert wurde. Insbesondere ergibt sich für die Methode
eine super-exponentielle Konvergenz der Bifurkationen (sie ist also nicht vom
Feigenbaum-Typ). Kontrollierte Systemorbits erhält man nur für eine Lebesgue-
Menge vom Mass null des Kontrollparameters. Die beobachteten Bifurkationen
sind dabei universell für harte Limiter, beschreiben aber genügend genau die Situation auch für nicht-harte Limiter. Die Wirkungsweise der Limiter-Kontrolle in
höheren Dimensionen wurde von Stoop und Wagner (2003) vollständig erklärt.
Eine interessante Interpretation kann der Limiterkontrolle als Gait-Wähler (Be-
wegungszustandswähler) von Tieren gegeben werden. Je nachdem, wie gross die
Last ist, wechselt das Tier von einem Zustand in einen anderen, von einfacherer
Art je grösser die Belastung ist (Van der Vyver et al. 2004).

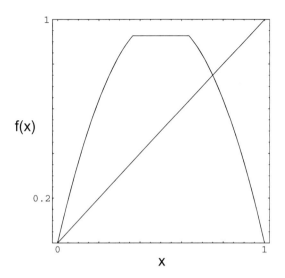

Abbildung 8.5: Harter-Limiter Verfahren, illustriert anhand der voll entwickelten Parabel. Auf der Höhe h wird das ursprüngliche Systeme durch einen (in unserem Fall: harten) Begrenzer ersetzt.

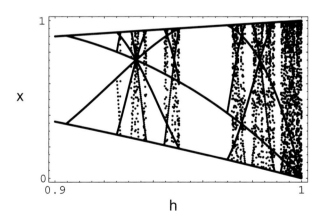

Abbildung 8.6: Harter-Limiter kontrollierte voll entwickelte Parabel. Bifurkationsdiagramm der kontrollierten Orbits als Funktion der Lage (Höhe h) des Limiters (Stoop 2000, 2003). Nur die Bifurkationspunkte entsprechen echten kontrollierten Orbits.

Kapitel 9

Fraktale Dimensionen

Fraktal bedeutet so viel wie gebrochen. Fraktale Dimensionen bezeichnen entsprechend nicht-ganzzahlige Dimensionen, bzw. die Erweiterung des ganzzahligen Dimensionsbegriffes, wie wir ihn etwa aus der Linearen Algebra kennen, auf reelle Werte. Obwohl im Ursprung die Feststellung dieses Phänomens auf Hausdorff und Cantor zurückgeht, ist dieser Aspekt erst durch Mandelbrot, auf den der Begriff eines Fraktals zurückgeht, populär gemacht worden.

Wie kommt man zu einem solchen erweiterten Dimensionsbegriff? Betrachten wir eine Linie, die Ebene, bzw. den Raum, und führen wir ein Wahrscheinlichkeitsexperiment durch. Die Wahrscheinlichkeit, bei zufälliger Koordinatenwahl einen Punkt in einer Kugel vom Radius ε im jeweiligen Raum $\mathbb{R}^n$ auszuwählen, ist jeweilen Radius hoch Dimension: $P(\varepsilon) \sim \varepsilon^d$, wobei d die Raumdimension bezeichnet. Man sagt, die Wahrscheinlichkeit skaliere in ε mit d. Für die Bestimmung der Dimension kann man entsprechend schreiben:

$$P(\varepsilon, x(i)) \sim \varepsilon^d,$$

wobei $x(i)$ den Kugelmittelpunkt bezeichnet. Daraus ergibt sich die Dimension als

$$d = \frac{\ln P(\varepsilon, x(i))}{\ln \varepsilon}.$$

Dieses Konzept lässt sich nun verallgemeinern, wenn der Raum nicht homogen und isotrop ist. Man muss dann allerdings verlangen, dass wenigstens im Limes $\varepsilon \to 0$ jede Punktumgebung gleich aussieht, das heisst, ein Skalierverhalten vorliegt (in verschiedene Raumrichtungen eventuell von unterschiedlicher Art). Entsprechend erhält man für jeden Mittelpunkt

Definition 9.1.
$$d_f = \lim_{\varepsilon \to 0} \frac{\ln P(\varepsilon, x(i))}{\ln \varepsilon}.$$

d_f nennt man dann die (i.A.) *fraktale Dimension*.

Beispiel 114. Ein einfaches Beispiel ist die *Drittel-Cantormenge*: Von einem Interval wird das Mitteldrittel entfernt, von den verbleibenden wiederum die Mitteldrittel, und so weiter ad infinitum. Wir verwenden Radien, welche von der typischen Längenskala $(1/3)^n$, $n \in \mathbb{N}$, sind. Damit ergibt sich die fraktale Dimension zu

$$d_f = \lim_{n \to \infty} \frac{\ln(1/2)^n}{\ln(1/3)^n} = \frac{\ln 2}{\ln 3} \approx 0.63. \qquad \square$$

Definition 9.2. Die entstehende Menge
1) ist kompakt (d.h. abgeschlossen und beschränkt),
2) ist perfekt (d.h. ist abgeschlossen und jeder Punkt aus ihr ist ein Häufungspunkt, was auch vollständig genannt wird),
3) enthält keine offene Menge.

Dies setzt man als generelle Definition einer *Cantor-Menge*.

Die Drittel-Cantormenge kann man auch durch einen seltsamen *Repeller* erzeugen (die symmetrische Zeltabbildung mit der Steigung $a = 3$). Dieser führt aus dem Einheitsintervall hinaus. Die verbleibenden Punkte werden immer weniger. Wenn sie als Anfangspunkte für Iterationen genommen werden, überleben sie mindestens so viele Iterationen, wie die Konstruktionsstufe der Cantormenge angibt. Ihre Bewegung bis dahin ist aber chaotisch (transientes Chaos). Solche Situationen trifft man häufig an. Ein berühmtes Beispiel ist das Streuexperiment an harten Kugeln, wo die im Streubereich verbleibenden Kugeltrajektorien im Allgemeinen eine Menge bilden, welche in den verschiedenen Raumrichtungen fraktal ist.

Einen mathematisch exakteren Dimensionsbegriff ergibt die von Hausdorff ursprünglich gegebene Definition der *Hausdorff-Dimension*:

Definition 9.3.

$$d_{fH} = \lim_{\varepsilon \to 0} \inf_{cover < \varepsilon} \sum_{cover} (\text{diam } A_i)^{d_{fH}} = 1.$$

Die *Kapazitätsdimension* wird erhalten, wenn man mit Überdeckungen (*cover*) durch Mengen des festen Durchmessers diam $A_i = \varepsilon$ arbeitet. Fraktal wird dann eine Menge genannt, für die $d_{fH} > d_{top}$, wobei letzteres die topologische Dimension des Trägers des Masses ist. Im Falle des Hénon-Attraktors erhält man die Kapazitätsdimension $d_{fK} \approx 1.26 > d_{top} = 1$.

Bei Anwendungen der Dimensionsbestimmung mittels eingebetteter Messdaten oder direkt auf mehrdimensionale Daten muss man sich vor Augen halten, dass der fraktale Anteil der Dimension sich vorrangig auf die Richtung der

Cantorstruktur (lokal kontrahierende Richtung) bezieht. In seltsamen Attraktoren wird längs der expandierenden Mannigfaltigkeit meist eine ganzzahlige Struktur gemessen. Nur falls sich Masse durch Aufschauklung auf den expandierenden Mannigfaltigkeiten addieren, kann die Dimension nichganzzahlig werden. Es folgt aus der Definition zusammengesetzter Wahrscheinlichkeiten, dass sich die partiellen Dimensionen, die in die verschiedenen lokalen Richtungen gemessen werden, addieren.

Im Allgemeinen sind Attraktoren nicht homogen. Lokale Dimensionen $d(x(i))$ konvergieren deshalb nicht gleich zum asymptotischen Grenzwert. In numerischen Untersuchungen mittelt man deshalb über verschiedene Mittelpunkte, wobei man üblicherweise die zuoberst gegebene Definition der fraktalen Dimension benutzt. Nach welcher Regel die Punkte ausgesucht werden (anstelle des Längenmasses diam A_i, welches die Kapazitätsdimension bestimmt) definiert im Wesentlichen die spezielle (verallgemeinerte) fraktale Dimension, die gemessen wird. Ist ein Attraktor etwa durch eine Zeitserie definiert und wählt man daraus die Punkte, über die gemittelt wird, zufällig aus, so erhält man die *Informationsdimension*. Die in der Praxis numerisch benutzten verallgemeinerten Dimensionsbegriffe unterscheiden sich im Allgemeinen nur sehr wenig. Zum Beispiel ist die ebenfalls gebräuchliche, für die numerische Berechnung besonders geeignete *Korrelationsdimension* für den Hénon Attraktor mit $d_{Korr} \approx 1.22$ genügend nahe bei der Informationsdimension d_{fI}. Für die praktischen Algorithmen geht man dabei von der Definition (9.1.) aus, welche die entsprechende Dimension durch eine log-log-Darstellung ermitteln lässt. Interessant an der Hausdorff-Dimension ist in diesem Zusammenhang, dass sie nur auf die Anzahl der Stücke der Überdeckung, nicht aber auf das Wahrscheinlichkeitsmass, welches sich darauf befindet, reagiert. Jedes dieser Stücke geht mit demselben Einfluss in die Zustandssumme ein, was den Wert der Dimension gegenüber den anderen verallgemeinerten Dimensionen maximiert.

Damit beenden wir unsere Kurzdiskussion der verallgemeinerten Dimensionen. Den angeschnittenen Themenkreis muss man für eine adäquate Behandlung mit statistischen Methoden beschreiben (*Thermodynamischer Formalismus*, s. Band II). Der unten gelistete elementare Dimensionsalgorithmus sucht die Punkte zufällig aus. Für die Ermittlung der Fraktaldimension zeichnet man für wachsende Einbettungsdimensionen die entsprechenden log-log-Kurven. Wenn ihre Steigung für kleine Distanzen konvergiert, hat man eine Skalierung, die man mit einer Fraktaldimension (je nachdem, wie man die Punkte aussucht, meist mit der Informationsdimension oder mit der Korrelationsdimension) in Beziehung setzen kann. Für den Hénon-Attraktor ermittelt der Algorithmus in der Tat den Wert $d_f \approx 1.26$. Der Anteil der Cantor Richtung des Hénon-Attraktors wäre demnach ≈ 0.26. Die Tatsache, dass diese Zahl viel kleiner als die der Drittel-Cantormenge ist, kann man so deuten, dass bei der Verfeinerung weniger als 2^n Teilstücke entstehen, also nicht so fleissig gefaltet wird. Dieser Blickwinkel führt auf das Problem, einen Attraktor durch eine formale Sprache mit einer Grammatik zu beschreiben. Sie beschreibt, welche gefalteten Äste vorkommen, und welche nicht.

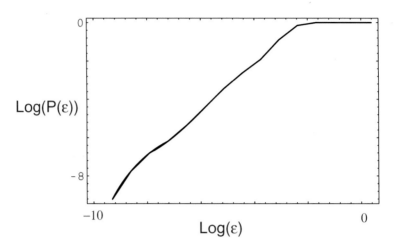

Abbildung 9.1: Log-log-Kurve zum Hénon-System (Einbettungsdimension 3). Ihre
Steigung approximiert die Fraktaldimension $d_f \approx 1.26$ (s. Text).

Listing 27. Fraktaldimension, Hénon-System

```
 1  hen[{x_,y_}]:={-1.4 x^2+y+1,0.3 x};
 2  Nest[hen,{0.1,0.1},20000];
 3  BB=NestList[hen,Nest[hen,{0.1,0.1},40000],60000];
 4  aa=Table[Round[1000*BB[[j]][[1]]+1000],{j,1,60000}];
 5  b[i_,n_]:=Table[aa[[i+j]],{j,0,n-1}];
 6  Dis[i_,j_]:=Max[Abs[b[i,3]-b[j,3]]];
 7  Pu=Table[Random[Integer,{1,1000}],{i,1,20}];
 8  NT=10000;
 9  Anzneig[jj_,r_]:=Module[{},i=0; Do[{If[Dis[jj,k]<r,
10  i+=1 ,]},{k,1,NT}];v=(i-1)/NT;Return[v];Print[v]];
11  NT=10000;NP=20;
12  aaa=Table[{nn*Log[2],{p=0;
13  Do[{Anzneig[Evaluate[Pu[[ii]]],2^(nn)],p+=v},
14  {ii,1,NP}];Log[N[p/NP]]}},{nn,1,15}];
15  bbb=Partition[Flatten[aaa],2];
16  ListPlot[bbb,Frame->True]
17  (*Auswählen des Bereichs*)
18  Fit[bbc, {1, x}, x];
```

Biographieauszüge

Georg Cantor wurde am 3. März 1845 als Sohn von Georg Waldemar Cantor, einem deutschen protestantischen Kaufmann und Börsenmakler, in St. Petersburg geboren. Nach einer Schulung durch einen Hauslehrer besuchte Georg Cantor die Primarschule in St. Petersburg. 1856 zog seine Familie nach Deutschland. In Wiesbaden besuchte er das Gymnasium und in Darmstadt die Realschule, wo er 1860 mit "aussergewöhnlich" gut abschloss. 1862 trat er in die ETH in Zürich ein. Nach dem Tod seines Vaters 1863 wechselte er an die Universität in Berlin, wo er sich mit Hermann Schwarz anfreundete und mit ihm Vorlesungen von Weierstrass, Kummer und Kronecker besuchte. Der Titel seiner Dissertation 1867 in Berlin lautete *De aequationibus secondi gradus indeterminatis.*

In Berlin war Cantor von 1864-1865 Präsident der Mathematischen Gesellschaft. In einer kleinen Gruppe von Studenten traf man sich wöchentlich zum Gedankenaustausch (und Wein). Nach seinem Doktorat 1867 unterrichtete Cantor in einer Mädchenschule in Berlin, während er an seiner Habilitation arbeitete. 1869 bekam er eine Anstellung in Halle, wo seine Habilitationsschrift, wieder über Zahlentheorie, angenommen wurde. Unter dem Einfluss seines Kollegen Heine wechselte er von Zahlentheorie in die Analysis, wo es Cantor 1870 gelang, das Theorem über die Eindeutigkeit der Darstellung einer Funktion durch eine trigonometrische Funktion zu beweisen. Heine, Dirichlet, Lipschitz und Riemann hatten dies ohne Erfolg vor ihm versucht.

Cantor wurde 1872 zum Ausserordentlichen Professor ernannt. In diesem Jahr begann seine Freundschaft mit Dedekind, bei einem seiner vielen Urlaube in der Schweiz. Cantor veröffentlichte 1872 eine Arbeit, in der er Irrationalzahlen als konvergente Reihen von Rationalzahlen darstellte. Parallel dazu veröffentlichte Dedekind sein Konzept der Dedekindschen Schnitte.

Felix Hausdorff wurde am 8. November 1868 im damals deutschen Breslau (heute: Wroclaw, Polen) geboren. Hausdorffs Hauparbeitsgebiet war die Topologie und die Mengenlehre. Er führte den Begriff der teilweise geordneten Menge ein, wofür er zwischen 1906 und 1909 eine Reihe von fundamentalen Aussagen herleitete. 1907 erfand er, um Cantors Continuumshypothese zu beweisen, eine spezielle Klasse von Ordinalzahlen. Im Zuge dieser Arbeiten erweiterte er die Continuumshypothese (aleph-Theorie). Mit seinen *Grundzüge der Mengenlehre* (1914) schuf er die Fundamente für die Topologischen und der Metrischen Räume. 1916 bewies Hausdorff verschiedene Eigenschaften zur Kardinalität von Borelmengen. 1919 führte er den Begriff der Hausdorff-Dimension ein, als eine reelle Zahl zwischen der topologischen Dimension eines Objektes und der Zahl 3, und studierte damit selbstähnliche Objekte wie die "von Koch-Kurve".

Felix Hausdorff graduierte in Leipzig 1891, wo er bis 1910 unterrichtete. Innerhalb eines Jahres nach der Ernennung zum Professor in Leipzig wurde ihm eine Berufung in Göttingen angeboten, welche er aber überraschenderweise ablehnte. Hausdorff arbeitete in Bonn, bis er 1935 durch die Naziobrigkeit zur Pensionierung gezwungen wurde. Obwohl er bereits ab 1932 das Unheil aufziehen sah, machte er keine Anstalten zur Emigration, als dies noch möglich gewesen wäre. Als er 1942 in ein Konzentrationslager deportiert werden sollte, nahmen er, seine Frau, und seine Schwägerin, sich das Leben.

Literaturverzeichnis

A

Abdullaev S A and Zaslaskii G M, Sov. Phys. JETP **58** (1983) 915

Ablowitz M J, Ramani A, and Segur H, J. Math. Phys. **21** (1980) 715

Aref H and Pomphrey N, Proc. R. Soc. Lond. A **380** (1982) 359

Arnold V I, AMS Transl. Ser. 2 **46** (1965) 213

Arnold V I,
Mathematical Methods of Classical Mechanics,
Springer, New York (1979)

Arnold V I and Avez A,
Ergodic Problems of Classical Mechanics,
Benjamin, New York (1968)

Arrowsmith D K and Place C M,
An Introduction to Dynamical Systems,
Cambridge University Press, Cambridge (1990)

B

Belmonte A L, Vinson M J, Glazier J A, Gunaratne H, and Kenny B G, Phys. Rev. Lett.
61 (1988) 539

Benettin G, Galgani L, and Streclyn J M, Phys. Rev. A **14** (1976) 2338

Benettin G, Galgani L, Giorgilli A, and Strelcyn J M, Meccanica **15** (1980) 21

Bergé P, Pomeau Y, and Vidal C,
Order within Chaos,
Wiley, New York (1987)

Binder K,
Monte Carlo Methods in Statistical Physics,
Springer, Berlin (1984)

Bogoliubov N N and Mitropolsky Y A,
Asymptotic Methods in the Theory of Nonlinear Osillations,
Gordon and Breach, New York (1962)

Boldrighini C and Franceschini V, Commun. Math. Phys. **64** (1979) 159

Bountis T, Physica D **3** (1981) 577

Bountis T, Segur H, and Vivaldi F, Phys. Rev. A **25** (1982) 1257

Briggs K, Am. J. Phys. **55** (1987) 1083

Brorson S D, Dewey D, and Linsay P S, Phys. Rev. A **28** (1983) 1201

Brumer P and Duff J W, J. Chem. Phys. **65** (1976) 3566

C

Carnegie A and Percival I C, J. Phys. A: Math. Gen. **17** (1984) 801

Cartwright M L and Littlewood J E, Ann. Math. **48** (1947) 472

Cascais J, Dilao R, and Noronha da Costa A, Phys. Lett. A **93** (1983) 213

Chirikov B V, Phys. Rep. **52** (1979) 263

Chirikov B V and Shepelyanskii D L, JETP Lett. **34** (1981) 163

Chow S N, Hale J K, and Mallet-Paret J, J. Diff. Eqns. **37** (1980) 351

Contopoulos G, Galgani L, and Giorgilli A, Phys. Rev. A **18** (1978) 1183

Contopoulos G, Lett. Nuovo Cim. **30** (1981) 498

Cook A E and Roberts P H, Proc. Camb. Phil. Soc. **68** (1969) 547

Curry J H, Commun. Math. Phys. **68** (1979) 129

D

Dahlquist P and Russberg G, Phys. Rev. Lett. **65** (1990) 2837

Dana I and Fishman S, Physica D **17** (1985) 63

Davidson A, Duesholm B, and Beasley M R, Phys. Rev. B **33** (1986) 5127

Davis H T,
Introduction to Nonlinear Differential and Integral Equations,
Dover, New York (1962)

Denjoy A, J. Math. **11** (1932) 333

De Prit A, Am. J. Phys. **35** (1967) 424

Devaney R L,
An Introduction to Chaotic Dynamical Systems,
Addison-Wesley, New York (1989)

D'Heedene R N, J. Diff. Eq. **5** (1969) 564

Dreitlein J and Smoes M, J. Theor. Biol. **46** (1974) 559

E

Eckhardt B, Louw J A, and Steeb W-H, Aust. J. Phys. **39** (1986) 331

Eckmann J-P and Ruelle D, Rev. Mod. Phys. **57** (1985) 617

Edgar G A,
Measure, Topology and Fractal Geometry,
Springer, New York (1990)

Enz C P, Hongler M O, and QuachThi C V, Helv. Phys. Acta **48** (1975) 787

Euler N and Steeb W-H,
Continuous Symmetries, Lie Algebras and Differential Equations,
BI-Wissenschaftsverlag, Mannheim, (1992)

F

Falconer K J,
The Geometry of Fractal Sets,
Cambridge University Press, Cambridge (1985)

Feigenbaum M J, J. Stat. Phys. **19** (1978) 25

Field R J and Noyes R M, J. Chem. Phys. **60** (1974) 1877

Flaherty J E and Hoppenstedt F C, Stud. App. Math. **58** (1978) 5

Freire E, Franquelo L G, and Aracil J, IEEE Trans. Circuits Syst. **CAS-31** (1984) 237

G

Galgani L, Giorgilli A, and Strelcyn J M, Nuovo Cimento **61B** (1981) 1

Gallavotti G,
The Elements of Mechanics,
Springer, New York (1983)

Geisel T and Nierwetberg J, Phys. Rev. Lett. **47** (1981) 1975

Goldstein H,
Klassische Mechanik,
Akademische Verlagsgesellschaft, Frankfurt/Main (1963)

Gorski A, Acta Phys. Pol. **B15** (1984) 465

Greene J M, J. Math. Phys. **20** (1979) 1183

Greene J M, MacKay R S, Vivaldi F, and Feigenbaum M J, Physica D **3** (1981) 468

Grossmann S and Thomae S, Z. Naturf. **32** a (1977) 1353

Guckenheimer J and Holmes P,
Nonlinear Oscillations, Dynamical Systems, and Bifurcations of Vector Fields,
Springer, New York (1990)

H

Hamel G,
Theoretische Mechanik,
Springer, Heidelberg (1967)

Hamilton I and Brumer P, Phys. Rev. A **23** (1981) 1941

Harada A and Hasegawa H, J. Phys. A: Math. Gen. **16** (1983) L259

Hayashi C, Int. J. Non-Linear Mech. **15** (1980) 341

Hénon M, Commun. Math. Phys. **50** (1976) 69

Hénon M and Heiles C, Astron. J. **69** (1964) 73

Herman M R, Publ. I.H.E.S. **49** (1979) 5

Hille E,
Ordinary Differential Equations in the Complex Domain,
Wiley, New York (1976)

Hirsch M W and Smale S,
Differential Equations, Dynamical Systems and Linear Algebra,
Academic Press, New York (1974)

Hirsch J E, Huberman B A, and Scalpino D J, Phys. Rev. A **25** (1981) 519

Hochstadt H and Stephan B H, Arch. Rat. Mech. Analysis **23** (1967) 368

Hogg T and Huberman B A, Phys. Rev. A **29** (1984) 275

Holmes P, Phil. Trans. Roy. Soc. A **292** (1979) 419

Huberman B A and Crutchfield J P, Phys. Rev. Lett. **43** (1979) 1743

Huberman B A, Crutchfield J P, and Packard N H, Appl. Phys. Lett. **37** (1980) 750

Hunt E R, Phys. Rev. Lett. **49** (1982) 1054

Hunt E R and Rollins R W, Phys. Rev. A **29** (1984) 1000

I

Ikezi H, deGrassie J S, and Jensen T H, Phys. Rev. A **28** (1983) 1207

Ince E L,
Ordinary Differential Equations,
Dover, New York (1956)

Irwin M C,
Smooth Dynamical Systems,
Academic Press, London (1980)

Jeffries C and Pérez J, Phys. Rev. A **27** (1983) 601

Jordan D and Smith P,
Nonlinear Ordinary Differential Equations,
Oxford University Press, Oxford (1985)

K

Kao Y H and Huang J C, J. Low Temp. Phys. **63** (1986) 287

Kauderer H,
Nichtlineare Mechanik,
Springer, Berlin (1958)

Kautz R L and MacFarlane J C, Phys. Rev. A **33** (1986) 498

Kawakami H, IEEE Trans. Circuits Syst. **CAS-31** (1984) 248

Kennedy M P and Chua L O, IEEE Trans. Circuits Syst. **CAS-33** (1986) 974

Klatte R, Kulisch U, Neaga M, Ratz D, und Ullrich Ch,
PASCAL-XSC,
Springer, Berlin (1991)

Knobloch H W und Kappel F,
Gewöhnliche Differentialgleichungen,
Teubner, Stuttgart (1974)

Knuth D E,
The Art of Computer Programming, Seminumerical Algorithms,
Addison-Wesley, Reading (1981)

Kotze L and Steeb W-H, in
Finite Dimensional Integrable Nonlinear Dynamical Systems, Leach P G L and Steeb
W-H (eds),
World Scientific, Singapore (1988)

Kowalski K and Steeb W-H,
Nonlinear Dynamical Systems and Carleman Linearization,
World Scientific, Singapore (1991)

Kurz T and Lauterborn W, Phys. Rev. A **37** (1988) 1029

L

Leach P, J. Math. Phys. **22** (1981) 679

Leven R W, Koch B-P, und Pompe B,
Chaos in dissipativen Systemen,
Vieweg, Berlin (1989)

Levi M, Mem. Amer. Math. Soc. **214** (1981) 1

Levinson N and Smith O K, Duke Math. **9** (1942) 382

Lichtenberg A J and Lieberman M A,
Regular and Stochastic Motion,
Springer, New York (1983)

Linkens D A, Bull. Math. Biol. **39** (1977) 359

Linsay P S, Phys. Rev. Lett. **47** (1981) 1349

Lopez-Ruiz R and Perez-Garcia C, Int. J. Bifurcation and Chaos **2** (1992) 421

Lord Rayleigh, Phil. Mag. **32** (1916) 529

Lorenz E N, J. Atmos. Sci. **20** (1963) 130

M

Mandelbrot B B,
The Fractal Geometry of Nature,
Freeman, New York (1982)

Manneville P and Pomeau Y, Phys. Lett. A **75** (1979) 1

Marsden J E and McCracken M,
The Hopf Bifurcation and its Applications,
Springer, New York (1976)

Mather J N, Erg. Th. and Dyn. Sys. **4** (1984) 301

Matsumoto T, Chua L O, and Kobayashi K, IEEE Trans. Circuits Syst. **CAS-33** (1986) 1143

May R M and Oster G F, Phys. Lett. A **78** (1980) 1

Melnikov V K, Tr. Mosk. Mat. Ob.-va **12** (1963) 3

Meyer-Kress G and Haubs G, Phys. Rev. A **30** (1984) 1127

Mishina T, Kohomoto T, and Hashi T, Am. J. Phys. **53** (1985) 332

Möschwitzer A,
Halbleiterelektronik,
Hüthig, Heidelberg (1975)

N

Nagashima T and Shimada I, Prog. Theor. Phys. **58** (1977) 1318

Nakamura K and Lakshmanan M, Phys. Rev. Lett. **57** (1986) 1661

Newhouse S E, Ruelle D, and Takens F, Commin. Math. Phys. **64** (1979) 35

O

Octavio M, DaCosta A, and Apont J, Phys. Rev. A **34** (1986) 1512

Olshanetsky M A and Perelomov A M, Phys. Rep. **71** (1981) 313

Olshanetsky M A and Perelomov A M, Phys. Rep. **94** (1983) 313

Oono Y and Osikawa M, Prog. Theor. Phys. **64** (1980) 54

Oseledec V I, Trans. Moscow Math. Soc. **19** (1968) 197

P

Palis J and de Melo W,
Geometric Theory of Dynamical Systems,
Springer, New York (1982)

Parlitz U and Lauterborn W, Phys. Rev. A **36** (1987) 1428

Peinke J, Parisi J, Roessler O E, and Stoop R,
Encounter with Chaos,
Springer, Berlin (1992)

Pesin Ya B, Russ. Math. Surveys **32** (1977) 55

Pettini M and Vulpiani A, Phys. Lett. A **106** (1984) 207

Pomeau Y and Manneville P, Commun. Math. Phys. **74** (1980) 189

Ponzo P J, J. Diff. Eq. **10** (1971) 262

R

Radons G and Stoop R, J. Stat. Phys. **82** (1996) 1063

Roessler O E, Phys. Lett. A **71** (1979) 155

Rogers C and Shadwick W F,
Bäcklund Transformations and Applications,
Academic Press, New York (1982)

Romeiras F J and Ott E, Phys. Rev. A **35** (1987) 4404

Ruelle D,
Chaotic Evolution and Strange Attractors,
Cambridge University Press, Cambridge (1989)

Ruelle D and Takens F, Commun. Math. Phys. **20** (1971) 167

Russell D A, Hanson J D, and Ott E, Phys. Rev. Lett. **45** (1980) 1175

S

Saitô N, J. Phys. Soc. Jpn **51** (1982) 374

Saito Y, in
Nichtlineare Dynamik in kondensierter Materie,
Kernforschungsanlage Jülich (1983)

Saltzmann B, J. Atmos. Sci. **19** (1962) 329

Savvidy G K, Nucl. Phys. B **246** (1984) 302

Schuster H G,
Deterministic Chaos,
Physik-Verlag, Weinheim (1984)

Shenker S J, Physica D **5** (1982) 405

Shimada I and Nagashima T, Prog. Theor. Phys. **61** (1979) 1605

Shinriki M, Yamamoto M, and Mori S, Proc. IEEE **69** (1981) 394

Sparrow C,
The Lorenz Equations: Bifurcations, Chaos and Strange Attractors,
Springer, Berlin (1982)

Steeb W-H, J. Phys. A: Math. Gen. **15** (1982) L389

Steeb W-H,
Problems in Theoretical Physics, Volume II, Advanced Problems,
BI-Wissenschaftsverlag, Mannheim (1990)

Steeb W-H,
Hilbert Spaces, Generalized Functions and Quantum Mechanics,
BI-Wissenschaftsverlag, Mannheim (1991)

Steeb W-H,
A Handbook of Terms Used in Chaos and Quantum Chaos,
BI-Wissenschaftsverlag, Mannheim (1991)

Steeb W-H,
Invertible Point Transformations and Nonlinear Differential Equations,
World Scientific, Singapore (1993)

Steeb W-H, Erig W, and Kunick A, Phys. Lett. A **93** (1983a) 267

Steeb W-H, Erig W, and Kunick A, in
Dynamical Systems and Chaos, Garrido L (ed),
Lecture Notes in Physics **179** 260, Springer, New York (1983b)

Steeb W-H and Euler N,
Nonlinear Evolution Equations and Painlevé Test,
World Scientific, Singapore (1988)

Steeb W-H, Huang J C, and Gou Y S, Z. Naturforsch. **44** a (1989) 160

Steeb W-H and Kunick A, Int. J. Non-Linear Mechanics **17** (1982a) 41

Steeb W-H and Kunick A, Phys. Rev. A **25** (1982b) 2889

Steeb W-H and Kunick A, Phys. Lett. A **95** (1983) 269

Steeb W-H and Kunick A, Int. J. Non-Linear Mechanics **22** (1987) 349

Steeb W-H and Louw J A,
Chaos and Quantum Chaos,
World Scientific, Singapore (1986)

Steeb W-H, Louw J A, and Villet C M, Phys. Rev. A **34** (1986b) 3489

Steiner F, Fortschr. Phys. **35** (1987) 87

Stoop R, Phys. Lett. A **217** (1996) 151

Stoop R, Phys. Rev. E **52** (1995) 2216

Stoop R, Phys. Lett. A **173** (1993) 369

Stoop R, Phys. Rev. E **47** (1993) 3927

Stoop R, Phys. Rev. A **46** (1992) 7450

Stoop R and Meier P F, J. Opt. Soc. Am. B **5** (1988) 1037

Stoop R and Parisi J, Phys. Rev. A **43** (1991) 1802

Stoop R, Peinke J, and Parisi J, Physica D **50** (1991) 405

Stoop R, Peinke J, Parisi J, Roehricht B, and Huebener R P, Physica D **35** (1989) 425

Stoop R, Schindler K, and Bunimovich L A, Nonlinearity **13** (2000) 1515

Stoop R, Schindler K, and Bunimovich L A, Neuroscience Research **36** (2000) 81

Stoop R and Steeb W-H, Europhys. Lett. **35** (1996) 177

Stoop R and Wagner C, Phys. Rev. Lett. **90** (2003) 154101-1 154101-4

Strampp W, Steeb W-H, and Erig W, Prog. Theor. Phys. **68** (1982) 731

Su Z, Rollins W, and Hunt E R, Phys. Rev. A **36** (1987) 3515

T

Tabor M, Adv. Chem. Phys. **46** (1981) 73

Tabor M and Weiss J, Phys. Rev. A **24** (1981) 2157

Takahashi K, J. Phys. Soc. Jpn **55** (1986) 762

Takens F, in
Dynamical Systems and Turbulence, Rand D A and Young L S (eds),
Lecture Notes in Mathematics, **898** 366, Springer, New York (1980)

Testa J, Perez J, and Jeffries C, Phys. Rev. Lett. **48** (1982a) 714

Testa J, Perez J, and Jeffries C, Phys. Rev. Lett. **49** (1982b) 1055

Toda M, Phys. Lett. A **48** (1974) 335

Toda M and Ikeda K, Phys. Lett. A **124** (1987) 165

Tomida K and Kai T, J. Stat. Phys. **21** (1979) 65

Tomida K, Kai T, and Hikani F, Prog. Theor. Phys. **57** (1977) 1159

Tresser C and Coullet P, Reports on Math. Phys. **17** (1980) 189

Tufillaro N, J. Physique **46** (1985) 1495

Tyson J J, J. Math. Biol. **5** (1978) 351

U

Ueda Y, in
New Approaches to Nonlinear Problems in Dynamics, Holmes P J (ed), 311
SIAM, Philadelphia (1980a)

Ueda Y, Ann. N. Y. Acad. Sci. **357** (1980b) 422

Ueda Y and Akamatsu N, IEEE Trans. Circuits Syst. **CAS-28** (1981) 217

V

Van der Pol B, Phil. Mag. **2** (1926) 978

Van der Pol B and Van der Mark J, Nature **120** (1927) 363

Van der Vyver J-J, Christen M, Stoop N, Ott T, Steeb W-H, and Stoop R, Robotics and Autonomous Systems **46** (2004) 151

Van Moerbeke P, in
Finite Dimensional Integrable Nonlinear Dynamical Systems, Leach P G L and Steeb W-H (eds),
World Scientific, Singapore (1988)

W

Wagner C and Stoop R, J. Stat. Phys. **106** (2002) 97

Walters P,
An Introduction to Ergodic Theory,
Springer, New York (1982)

Y

Yoshida H, Celes. Mech. **31** (1983a) 363

Yoshida H, Celes. Mech. **31** (1983b) 381

Yoshida H, Ramani A, and Grammaticos B, Physica D **30** (1988) 151

Young L-S, Ergod. Th. and Dynam. Sys. **2** (1982) 109

Z

Zaslavskii G M, Sagdeev R Z, Chaikovskii D K, and Chernikov A A, Sov. Phys. JETP **68** (1989) 995

Zhong G-Q and Ayrom F, IEEE Trans. Circuits Syst. **CAS-32** (1985) 501

Index

Printed in the United States
By Bookmasters